宇宙与地球的演化史

地球经历了一个从无到有的发展过
亦是如此。随着科学认识的不断发展
这一发展过程的了解也变得越来越清晰

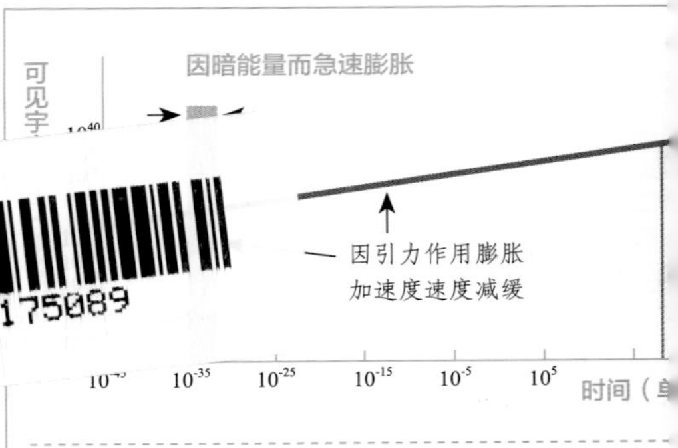

1981 年，美国物理学家阿兰·古斯提出了宇宙
论：整个暴胀过程约 10^{-33} 秒，宇宙增大了 10^{26} 倍，
径约 10 厘米的大小。

大爆炸10秒后

奇点大爆炸

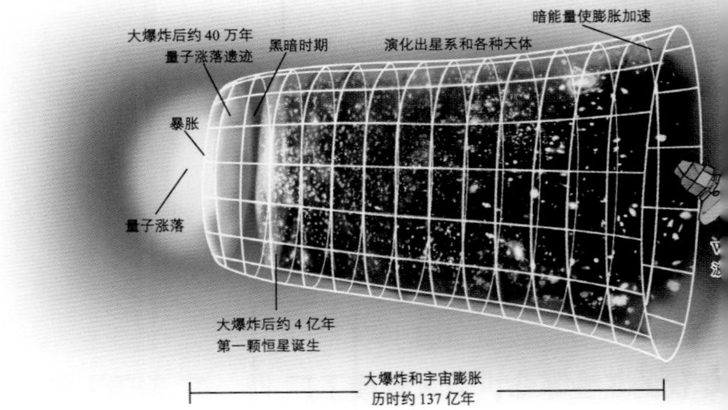

20 世纪 20 年代，宇宙学家乔治·勒梅特与数学家弗里德曼同时分别发表论文，认为宇宙起源于奇点的一次大爆炸。大爆炸产生了时间和空间，此前没有时间，科学上多将此刻称为 t=0。

宇宙大爆炸发生在 137 亿年 ±2 亿年前，10 秒内
经历了普朗克时期、大一统时期、电弱时期、夸克时
子时期和轻子时期。

$$\frac{\text{普朗克长度}}{\text{光速}} = \text{普朗克时间}$$

1900 年，德国物理学家马克斯·普朗克发现了不可再分的最小单位——量子，宇宙就诞生的时间为最短的时间 10^{-43} 秒。

位：秒）

暴胀理
到了直

AP威尔金森微
向异性探测器

宇宙
引、强

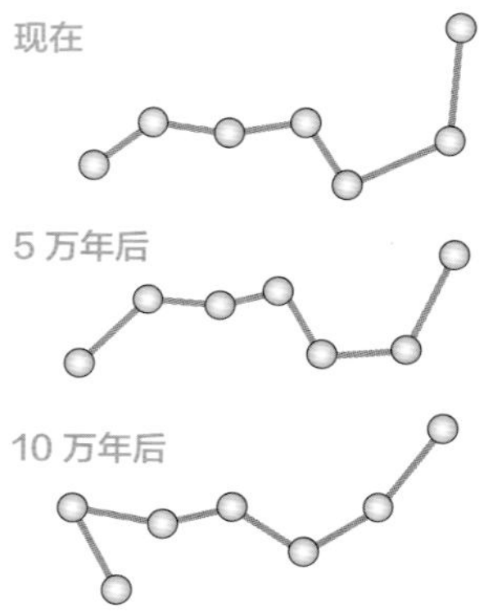

星系中的恒星在其他力的影响下发生运动，根据现有数据可以做出预测，几万年后，北斗七星的相对位置将会与现在大有不同。

大爆炸50亿年后

宇宙大爆炸后约50亿年，出现了旋涡星系，这种星系从正面看像旋涡，从侧面看呈梭状，是目前观测到的数量最多、外形最美丽的星系。

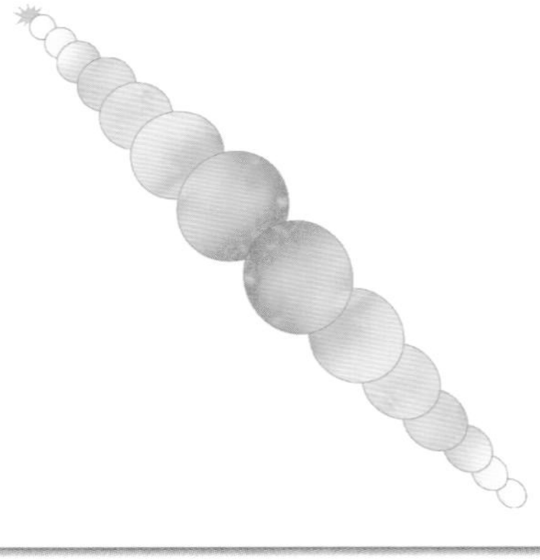

从宇宙膨胀模型中可得到两种结果：一是宇宙永远膨胀，最终陷入空洞的状态；另一种是回到与宇宙“大爆炸”相对应的“大坍缩”。

46亿年
系，其中99
质在力的作

大

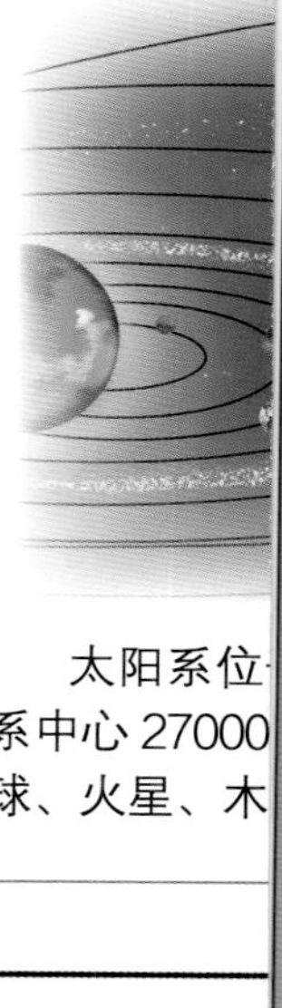

太阳系位
系中心27000
球、火星、木

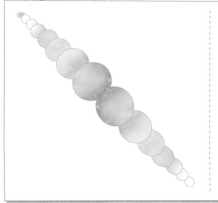

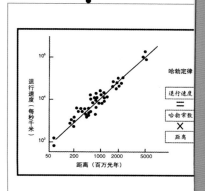

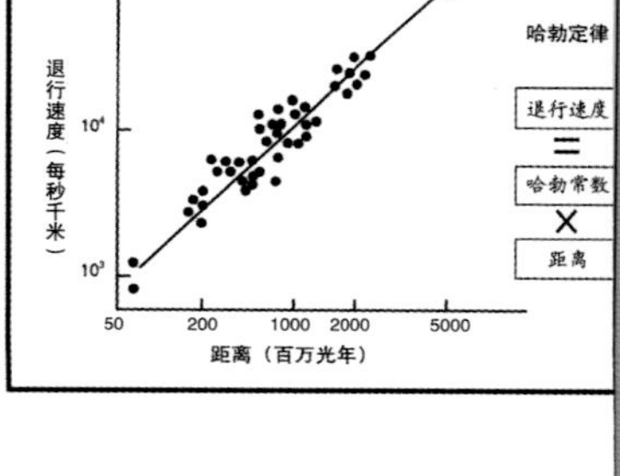

害曾奔走终生？又或者，玛丽·安宁作为一个天才的化石发掘者却只能一生清贫……

✷ 阅读让心生坚强

《图解万物简史》本身是一本非常具有关怀的书，书中将生命从微观的角度进行讨论，传达出“原子不灭，生命由微粒子组成”这一核心观点。曾有人说过这样一句话：“物理学家就是以原子的方式来考虑原子的人。”这本书在传递给读者朋友科学知识的同时，也传达给读者朋友一种热爱生命、坦然面对生活的观念。生命是一场粒子间的相聚狂欢，理性让热爱更勇敢。

✷ 积极参与，保护地球

在这本书中，我们讨论了宇宙的演化发展、蛋白质最开始的一次抽动、物种灭绝等几个主要问题。一方面我们是地球上的最高智慧代表；另一方面我们也只是地球上的寄居客，人类祖先的表亲以及部分后代在进化的路上不得已停下了脚步。生命是一条长河，从一头连接着另一头，我们作为个体活在当下，但我们作为种族却可以生生不息。

✷ 行思不止

行多久，方为执着？思多久，方为远见？大多数读者朋友目光扫视这本书的时间可能并不太长，能拿起书阅读的总体时间也可能不过数十小时而已，然而这本书中的知识却是几百年、几千年甚至几万年的智慧结晶。很庆幸能与读者朋友在书中相遇，如果您是一名年轻学生，希望这本书能为您打开科学世界的大门；如果您已经有了丰富的人生经历，也希望这本书能为您带来另一种看待世界的角度。

每一次的相遇都是久别重逢，愿朋友能在这本书中收获愉快的阅读体验。同时由于编纂水平有限，书中难免有疏漏不妥之处，欢迎各位读者朋友批评斧正。

编者谨识

2016年12月

目录

第一章　寥廓的空宇

第二章 地球多大了

第三章 一个新时代的黎明

第四章　充满活力的行星

第五章　前进的生命

第六章　人类的进化

第七章　我们的世界

阅读导航

本节主标题

本节所要探讨的主题

章节序号

本书每章节分别采用不同色块标识，以利于读者寻找识别。同时用醒目的序号提示该文在本章下的排列序号。

正文

通俗易懂的文字，让读者轻松阅读。

图解万物简史

8

毁灭，为了更好地存在

超新星的现实意义

至和元年五月，晨出东方，守天关，昼见如太白，芒角四出，色赤白，凡见二十三日。

——《宋会要》

标准烛光

Ia 型超新星以其拥有同样关键的质量以及总是以同样的方式爆炸的特性，而被称作“标准烛光”。Ia 型超新星可以作为衡量其他恒星亮度的标准，并借此衡量出相对距离，估算宇宙的膨胀率。

重元素

大爆炸产生了许多轻的气体，这是一切的基础，但这些还不足以构成今天的宇宙。重元素是哪里来的呢？一位约克郡人费雷德·霍伊尔为此提供了解释。他赞成恒稳态学说，该学说认为宇宙在不断膨胀的过程中形成了新物质。同时，他注意到恒星发生爆炸会释放出大量热量，能够在聚变的过程中产生较重的元素。1957 年，霍伊尔和 W.A. 福勒向外公布了这一思想。有趣的是，W.A. 福勒因此获得了诺贝尔奖，而霍伊尔却没有。

可能的伤害？

要是有一颗恒星在距离太阳 10 光年的范围之内爆炸，我们就真的玩完了。各种辐射会把我们的磁场破坏掉，届时紫外线以及其他宇宙射线就会大批量照射到地球上，任何人只要暴露在阳光之中就会被烤焦，然而这只是影响的一个小小方面。

幸运的是，这种事情目前并不用担心。就像前文提到的一样，形成超新星的要求可不少，非得有太阳的一二十倍大才可以。而这样的恒星距离我们最近的也有 500 光年。

32

图解标题

针对内文所探讨的重点图解分析，帮助读者深入领悟。

超新星形成时恒星核的演化过程

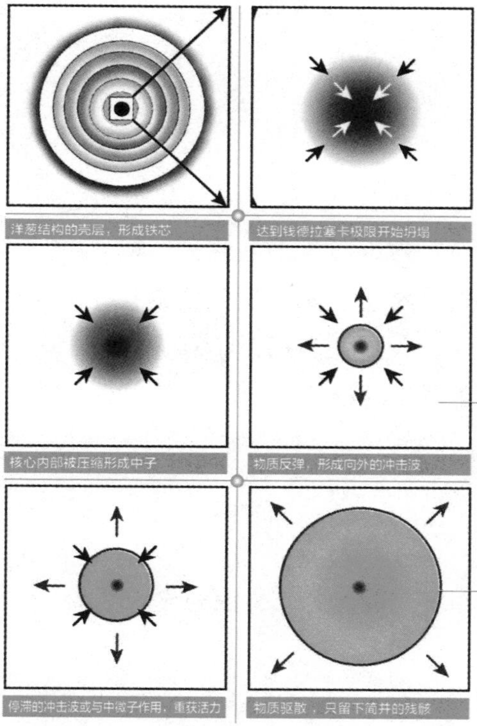
洋葱结构的壳层，形成铁芯
达到钱德拉塞卡极限开始坍塌
核心内部被压缩形成中子
物质反弹，形成向外的冲击波
停滞的冲击波或与中微子作用，重获活力
物质驱散，只留下简并的残骸

插图

较难懂的抽象概念运用具象图画表示，让读者可以尽量形象直观地理解原意。

图表

将隐晦、生涩的叙述，以清楚的图表方式呈现。此方式是本书的精华所在。

第一章 寥廓的空宇 ❻

超新星的现实意义

资料卡

对术语、理论等做出明确解释，清晰易懂。

资料卡

①钱德拉塞卡极限指白矮星的最高质量，即太阳质量的 1.44 倍。②中微子是组成自然界的最基本粒子之一，常用符号 ν 表示。中微子不带电，质量非常轻，运动速度接近光速。③简并是指被当作同一较粗糙物理状态的两个或多个不同的较精细物理状态。

33

第一章

寥廓的空宇

“迢迢牵牛星，皎皎河汉女。”古人对于天上的星辰赋予了许多非常美好的寓意，同时也相信星象的变化预示着时政、气象等的变化。现代科学的发展逐步揭开了满天繁星的秘密，朴素的认知逐步向更科学的认识让步。

本章关键词

奇点　冥王星　外星生命　超新星　相对论　膨胀的宇宙

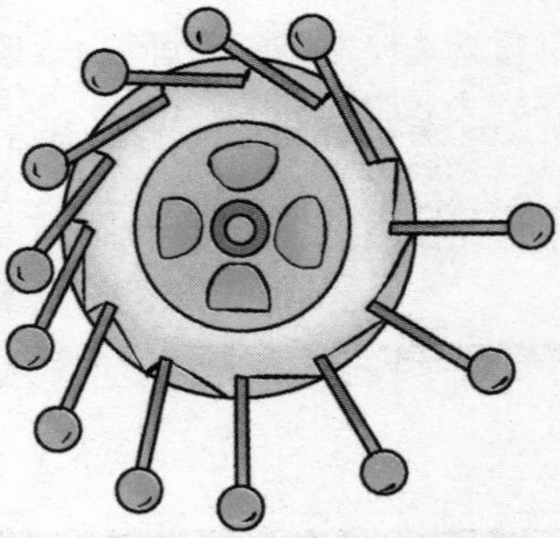

宇宙不仅比我们想象的要古怪，而且比我们可能想象的还要古怪。

——J.B.S. 霍尔丹

◇ 图版目录 ◇

1

混沌初开天地见

宇宙的发端

往古来今谓之宙，四方上下谓之宇。 ——庄子

宇宙的大小

宇宙的体积非常巨大，目前来说我们平时所讨论的、可见的宇宙已经发展到了几十亿光年的大小，直径约为 1.5×10^{24}km。但是大多数理论认为，整个超宇宙仍然要比这个大得多。

大爆炸宇宙论

1929 年，埃德温·哈勃观测到遥远的星系都在快速地离我们而去。这意味着在过去的一段时间里，天体紧密地聚集在一起，也就是说“宇宙在膨胀”。那宇宙到底是怎样产生的呢？

“大爆炸宇宙论”（The Big Bang Theory）解释了这个问题，该理论认为宇宙是由一个致密炽热的“奇点”在一次大爆炸后膨胀形成的。20 世纪 20 年代，乔治·勒梅特作为一名比利时教师兼学者，率先提出了这种假设。直到约 40 年后，这一理论才在学界广为人知。

“奇点”并不像普通意义上悬在漆黑空间的一个点，因为时间和空间是在奇点之后产生的。奇点四周没有四周，没有空间让它占据。这一点比较难以理解，有点儿像一个美妙想法的存在一样，它就一直默默地在那里。静静地等待，等待着喷薄而出。

那到底要“等”到什么时候呢？其实关于“大爆炸”发生的时间存在一点争议，不过随着研究的不断深入，越来越多的人赞成大爆炸发生在约 137 亿年之前，不过科学家们更愿意称此时为 t=0 的时刻。

从无到有的一瞬间

物质密度从密集到稀疏地演化，如同一次规模巨大的爆炸。而在最开始很短的时间内，宇宙已初具规模。

大爆炸后 1 秒，100 亿摄氏度，中微子向外逃逸，正负电子湮没反应出现，核力不足以束缚中子和质子。

不到一分钟

直径约 1600 万亿千米，100 亿摄氏度，核反应产生氢和氦，以及少量锂。

三分钟后

98% 目前存在以及将会产生的物质都在此时产生了。

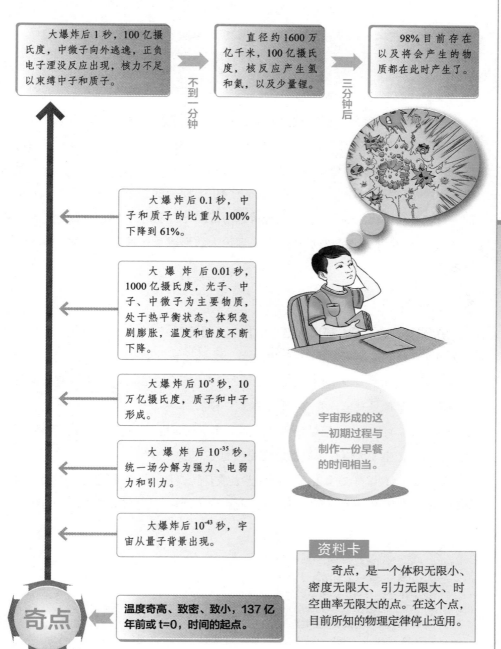

大爆炸后 0.1 秒，中子和质子的比重从 100% 下降到 61%。

大爆炸后 0.01 秒，1000 亿摄氏度，光子、中子、中微子为主要物质，处于热平衡状态，体积急剧膨胀，温度和密度不断下降。

大爆炸后 10^{-5} 秒，10 万亿摄氏度，质子和中子形成。

宇宙形成的这一初期过程与制作一份早餐的时间相当。

大爆炸后 10^{-35} 秒，统一场分解为强力、电弱力和引力。

大爆炸后 10^{-43} 秒，宇宙从量子背景出现。

资料卡

奇点，是一个体积无限小、密度无限大、引力无限大、时空曲率无限大的点。在这个点，目前所知的物理定律停止适用。

奇点

温度奇高、致密、致小，137 亿年前或 t=0，时间的起点。

平地何故起波澜

大爆炸发生的原因

即使宇宙会再度坍缩，那也是非常遥远的将来之事，至少得过100亿年。对此，我们不必担心，因为太阳会在此前归于沉寂。

暴胀理论

1979年，32岁的粒子物理学家阿兰·古斯提出了“暴胀理论”，这对于今天关于宇宙初期的认识具有极大的帮助。这一理论认为在大爆炸后10^{-36}秒时，宇宙伴随着自身逃逸不停地加速膨胀，仅仅用了不到10^{-33}秒时间，增大到了原来的10^{26}倍。暴胀前为10^{-25}厘米增长到了约10厘米的大小。想一想手掌大小的宇宙，多么好玩，然而宇宙在这种状态的持续时间短到人类根本意识不到。

经过20余年的逐渐发展后，暴胀理论大致形成了三种具有代表性的理论分支。

三种观点

在很多时候，人人都愿意把它称作“大爆炸”，但许多著作都认为不应该把它当作普通意义上的爆炸。那“大爆炸”为什么会发生呢?

观点一：奇点是早些时候已经毁灭的宇宙，而宇宙膨胀和收缩具有周而复始的特点，就像夏夜里青蛙鸣叫时的鼓膜一样。

观点二：“伪真空、标量场或真空能”将不稳定性带到了当时的“不存在”状态，从而产生了大爆炸，进而形成现在的宇宙。

观点三：大爆炸是宇宙的一个分界点或是转变形式，在此之前，时间和空间以一种我们不能理解的形式而存在，此后到了现在我们所理解的存在方式。

宇宙的演化

大爆炸作为一种过渡的中间形式，形成了我们现在所知的宇宙，此前的存在形式是我们通过爆炸之后的物理现象难以推测的。

宇宙的开始

跳动的水上石子图

“伪真空、标量场或真空能”将不稳定性质带到了原来稳定的不存在，从而产生大爆炸。

鸣叫的青蛙鼓膜图

青蛙鸣叫时有节奏地收缩鼓膜，宇宙也存在类似的周期性膨胀与收缩的规律。

宇宙演化图解

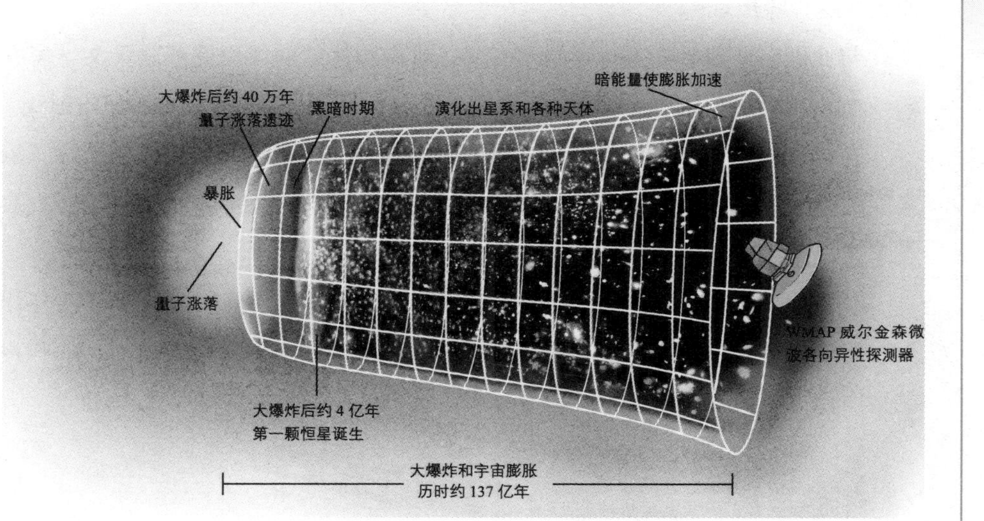

在这幅图中，宇宙以二维呈现，第三维度是时间，向右是时间流动的方向。

来自遥远过去的声音

探听本底噪声

时空光滑且近于平坦是所有科学理论表述的基础，因此，这些理论对于时空曲率无穷大的奇点都会失效，所以我们宣称大爆炸为时间的开端。

☀ 本底辐射离我们有多远

本底辐射，又称背景辐射，是在环境中持续存在，源自人为排放或自然存在的辐射，主要来源于地球、大气层和太空。其实大家都经历过本底辐射的干扰。当电视捕捉不到信号呈现出锯齿形的图像时，其中约有 1% 就是由那次古老的大爆炸残留物造成的。

☀ 巧合的诺贝尔物理学奖

20 世纪 60 年代中期，阿诺·彭齐亚斯和罗伯特·威尔逊还是两位年轻的射电天文学家，他们在新泽西州霍尔姆德尔的贝尔实验室中使用一根大型通信天线时，总会收到一种嗞嗞响的本底噪声。在排除各种可能的干扰之后，还是不能去除这种噪声。

与此同时，普林斯顿大学的罗伯特·迪克和他的同伴们受苏联天文学家乔治·伽莫夫的影响，正忙着观察空间深处，以期发现大爆炸留下的某种宇宙射线。

在多次失败的尝试之后，彭齐亚斯和威尔逊向罗伯特·迪克求助消除“噪声”的办法。咨询之后不久，他们将自己听到“嗞嗞响的噪声”这一经历发表在了《天体物理学》杂志上，同期发表的还有迪克小组对此作的解释。

这次咨询虽对他们的疑问并没有多大帮助，但却促使他们摘得了 1978 年诺贝尔物理学奖章，即使他们只是描述了这种“嗞嗞的响声”而没有对本底噪声的性质作过任何的描述和解释。

发现揭开宇宙之谜的电波

关键的天线

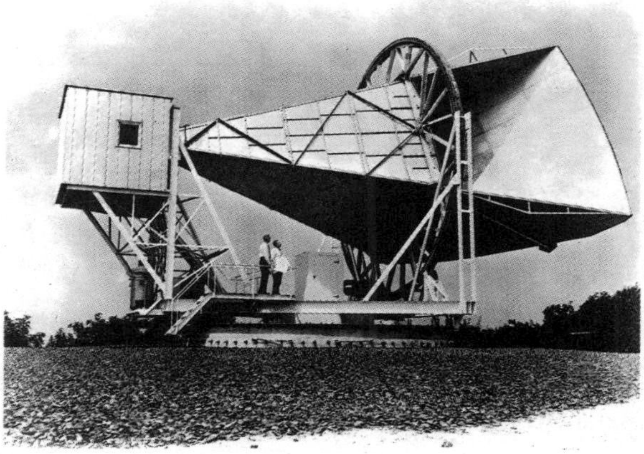

这就是阿诺·彭齐亚斯和罗伯特·威尔逊发现宇宙微波背景辐射时使用的天线。

宇宙中的电磁波

电磁波是电磁场的一种运动形式。变化的电会产生磁场，变化的磁场同样会产生变化的电，二者互为因果、不可分割，共同构成了电磁场。

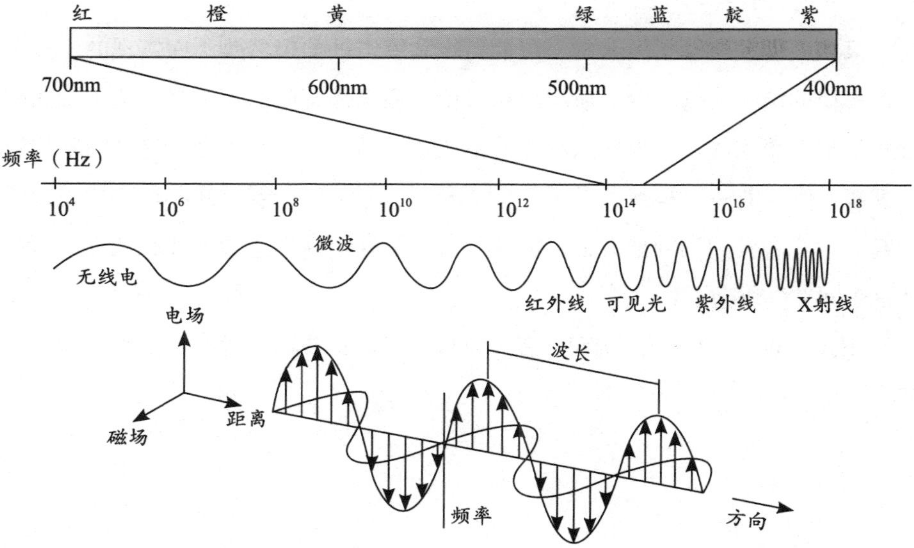

宇宙中的电磁波辐射包括宇宙射线、γ射线、X射线、紫外线、可见光、红外线以及宇宙微波背景辐射等，它们的波长依次递增。

4

世界之妙，妙不可言

我们在宇宙中的位置和未来

我们的宇宙只是那些不时产生的东西之一，虽然创建一个宇宙不大可能，但特赖恩强调说，谁也没有统计过失败的次数。

“我”要往哪里去

虽然到目前为止一切都恰到好处，而人类也等不到宇宙的下一个“大动作”之时，但这丝毫不妨碍我们对于宇宙未来的思考。

宇宙到底会有怎样的未来呢？一种观点认为，随着宇宙的不断膨胀，引力也许会变强，直到有朝一日阻止膨胀，而使自身不断塌陷。另一种观点恰好相反，认为引力不断变弱，宇宙会永远膨胀，直到成为一个非常空旷死寂的存在。还有一种观点认为，“临界密度”会使事物永远按照合适的方式运转下去。

弯曲的宇宙

假使我们摒弃所有的不可能，到了宇宙的边上，伸出手臂，或者坐着飞行器飞到外面，会看到什么呢？

其实，即使摒弃了所有的不可能，飞到宇宙外面仍然是不能实现的。多么令人失望的结论。按照爱因斯坦的相对论，宇宙是弯曲的。然而，至于弯曲的方式是难以想象的。但为什么弯曲就不能找到边缘呢？类比会让这个问题比较好理解。假设有一只蚂蚁在一个皮球上爬行，它可能沿着直线爬行之后再次回到起点，或者爬到别的地方去，但就是找不到这个球的边缘在什么地方。弯曲让这个问题变复杂了。

不过根据现有的理论研究，有一点可以肯定：我们并没有生活在一个“大气泡”里。

宇宙模型

基于对引力、暗物质等因素的考虑，科学家们提出了三种可能的宇宙模型，用来解释说明宇宙的未来发展方向。

三种模型

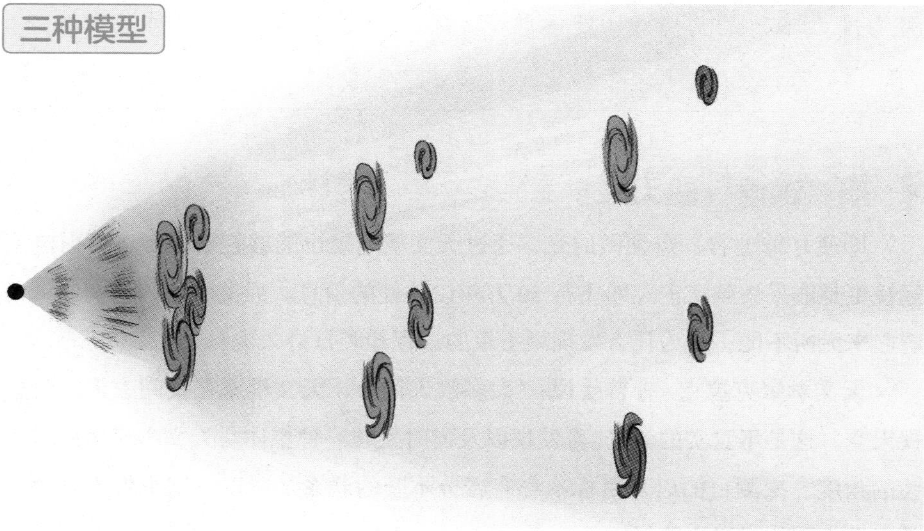

封闭式宇宙模型　扁平式宇宙模型　开放式宇宙模型

理论架构

根据弗里德曼方程，人们认为物质的引力决定了宇宙的命运，而引力的大小是由物质的密度决定的。

物质密度（ρ）和临界密度（ρ_0）的关系	宇宙模型	产生的结果
$\rho>\rho_0$	封闭式宇宙	膨胀停止，转为收缩。形成与“大爆炸”相对应的“大挤压”。
$\rho=\rho_0$	扁平式宇宙	一个恰当的范围，一直继续下去。
$\rho<\rho_0$	开放式宇宙	持续膨胀，最终归于空旷与死寂。

弗里德曼方程是由亚历山大·弗里德曼于1922年提出的，在广义相对论框架下，描述空间上均一且各向同性的膨胀宇宙模型的一组方程。他通过对具有给定质量密度 ρ 和压力 p 的流体能量—动量张量应用爱因斯坦引力场方程而得到，在此之后两年他得出了负的空间曲率方程。

“饱受伤害”的天体

从行星被降级到矮行星的冥王星

太阳系内行星：轨道环绕着太阳；有足够的质量维持流体静力平衡（接近球体的形状）；能清除“相似轨道上”的其他天体。

——国际天文学联合会

被“误读”的天文学家

即使月球上有一点细微的光，通过天文望远镜也能够轻松捕捉，而射电望远镜更是能采集到宇宙飞船飞行 50 万年以外处的信息。天文学家和他们的设备看起来无所不能，可为什么发现冥王星的过程却旷日持久呢?

天文学家克拉克·查普曼说:“大多数人认为，天文学家在夜间去天文台扫视天空，这是不真实的。”能否发现以及何时发现一种星体与天文学家摆放望远镜的角度、探测目的以及目标本身有着分不开的联系。所以，这也就不难理解冥王星辛酸的降级之路了。

发现行星 X

由天文学家帕西瓦尔·罗威尔捐赠建筑的罗威尔天文台为冥王星的发现提供了设备基础。他认为在海王星以外的地方存在着未被发现的第九颗行星，并起名为“行星 X”。

1930 年，克莱德·汤博发现冥王星，并将其视为第九大行星。至此，九大行星依次为水星、金星、地球、火星、木星、土星、天王星、海王星以及冥王星（后来被去掉）。

约半个世纪之后，同样在弗拉格斯塔夫，詹姆斯·克里斯蒂在对冥王星的图片审查时，发现了一团模糊的东西。在与同事罗伯特·哈林顿讨论之后，他认定这是冥王星的一颗卫星，并且相对于这颗行星而言，这颗卫星是太阳系里最大的卫星。

冥王星资料表

基本信息			
名称	冥王星	发现者	克莱德·汤博
MPC 编号	134340 Pluto	小行星分类	矮行星

轨道参数			
远日点	49.319 AU	近日点	29.656 AU
离心率	0.24905	轨道周期	248.00 年
平均速度	4.7km/s	轨道倾角	17.1405 °
半长轴	39.54 AU	会合周期	366.73 日
近日点参数	113.834 °	已知卫星	5

轨道参数			
平均半径	1187±5 km、0.18 地球	扁率	<1%
体积	$7.006 \pm 0.071 \times 10^9$ km^3、0.0059 地球	质量	$1.303 \pm 0.003 \times 10^{22}$ kg、0.00218 地球
平均密度	1.860±0.013 g/cm^3	表面重力	0.620 m/s^2、0.063 g
逃逸速度	1.212km/s	自转周期	6.387230 日
赤道自转速度	47.18km/h	转轴倾角	119.591±0.014°（与轨道夹角）
北极赤经	132.993°	北极赤纬	6.163°
角直径	0.065″ 到 0.115″	绝对星等 (H)	0.7
反照率	0.49 到 0.66	视星等	13.65 到 16.3

大气特征			
成分	氮气、甲烷、一氧化碳	表面气压	1.0 Pa

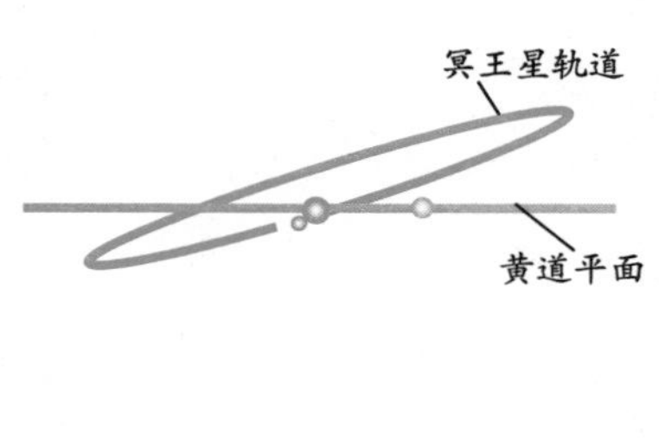

从黄道面上看冥王星轨道，此视角展示冥王星的高度倾斜轨道。

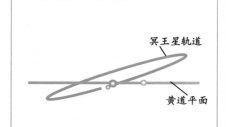

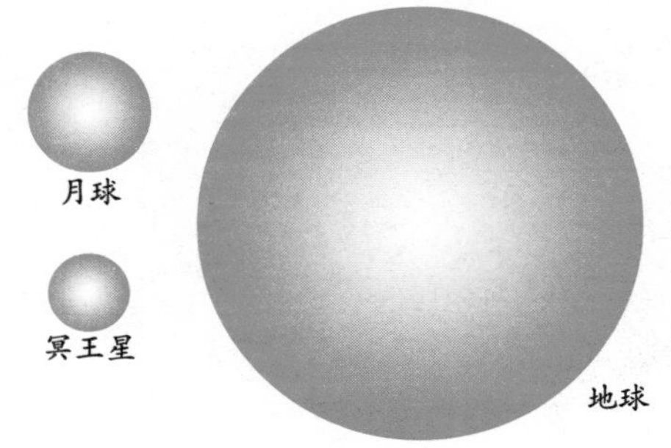

地球、月球、冥王星（左下）体积比较。

九大行星与八大行星

在八大行星悉数被发现之后，人们对于第九大行星给予了过高的期待，甚至在没有证据表明存在第九大行星的情况下便给它取名叫作“行星 X”。所以在汤博发现冥王星之初便被冠以第九大行星的名号。

而回到冥王星本身，人们对于它的体积、构成、大气状况等要素知之甚少。因而便有许多天文学家认为，冥王星其实算不上是行星，而只是在银河的废墟带（称为柯伊伯带）上发现的最大物体。其实这已经打击到了冥王星的“行星”地位，然而这只是一个开始。

太阳系八大行星基本都是在一个平面上运行的，而冥王星却不走寻常路。它的轨道是倾斜的，与八大行星的轨道平面形成了一个约 17° 的夹角。此外，冥王星是一个体积非常小的星体，只有地球的 1/4 大。随着对于太阳系认识的不断深化，冥王星的“体积”也一次又一次地变小。

矮行星冥王星

在 2006 年的布拉格国际天文学联合会大会上，通过的关于 6A—冥王星级天体的决议中，正式将冥王星归为太阳系的“矮行星”，编号为 134340。自此九大行星的称呼成为历史名词。

冥王星的卫星

目前已知的冥王星卫星共有五颗，分别命名为冥卫一、冥卫二、冥卫三、冥卫四和冥卫五，其中冥卫一是冥王星卫星中最大的一颗，它与冥王星的相对大小是太阳系行星和矮行星中最大的一个，而冥王星的其他卫星则小得多。

柯伊伯带与奥尔特云

常有人混淆柯伊伯带与奥尔特云这两个概念，然而两者却相差了不止十万八千里，准确来说相差了约十万天文单位（简写 AU，表示地球到太阳的平均距离，约为 1.496 亿千米）。

内太阳系指太阳和小行星带之间的区域，其中包含太阳、水星、金星、地球和火星。

柯伊伯带最先由 F.G. 伦纳德提出，十几年后杰拉德·柯伊伯证实了该观点。柯伊伯带指位于太阳系中海王星轨道（距离太阳约 30AU）外侧的黄道面附近、天体密集的圆盘状区域。

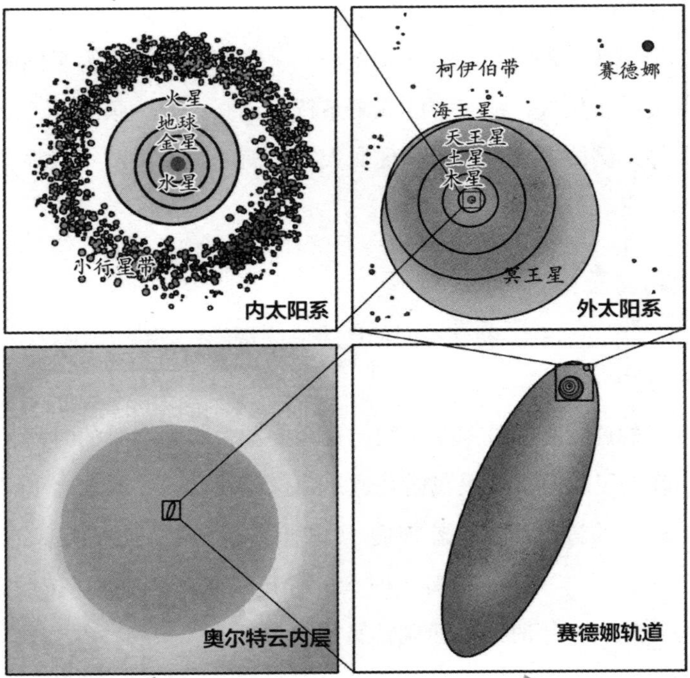

奥尔特云是理论上的一个围绕着太阳，主要由冰微行星组成的球体云团。位于星际空间之中，最远距离太阳 100000AU（约 2 光年）左右。

塞德娜是位于柯伊伯带和奥尔特云之间的一颗小行星，编号 90377。

遥远的旅行

巨大的太阳系

人从未比在太空行走时显得更为渺小或更为伟大。——蔡斯

画一张合适的太阳系示意图

为了看得清楚，又尽可能保持比例，我们可以把地球只画到一颗豌豆大小的程度，这样的话，土星便会出现在300多米以外的地方，而冥王星则会以一种必须用高倍显微镜才能看得清楚的形式出现在2500米开外的地方。如果把这一切都缩小，让冥王星能够出现在10多米的范围内，那它就只有分子般大小了，这或许对于理解“空间”二字很有帮助。

在一张纸上按比例画出一张太阳系图几乎是不可能的。为了能够尽可能让读者知道太阳系有什么，把所有的太阳系行星都画在同一张图上，绘图师们不得不采用非等比例的方式。于是呈现在大家面前的太阳系图一般都有着外观华丽、清晰明了的特点。

带上晚饭去也不行

“来一次太阳系旅行，我还有时间回家吃晚饭吗？那带上晚饭呢？”

“抱歉，都不行。”

即使以光的速度赶到冥王星，我们也需要花去7个小时的时间，所以真的赶不回家吃晚饭了。而事实上我们是达不到这种速度的，取舍之下，我们借鉴宇宙飞船的速度前进，而这个就很慢了。“旅行者1号”已经是人造物体所能达到的最高速度了，它正在以每小时5.6万千米的速度前进。按照这种速度，到达天王星得花费9年时间，而到达冥王星的轨道需要12年之久。真是一场漫长的旅行。

距太阳系最近的恒星系

南门二是一个三合星系统，位于半人马座，被认为是距离太阳最近的恒星系，只有 4.37 光年（约 277 600 天文单位）。比邻星通常被认为是这个恒星系的成员，距离太阳只有 4.24 光年（约 268 000 天文单位）。

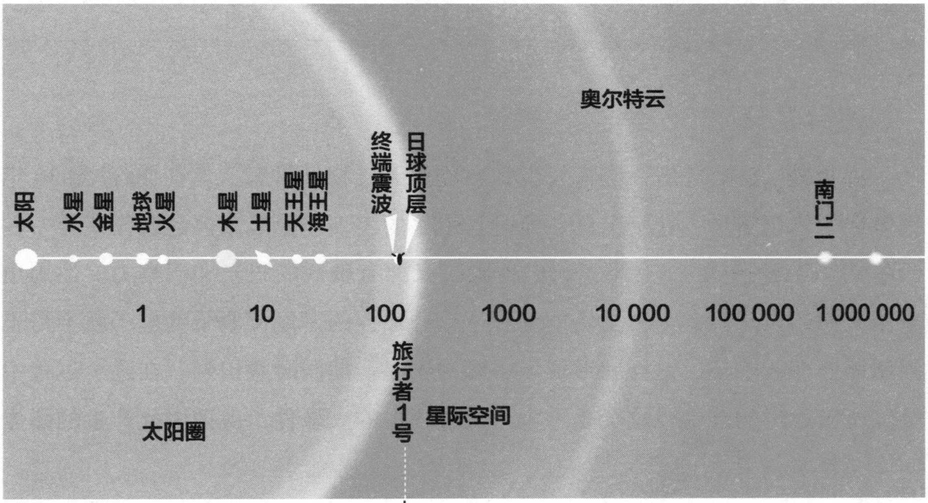

图中横轴以地日距离（1 天文单位）为比较基准，依对数尺度绘制（非等比例的线性尺度）。

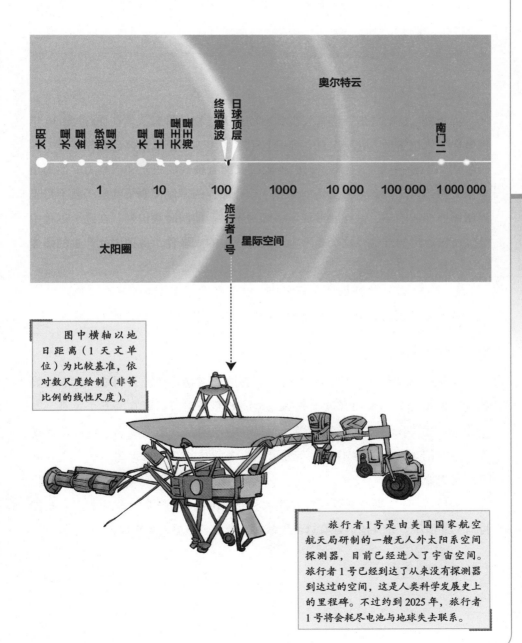

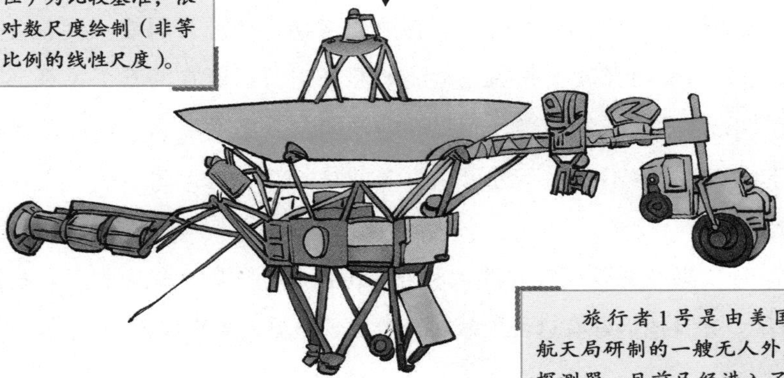

旅行者 1 号是由美国国家航空航天局研制的一艘无人外太阳系空间探测器，目前已经进入了宇宙空间。旅行者 1 号已经到达了从来没有探测器到达过的空间，这是人类科学发展史上的里程碑。不过约到 2025 年，旅行者 1 号将会耗尽电池与地球失去联系。

7

见证恒星大事件

超新星的发现过程

那道光在太空里走了几百万年，抵达地球的时候恰好有人不偏不倚地望着那片天空，结果看到了它。能亲眼目睹这样一个重大事件，似乎还挺不错的。

——罗伯特·埃文斯

脾气古怪的天文物理学家

弗里茨·兹维基是一位脾气极其古怪的天文物理学家，他在20世纪30年代创造了“超新星”这个名词。他时常粗暴的表现连他最重要的合作伙伴——沃尔特·巴德——也忍受不了，但他同时又拥有敏锐的眼光和洞察力。他提出一个大胆的设想：要是恒星坍缩到原子核心那样的密度，原子的电子就不得不因压缩而变成中子，这样就形成了一颗中子星。他同时意识到，在这个过程中会释放出大量的能量，这会是宇宙形成过程中的大事件。他把由此产生的爆炸叫作超新星。

基普·S.索恩曾评价认为沃尔特·巴德和弗里茨·兹维基在《物理学评论》杂志上发表的简短摘要是物理学和天文学史上最有先见之明的文献之一。

恒星的告别

一颗巨大的恒星（比太阳大得多）在演化末期，会进行坍缩，接着会发生壮观的爆炸。刹那间释放出来的能量能够照亮它自己所在的整个星系，与太阳在一生中所释放的能量相当。而我们的老朋友北极星实际上也许已经熄灭，但我们现在却觉察不到，不过可以肯定的是680年前，北极星一直在稳定地燃烧着。

罗伯特·埃文斯是一位居住在澳大利亚蓝山山脉的牧师，他热衷于寻找即将消失的恒星。并且他恰好有这种天赋，善于发现恒星的告别仪式。

超新星的分类

超新星都是在恒星核突然坍缩、直到变成中子星或黑洞的过程中产生的。

超新星

- **Ⅰ型**

  光谱中不含氢元素谱线的超新星，可出现在椭圆状星系和盘状星系中。

  - **Ia 型**

    光谱中有硅的强谱线，释放的能量能够将白矮星炸散。光度稳定，可以用来估计临近星系的距离，也称为标准烛光。

  - **Ib 和 Ic 型**

    触发方式基本相同，白矮星由较大恒星在强恒星风的影响下失去外层后形成。

- **Ⅱ型**

  光谱中含有氢元素谱线，大质量恒星坍缩造成的结果，质量至少是太阳质量的 9 倍。

  - **IIn 型超新星**

    n 代表狭窄，这表示出现在光谱中的氢谱线宽度是非常狭窄或是适中的。

  - **IIb 型超新星**

    光谱最初有一条微弱的氢线，非常类似 Ib 超新星，光度曲线在第一个高峰之后有第二个高峰。

通过对 Ia 型超新星的观测，人们发现一些超新星的亮度要比预期亮度暗，这意味着这些超新星距离地球的距离比预测的要远，宇宙在加速膨胀。

✸ 异于常人的天赋

超新星是极其罕见的，一个拥有 1000 亿颗恒星的普通星系，平均每 200—300 年才会出现一次。寻找超新星的难度可以这么理解：在总长 3 千米的 1500 张连续排列的桌子上各撒随意多的盐，而后在任意一张桌子上再加一粒盐进去，找到超新星的难度就和找出这粒盐的难度相当。然而罗伯特·埃文斯可以轻易地把它找出来。

每当天气晴朗且月亮不太亮的时候，埃文斯便在后院的天文台上，把他那台家用热水器般大小的望远镜从储藏室里搬出来对准天空。在 1980 年到 1996 年，他平均每年有两次发现。可一年中这寥寥数次的发现却需要他花费几百个夜晚进行观测。有一次，他在短短的 15 天里，有了三次新发现，而有一次的发现却用掉了他 3 年的时间。

✸ 匠人与自动化的角逐

1987 年，加利福尼亚州伯克利实验室的萨尔·波尔马特利用计算机和电荷耦合器设计出了一个一流的数码照相机，它能使寻找超新星的工作自动化。天文望远镜拍下大量照片，然后通过计算机进行筛选，找出超新星爆炸的亮点。在 5 年时间里波尔马特和他的同事利用这种新技术发现了 42 颗超新星。

埃文斯坚持自己的观测方法，并坚信自己仍然能够超越他们。关于超新星的发现频率值得一提的是，有时候一无所获也是有价值的，因为这可以为宇宙学家们计算星系演变的速度提供帮助。

Ia 型超新星的起源

Ia 型超新星隶属于变星的子分类，是由白矮星产生剧烈爆炸结果的激变变星。

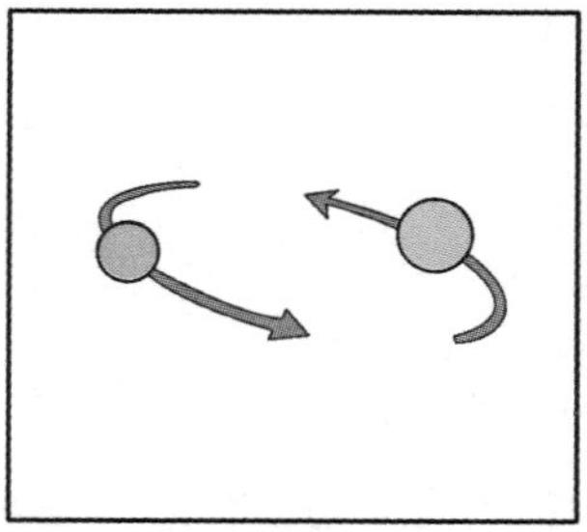

一个由两颗恒星构成的联星系统。

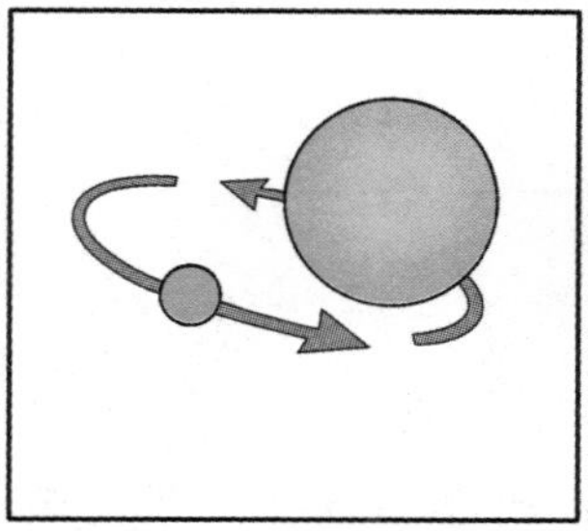

质量较大的恒星体积膨胀，表面温度降低，成为巨星。

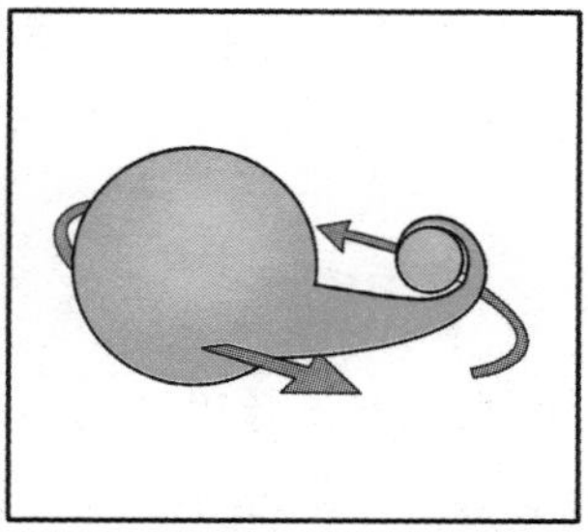

巨星的气体不断被体积较小的伴星捕获，伴星体积扩大，并被巨星的气体包围。

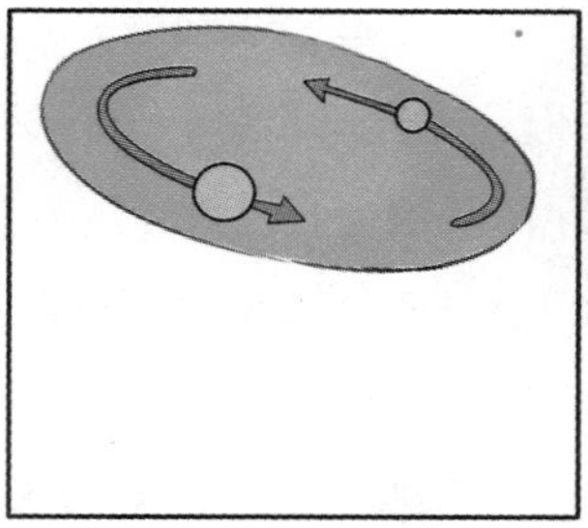

伴星和巨星核在同一团气体的包裹下旋转。

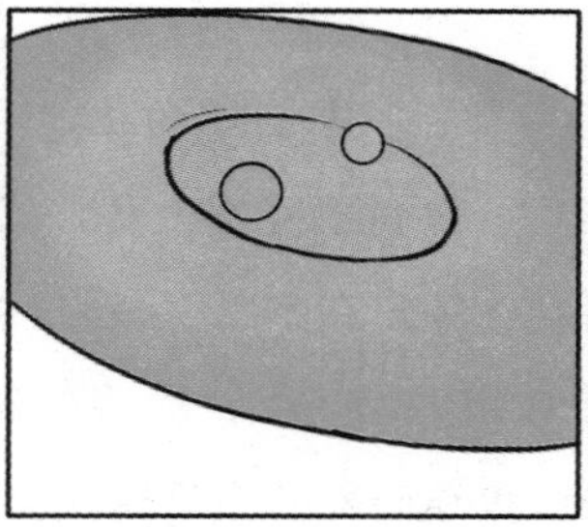

外层气体被喷出，同时伴星以及巨星核的距离变小。

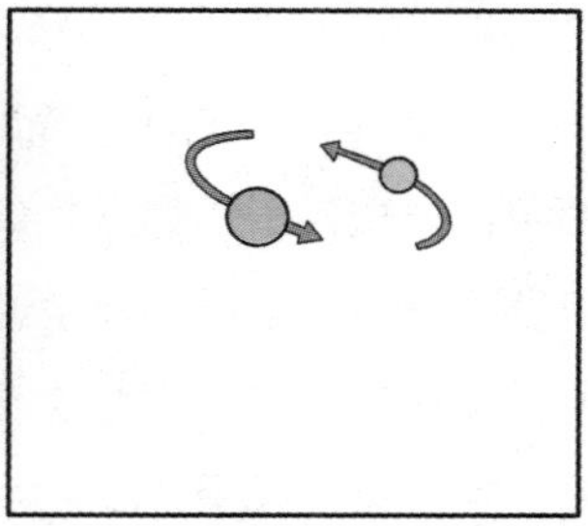

巨星核开始塌陷成一颗白矮星。

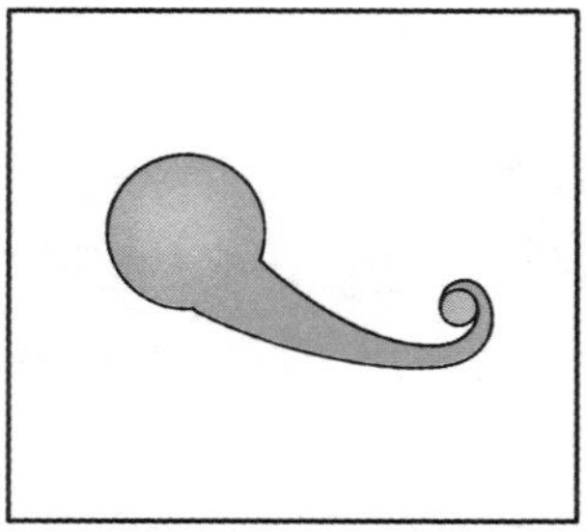

白矮星开始捕获伴星的气体。

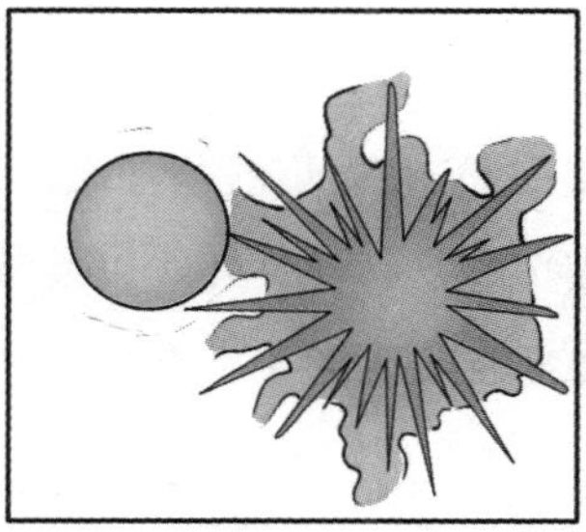

白矮星的质量不断增加，直至极限质量，然后发生爆炸。

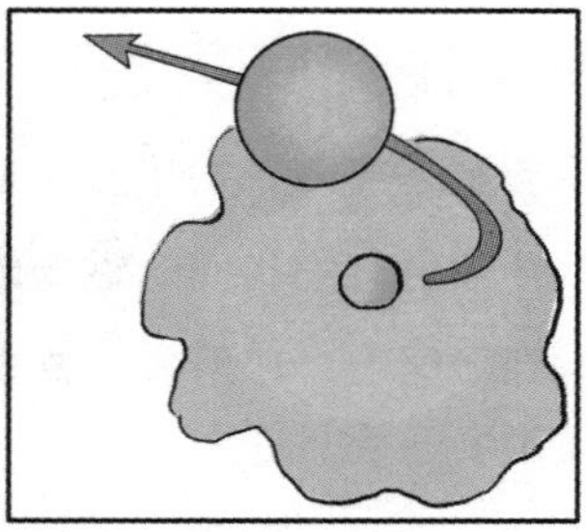

爆炸之后，伴星受力的作用离开原来的轨道。

资料卡

①巨星在天文中指光度大、体积大、密度小的恒星。②白矮星是一种低光度、高密度、高温度的恒星。③联星是两颗恒星在各自轨道上环绕着共同质量中心的恒星系统，较亮的一颗称为主星，而另一颗称为伴星、伴随者，或是第二星。④激变恒星：一种爆发性的恒星，指新星、超新星、耀星和其他正在爆发的恒星。⑤变星是指亮度与电磁辐射不稳定的，经常变化并且伴随着其他物理变化的恒星。

8

毁灭，为了更好地存在

超新星的现实意义

至和元年五月，晨出东方，守天关，昼见如太白，芒角四出，色赤白，凡见二十三日。

——《宋会要》

标准烛光

Ia 型超新星以其拥有同样关键的质量以及总是以同样的方式爆炸的特性，而被称作“标准烛光”。Ia 型超新星可以作为衡量其他恒星亮度的标准，并借此衡量出相对距离，估算宇宙的膨胀率。

重元素

大爆炸产生了许多轻的气体，这是一切的基础，但这些还不足以构成今天的宇宙。重元素是哪里来的呢？一位约克郡人费雷德·霍伊尔为此提供了解释。他赞成恒稳态学说，该学说认为宇宙在不断膨胀的过程中形成了新物质。同时，他注意到恒星发生爆炸会释放出大量热量，能够在聚变的过程中产生较重的元素。1957 年，霍伊尔和 W.A. 福勒向外公布了这一思想。有趣的是，W.A. 福勒因此获得了诺贝尔奖，而霍伊尔却没有。

可能的伤害？

要是有一颗恒星在距离太阳 10 光年的范围之内爆炸，我们就真的玩完了。各种辐射会把我们的磁场破坏掉，届时紫外线以及其他宇宙射线就会大批量照射到地球上，任何人只要暴露在阳光之中就会被烤焦，然而这只是影响的一个小小方面。

幸运的是，这种事情目前并不用担心。就像前文提到的一样，形成超新星的要求可不少，非得有太阳的一二十倍大才可以。而这样的恒星距离我们最近的也有 500 光年。

超新星形成时恒星核的演化过程

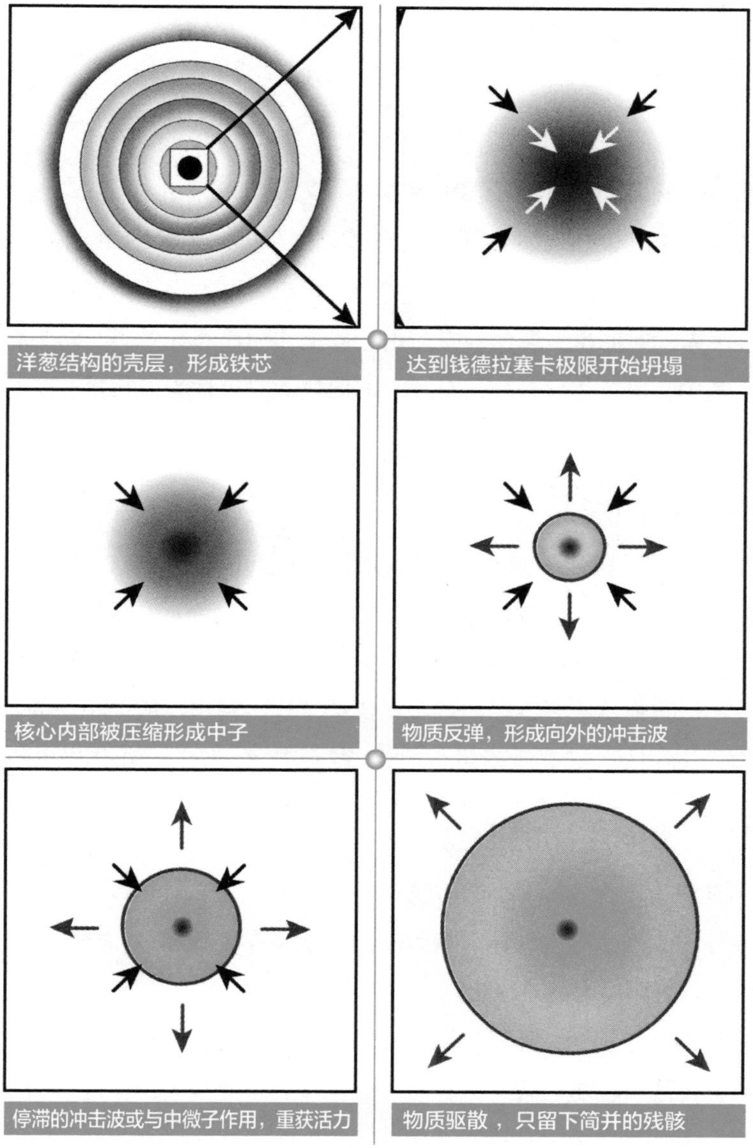
洋葱结构的壳层，形成铁芯
达到钱德拉塞卡极限开始坍塌
核心内部被压缩形成中子
物质反弹，形成向外的冲击波
停滞的冲击波或与中微子作用，重获活力
物质驱散，只留下简并的残骸

资料卡

①钱德拉塞卡极限指白矮星的最高质量，即太阳质量的 1.44 倍。②中微子是组成自然界的最基本粒子之一，常用符号 ν 表示。中微子不带电，质量非常轻，运动速度接近光速。③简并是指被当作同一较粗糙物理状态的两个或多个不同的较精细物理状态。

9

为生命做铺垫

太阳系形成了

恒星也有自己的生命史，它们诞生、成长到衰老，最终走向死亡。

太阳以及太阳系行星的形成

太阳系里几乎 99.9% 的物质都用来形成太阳了。在大约 46 亿年前，我们现在所处的空间里形成了一个由气体和尘埃组成的巨大涡流，这就是太阳的雏形。在接下来的时间里，飘浮的颗粒由于静电作用而互相吸引，这为行星的出现奠定了基础。块粒相互碰撞，有些大的团块此时可称为微行星，微行星频繁地互相碰撞、分离与结合，最后形成了具有特定轨道的太阳系行星。

地月系统的形成

从尘埃到幼星可能不到几万年的时间，而也可能在不到 2 亿年的时间里，地球基本上已经形成了。科学普遍认为，在 44 亿年之前，一颗火星大小的物体撞到地球，炸飞了地球的一块，从而形成了月球。月球上大部分材料与地壳成分相似，但却与地核成分不同的现象也佐证了这一观点。值得说明的是，这一“撞击理论”最初是由哈佛大学雷金纳德·戴利于 20 世纪 40 年代提出的。

地球气候与生命的摇篮

地球在只有现在 1/3 大小的时候，开始形成了以二氧化碳、氮、甲烷和硫为主要成分的大气。温室气体二氧化碳的大量存在使地球得以摆脱永久为冰雪覆盖的厄运，否则生命将难以出现。

在之后的 5 亿年间，地球不断遭受到彗星以及陨石的撞击，生命摇篮——原始海洋就在这一时期形成。

太阳系生命的形成

如果把从大爆炸之初到现在算作一年的话，地球生命的出现大约在 10 月份。

46 亿年前

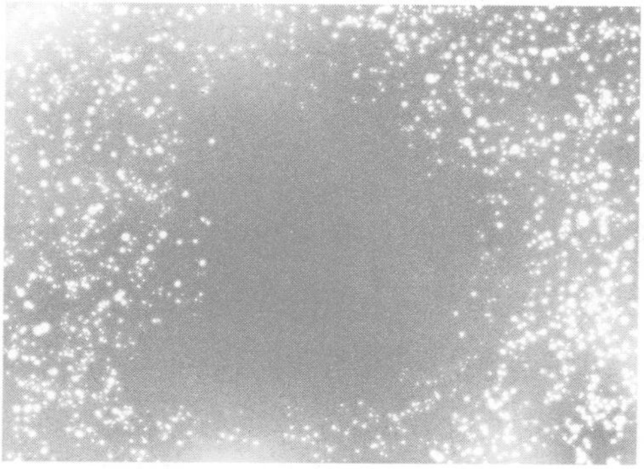

太阳及太阳系行星的形成

一片巨大分子云由于一小块的引力坍缩，其中 99.9% 的物质形成太阳，而其余的物质由于静电吸引以及不断地碰撞与结合形成了行星以及其他的矮行星卫星等。在目前的宇宙中，恒星诞生于分子云，而分子云通常是暗的，在光学波段看不见。

44 亿年前

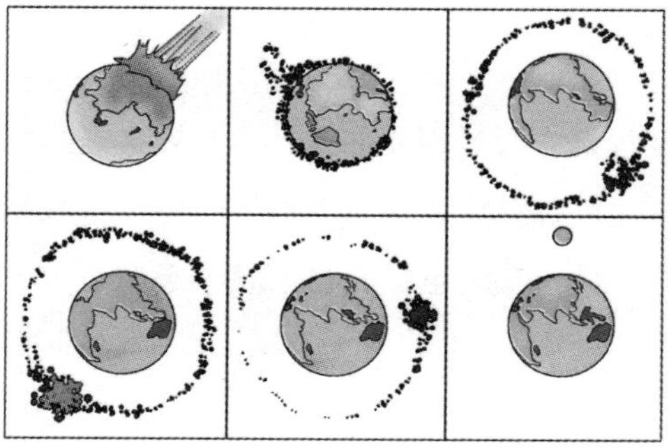

地月系统的形成

火星大小的物体撞击地球，一部分地壳脱离形成了月球。在随后的数亿年里，地球与月球不断遭受到来自宇宙空间的大小撞击，并且在这段时间里，地球也形成了以 CO_2、N_2、CH_4、S 等为主要成分的大气环境。

40 亿年前

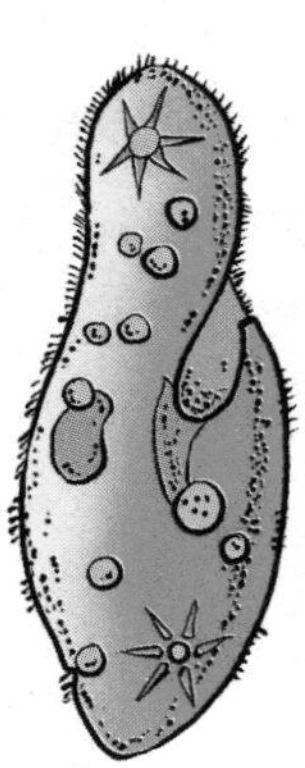

简单生命的形成

地球上原始海洋形成之后，海洋中开始自发地出现了简单的蛋白质，在经历数亿年的缓慢变化之后，原始海洋中开始出现诸如草履虫等原核生物。草履虫是一种身体很小、圆筒形的原生动物，全身由一个细胞组成。

10

外星人的世界

宇宙中的其他生命

你们要再次为自由而战，不是为了反抗暴政或迫害，而是为了避免被灭绝，为了活命的权利，为了生存而战。 ——《独立日》

宇宙中存在其他生命的可能

宇宙中大约有1400亿个星系，而在银河系中估计有1000亿到4000亿颗恒星。从统计学的角度来说，这是个激动人心的数字。法兰克·德雷克是康奈尔大学的教授，他于1960年提出了一条用来推测“可能与我们接触的银河系内外星球高智文明的数量”的公式。由于科学家们对公式中各项变数的估值不同，因此得出的数据存在较大差异，有人据此认为银河系中有非常多的文明可与地球通信。

至少两百年的时间差

尽管宇宙中其他生命存在的可能性很高，可是即使如此，据测算，离我们最近的文明也有至少200光年的距离。这也就意味着在两个地方的生命都只能看到200年前的对方。倘若能发送信息，最快我们也只能在信息中看到对于人类社会400多年前的回复，真是不容易。

是否应该探索外星生命

史蒂芬·霍金、西蒙·莫里斯等诸多科学家不赞成寻找外星人。他们认为，若外星人出现在地球，即意味着他们掌握了能够穿过太空的技术，他们的军事技术将远远超过人类，人类的任何抵御都将毫无效果，这可能使地球沦为殖民地。人类应该采取一切可能的措施，避免与外星人接触。也有一些科学家认为，外星智慧生命的科技可能要比人类发达得多，没有必要侵略人类。

探索外星生命与月球

宇宙如此宽广，假如我们被随意塞进宇宙，那么我们在一颗行星上或是靠近一颗行星的可能性不足十亿亿亿亿分之一。

德雷克公式

$$N=R^*\times f_p\times n_e\times f_l\times f_i\times f_c\times L$$

N 代表银河系内可能与我们通信的文明总数
R^* 代表银河内恒星形成的速率
f_p 代表恒星有行星的可能性
n_e 代表位于适居带内的行星的平均数
f_l 代表以上行星发展出生命的可能性
f_i 代表演化出高智生物的可能性
f_c 代表该高智生命能够进行通信的可能性
L 代表该高智文明的预期寿命

值得指出的是，德雷克公式里有诸多的系数是完全基于猜测的，因此按此公式推算的结果也是具有争议的，无法得到一个确切的结论。

月球的形成

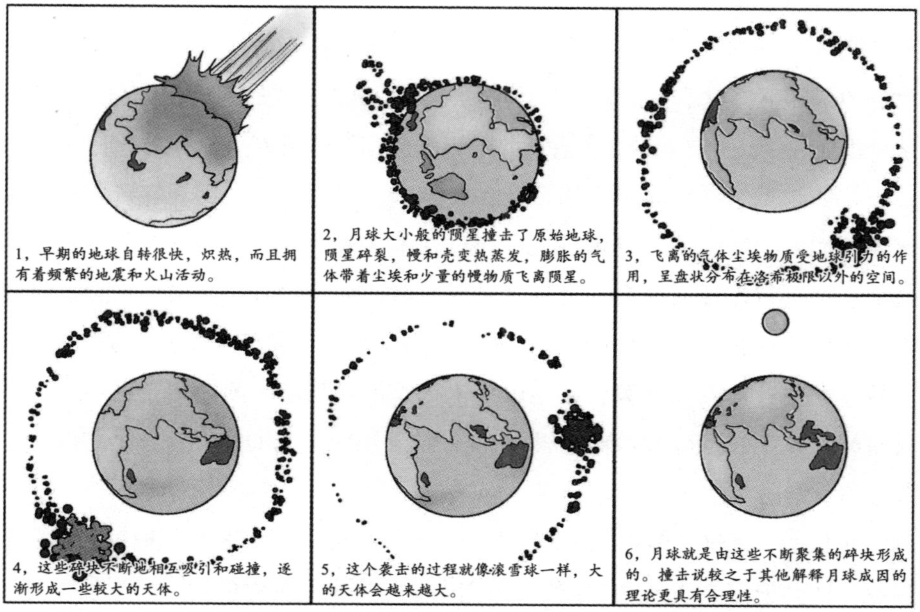

1，早期的地球自转很快，炽热，而且拥有着频繁的地震和火山活动。

2，月球大小般的陨星撞击了原始地球，陨星碎裂，幔和壳变热蒸发，膨胀的气体带着尘埃和少量的幔物质飞离陨星。

3，飞离的气体尘埃物质受地球引力的作用，呈盘状分布在洛希极限以外的空间。

4，这些碎块不断地相互吸引和碰撞，逐渐形成一些较大的天体。

5，这个袭击的过程就像滚雪球一样，大的天体会越来越大。

6，月球就是由这些不断聚集的碎块形成的。撞击说较之于其他解释月球成因的理论更具有合理性。

资料卡

洛希极限：由行星引力产生的起潮力能够瓦解一颗行星，这种起潮力能够阻止靠近行星运转的物质结合成一个较大的天体。行星环就位于这个范围内，其边界被称为洛希极限，是一个重力稳定性的区域。

11

让牛顿羞愧的事情

光以太的破产

长久以来，人们认为在宇宙中充满着一种稳定的，看不见的，没有重量、摩擦力的，想象出来的物质——以太。

光以太

笛卡儿提出关于光以太的假设，牛顿也和他站在相同的立场。因为这两个巨头的影响力，几乎人人都对这种理念怀有敬畏之情。在 19 世纪，光和电磁都只被看作是波，而波的传播必须在某种介质中，所以光以太理论拥有肥沃的土壤。甚至到了 1909 年，物理学家 J.J. 汤姆森仍坚持认为以太长期存在并且像我们呼吸所需要的空气一样必不可少。

牛顿也会犯错

1852 年出生在一个贫苦家庭的阿尔伯特 · 迈克尔逊在总统尤利塞斯 · S. 格兰特的帮助下完成了在美国海军学院的学习。学业完成后，他在克利夫兰凯斯学校担任教授，并开始研究一种叫作“以太漂移”的现象。

牛顿预言：在观察者看来，光在穿越以太时的速度会因观察者靠近或远离光源而发生变化。迈克尔逊决定通过在不同季节观察太阳光速的变化来对这个预言进行印证或推翻。迈克尔逊说服电话的发明者——贝尔帮自己设计出了一种精妙的仪器来完成测量。迈克尔逊又与化学家爱德华 · 莫雷合作进行了数年的精心测量与计算，其中因为工作难度和强度的问题不得已中止过一段时间。在 1887 年，他们完成了测量，结果证明：光的速度在各个方向和季节都是一样的。

牛顿错了，这是两百年来证明牛顿定律并不是在任何时候都适用的第一个迹象。这对于在 19 世纪 80 年代的人们来说是一个颠覆性的观点，不仅针对于“以太”，还有人们对物理学的情感。

被现代物理学抛弃的以太

以太存在于空间之中，就像风吹拂着大地一样。17 世纪，笛卡儿将以太引入科学，并赋予了它某种力学的性质。然而这个概念在 19 世纪之后逐渐被人们所抛弃，成为一个历史名词。

牛顿的预言

牛顿认为以太不一定是单一的物质，所以能传递各种作用，如产生电、磁和引力等不同的现象。同时，他认为以太可以传播振动。

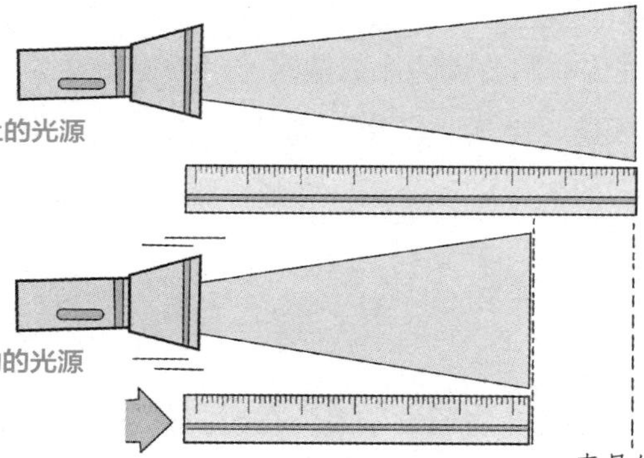

直尺的长度在以太的影响下发生了变化。

曾有科学家认为，物体之所以运动，就是以太风对物体中分子施加压力的结果。由此，他们得出推断，光速也应该会发生变化，而且测量光速的直尺也在发生变化。

迈克尔逊—莫雷实验

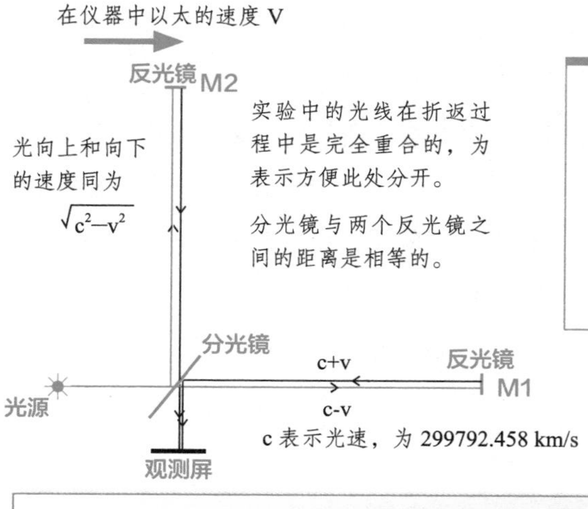

c 表示光速，为 299792.458 km/s

假如以太存在，并且光在以太中的传播会发生变化，那么在整体调转 90° 图中观测设备后，呈现在观测屏上的光的干涉条纹会发生可观测到的位移。

迈克尔逊和莫雷进行了多次观测实验之后都没有发现这种位移。

1887 年，迈克尔逊和莫雷用干涉仪测量两垂直光的光速差值，结果证明光速在不同惯性系和不同方向上都是相同的，由此否认了以太的存在，动摇了经典物理学基础，成为近代物理学的一个发端，在物理学发展史上占有十分重要的地位。

12

往前一步是真知

19 世纪物理学的瓶颈

我的努力求学没有得到别的好处，只不过是愈来愈发觉自己的无知。

——笛卡儿

回望 19 世纪

科学界在 19 世纪取得了丰硕的成绩，人们已经对电学、磁学、气体学、光学、声学、动力学以及统计力学有了相对完善的了解，已经发现了 X 射线、电子和放射射线等，发明了许多沿用至今的计量单位。

人们通过蒸馏、加速、震荡、干扰、化合等物理或化学反应发现了许许多多的现象，并提出了名称繁多的各种定理公式。许多“聪明人”都认为，科学家们已经可以考虑改换其他工作了。

难有新发现

有许多人劝谏后辈选择数学而非物理学，因为在他们看来物理学已经研究得基本够好了，很难再有新的发现，下一个世纪将只能是巩固和提高。如果马克斯·普朗克听取了他们的建议的话，我们或许就不会知道物理学家普朗克了。

普朗克有着执拗的性子，他固执地潜心钻研理论物理学以及关于熵的研究。1891 年普朗克终于钻研出了一些成果，可他不幸地发现这个研究已经由一位耶鲁大学的学者 J. 威拉德·吉布斯做过了。吉布斯是一个离群索居性格孤僻的人，他于 1875—1878 年在一本不知名的小杂志上相继发表了著名的《论多相物质平衡》论文集子。因为这本杂志极其有限的发行量，普朗克直到很晚才听说了这回事。不过，这似乎顺应了人们的预言。

19 世纪已经取得的科学成就

19 世纪的人们通过一系列物理化学反应对身处的物质世界有了相对充足的认识，这一时期的人们一方面沉浸在一种自豪的满足之中，同时也悲观地错估了下个世纪物理学的未来。

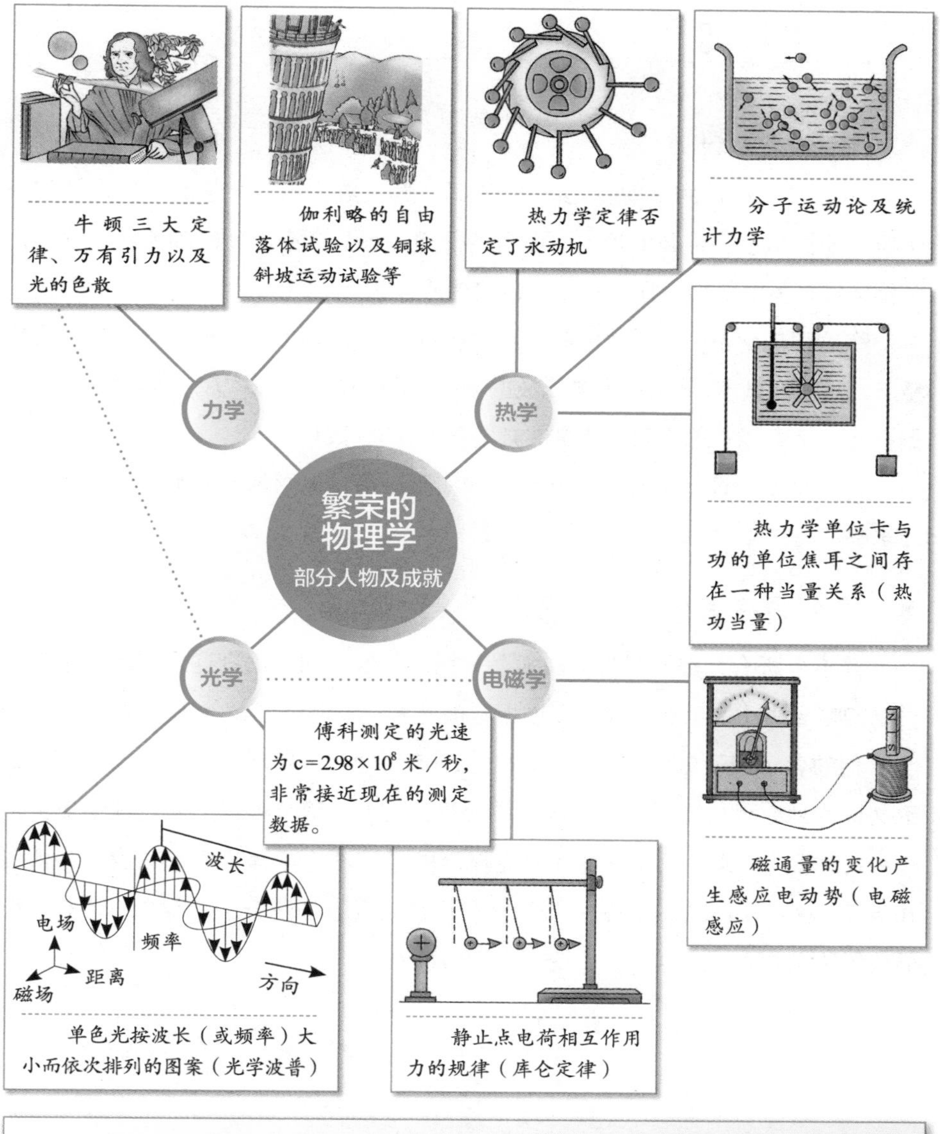

牛顿三大定律、万有引力以及光的色散

伽利略的自由落体试验以及铜球斜坡运动试验等

热力学定律否定了永动机

分子运动论及统计力学

热力学单位卡与功的单位焦耳之间存在一种当量关系（热功当量）

傅科测定的光速为 $c=2.98\times10^{8}$ 米/秒，非常接近现在的测定数据。

磁通量的变化产生感应电动势（电磁感应）

单色光按波长（或频率）大小而依次排列的图案（光学波普）

静止点电荷相互作用力的规律（库仑定律）

19 世纪，整个世界都处在一片叮叮当当、滋啦滋啦的声音中，人们忙于认识世界以及在认识的历程中建功立业。

13

勘破疑云的黎明之光

普朗克与爱因斯坦

在 19 世纪的一片哀叹声之后，科学迎来了新的发展——从宏观物理学向微观物理学迈进。这是一个全新的领域，将会有另一批伟大的科学家在这里开疆拓土。

量子力学的萌芽

1900 年，倒霉的普朗克已有 42 岁了，并且成为柏林大学的一位理论物理学家。他提出了一种新的理论：能量的传递并不是紧密无间断如流水一般，而是像运输带上的货物一样，一包一包地往外传递。

在这种理论中，电磁波吸收和发射的最小能量单位为 $E=hv$。这样的一份能量 E，叫作能量子；v 是辐射电磁波的频率；$h=6.62559\times10^{-34}Js$，即普朗克常数。振子每一个可能状态之间的能量差必定是 hv 的整数倍。

这一理论佐证了迈克尔逊和莫雷的实验结果，也昭示着一个物理学新时代的来临。

伟大的三级技术审查员

并不是所有人都能担当“伟大”一词，而这一词在形容这位三级技术审查员时却略显渺小，虽然他此前还被拒绝提升为二级审查员。

他的名字叫阿尔伯特·爱因斯坦。1905 年他向《物理学年鉴》投递的五篇论文成为划时代之作。C.P. 斯诺曾评价说，其中三篇“称得上是物理学史上最伟大的作品”。其中一篇使用普朗克提出的量子理论诠释了光电效应，为他在 16 年后赢得了诺贝尔奖；另一篇论述了布朗运动，证明分子的存在；还有一篇概述了狭义相对论，这完全改变了人们的世界观。

最短的时间

大爆炸理论认为，宇宙开始产生的那个时刻为时间的起点，即 t=0 。如果考虑量子波动的话，宇宙是在大爆炸之后“普朗克时间”里被创造出来的，这里的宇宙指的是时间、空间和所有的物质都在 10^{-43} 秒内产生了。

宇宙创生的最短时间也就是普朗克时间，再也没有比这更短的时间了，宇宙就诞生在这段细微的短暂时间之中。

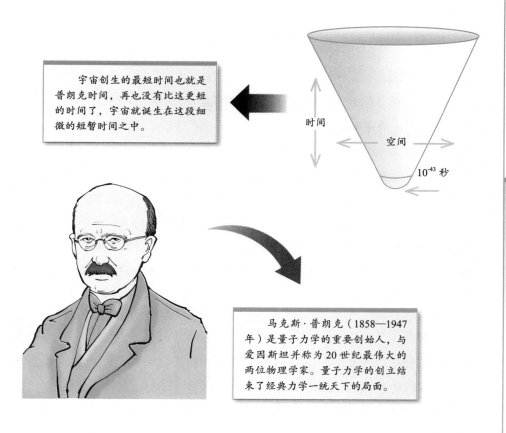

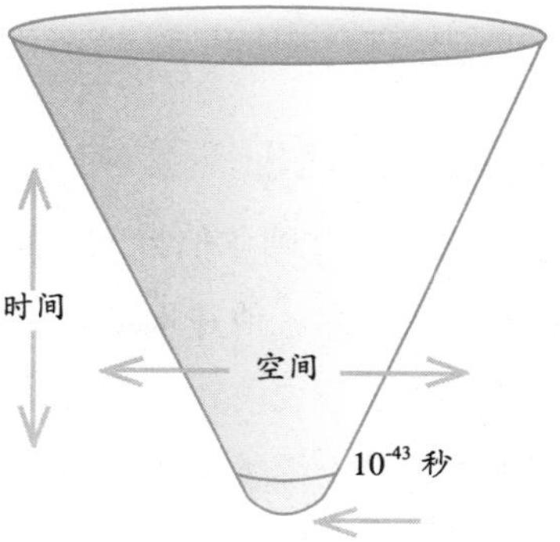

马克斯·普朗克（1858—1947年）是量子力学的重要创始人，与爱因斯坦并称为20世纪最伟大的两位物理学家。量子力学的创立结束了经典力学一统天下的局面。

$$普朗克时间 = \frac{普朗克长度}{光速}$$

普朗克长度 $l_p \approx 1.6\times10^{-35}$ 米

光速 $c \approx 3.0\times10^{8}$ 米/秒

1 普朗克时 =0.000 000 000 000 000 000 000 000 000 000 000 000 000 000 1 秒，小数点后 42 个 0。

14

爱因斯坦的宇宙①

质能方程与广义相对论

C.P. 斯诺曾指出，狭义相对论重要而又深刻，然而即使没有爱因斯坦，5 年之内也会有人想到。而广义相对论则完全不是，如果没有他，我们有可能到现在还在等待着那个理论的诞生。

26 岁之前的普通生活

1879 年，阿尔伯特·爱因斯坦出生在德国南部乌尔姆的一个家庭里，后来在慕尼黑长大。他并不是一个聪明的孩子，至少看起来是这样的。爱因斯坦直到 3 岁才学会说话，而后又因为父亲生意上的失败不得不举家搬迁至米兰。10 岁的他在瑞士继续学业，1896 年放弃德国国籍进入苏黎世联邦理工大学。他选择了一个旨在培养初中教师的普通课程标准进行学习。

4 年后，21 岁的他顺利毕业并发表了一篇关于流体的论文，不巧的是，有人在他之前已经做过研究。一年后，他爱上了一位匈牙利姑娘米勒娃·玛丽奇，未婚先孕，他们将孩子送给了别人家。1903 年，他与玛丽奇完婚，并在瑞士专利局从事着一份稳定的工作。

$E=mc^2$

就是这样一个不太聪明的普通人，让人很难将他与科学联系起来的人，大大改变了人们对于世界的认知。

一块铀为什么能够源源不断地放出能量，而不会像冰块、煤炭那样损耗呢？

1905 年 6 月 30 日，爱因斯坦在德国《物理学年鉴》中投了一篇名为“论动体的电动力学”的论文，这是一篇没有脚注、引语的论文，几乎没有提及影响过的论文以及此前发表过的任何论文。几个月后他又发了一篇短小的补充，在这篇补充中提出了他著名的等式 $E=mc^2$。

氢弹的原理

氢弹就是利用内部一个小型铀原子弹爆炸而产生的高温引爆和聚变，反应过程中释放出巨大的能量，具有强大的杀伤力。

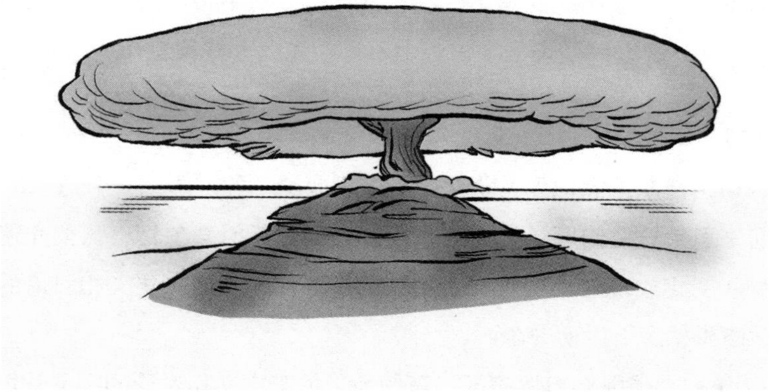

核武器爆炸的威力通常用同等爆炸威力的TNT（三硝基甲苯）的质量来进行衡量。第二次世界大战期间投放在日本广岛的“小男孩”原子弹威力相当于1.3万吨TNT，而1961年苏联“沙皇氢弹”的威力相当于5000万吨TNT，约是“小男孩”的3800倍。

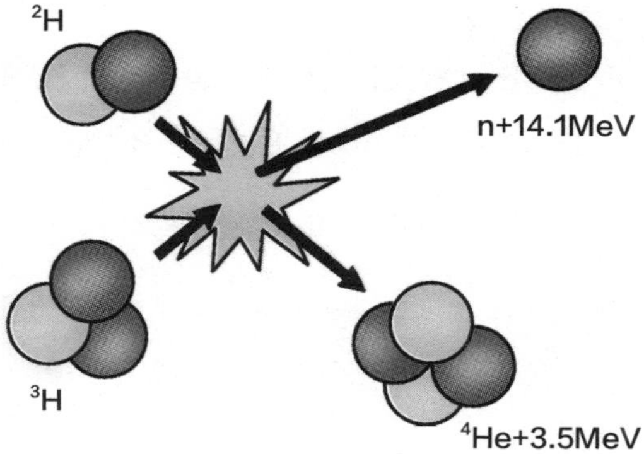

1 MeV = 1.602×10^{-13} J

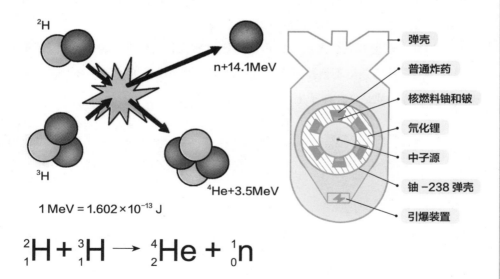

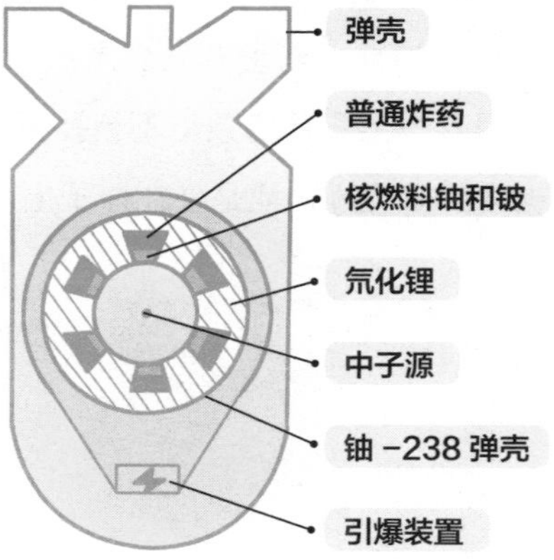

$$^{2}_{1}H+^{3}_{1}H\longrightarrow ^{4}_{2}He+^{1}_{0}n$$

根据质能方程$E=mc^2$，在核聚变反应中，反应物与生成物之间的能量差是产生大量能量的原因。氘-氚（D-T，氢的两种同位素）的核聚变反应产生氦（He）、中子（n）以及释放出的核能。利用核聚变发电是目前考虑中的未来主要能源供应方式。

简单来说，质量和能量是等价的，能量是释放出来的质量，质量是储存起来的能量。c 表示光速，也就是说，小小的质量蕴含着巨大无比的能量。而我们现在制造出来的铀弹也只是释放出了能量的 1%。算下来一个普通成年人的质量，如果可以的话，能够释放出与 30 颗氢弹相近的能量。

该理论同时也表明光速是不变的，并且是宇宙中最快的，没有任何速度可以超越它。此外，爱因斯坦的宇宙观中不存在光以太这种媒介。

关于广义相对论的宇宙学思考

爱因斯坦清楚地意识到，狭义相对论里缺少一种东西——引力。他用了 10 年的时间来思考这一问题：运动的东西在遇到障碍时会怎样，比如光遇到引力会发生哪些变化或现象。这是狭义相对论里不曾提及的，狭义相对论的研究客体是在无障碍状态下运动的东西。

1917 年初，爱因斯坦发表了一篇题为《关于广义相对论的宇宙学思考》的文章。这篇文章中提出了物质间引力相互作用的理论，首次把引力场解释成时空的弯曲。引力不是一种“力”，而是时空弯曲的一件副产品。布尔斯、莫茨和韦弗评价认为，爱因斯坦关于引力的点子是“一切点子中最伟大的点子，作为一个脑子的独创，这是人类最高的智慧成就”。

关于爱因斯坦开始思考引力问题的原因，有人说是因为 1907 年爱因斯坦看到有个工人从房顶上不慎摔下来。这种说法不得不说可信度值得怀疑，不过据爱因斯坦说，他是坐在椅子上，开始想到引力问题的。

广义相对论视域下的引力

从某种意义上来说，引力并不存在，行星和恒星之间相互“吸引”的作用是由于空间和时间的扭曲造成的。

引力的猜想

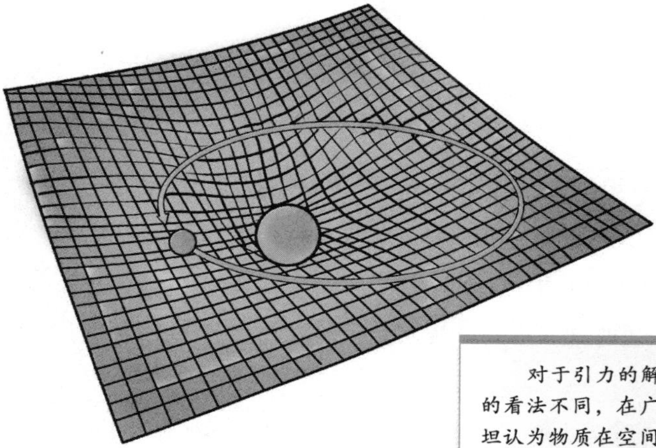

对于引力的解释，爱因斯坦与牛顿的看法不同，在广义相对论中，爱因斯坦认为物质在空间中会使得空间出现弯曲，物质的质量越大，这种弯曲越明显。而这种现象会使得靠近的物体在运动上受到影响，这种影响就被称为引力。

难以挣脱的引力

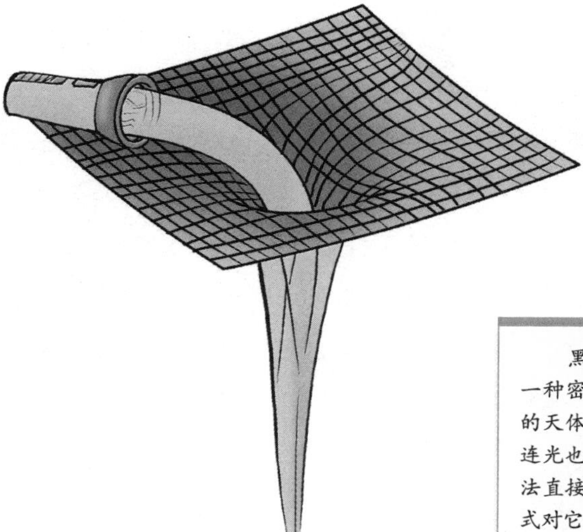

黑洞是宇宙空间内存在的一种密度无限大、体积无限小的天体，此处的时空曲率大到连光也无法从中逃脱。黑洞无法直接观测，只能通过间接方式对它的质量等情况进行推测。

15

爱因斯坦的宇宙②

艰涩的相对论

记者：你是不是世界上仅有的能够理解爱因斯坦相对论的三个人之一？

阿瑟·爱丁顿：我正在想谁是第三个人呢。

又少了几个人

1919年，爱因斯坦因为自己的理论一般人看不懂而意外获得了许多关注。《纽约时报》派出高尔夫运动记者亨利·克劳奇对爱因斯坦做了专访。事实也正如预测的一样，克劳奇几乎把一切都弄错了。克劳奇在稿件中断言：全世界只有12个人能够看懂的这本书，是找不到出版社的，也不存在那么狭小的学术界。

这种盲目的观点深入人心。不过，之后在人们的想象中能搞懂相对论的人又少了几个。其实相对论的复杂之处并不在于它涉及许多数学方程和计算，虽然这其中有一些计算连爱因斯坦都需要别人帮助才能完成，而在于相对论并不是凭直觉就能搞懂的，它缺乏现实生活中可以类比的素材。

相对论ABC

相对论认为空间和时间不是绝对的，于观察者和被观察者来说都是这样。对于观察者来说，被观察者的速度越快，观察者看到的模样就越模糊。

罗素是一位著名的数学家和科学家，他的《相对论ABC》一经出版便得到了广大读者的青睐。其中有一个非常形象的类比：一辆90米长的火车正在以光速60%的速度前进，站在站台上的人们看到的火车就只有70多米长，而列车上人的活动看起来都会变慢，就连车上的时钟也是。而车上的人看车外的人也会有这样的感觉，他们各自在看自己时并不觉得自己身边发生了对方看到的变化，这一切都与相对移动的位置有关。

探秘四维空间

在相对论中，时间和空间一起组成了四维空间，构成了宇宙的基本结构。时间和空间都是相对的，这否定了绝对时间的存在。观察者以不同的相对速度或者在不同的空间结构中所观测到的时间的流逝速度是不同的。

时空坐标系

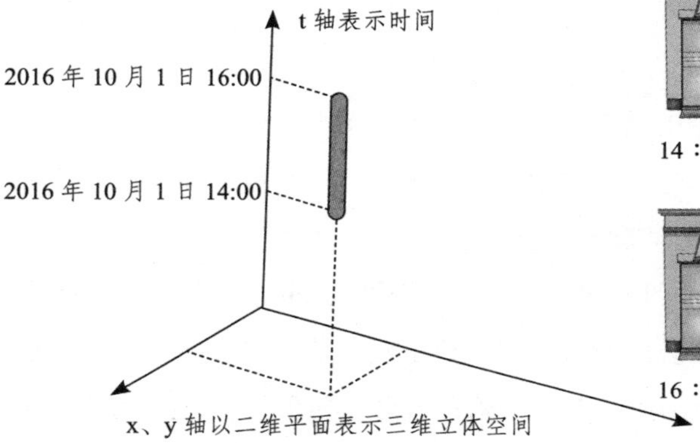

14：00 走进书店看书

16：00 离开书店

如果 2016 年 10 月 1 日 14：00 一个人走进书店开始看书，两小时后离开了书店。那么这个时间在四维时空坐标系中会呈现出一段线段，如果将这个人在书店中位置的变化考虑在内的话，将表现为一段弯折的曲线。

相对的时间

1971 年，物理学家哈菲尔与基廷通过实验对时间的相对性做出了证明。在爱因斯坦的相对论中，当移动速度达到光速一半时，时间将减慢 13%。

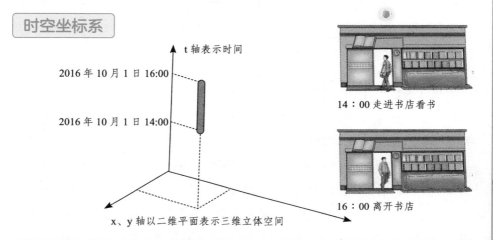

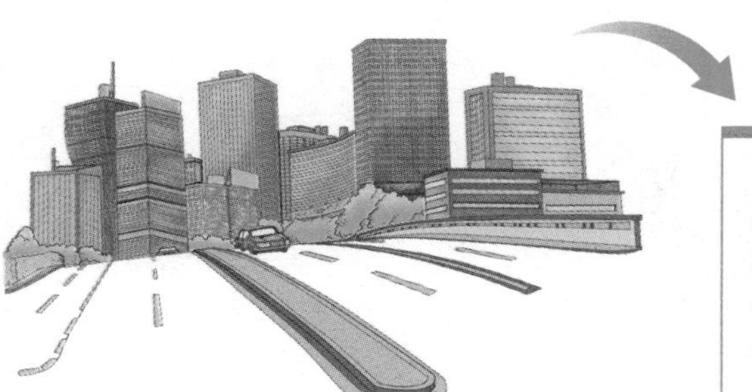

哈菲尔与基廷将高度精确的原子钟放在飞机上绕地球飞行，然后将读数与静止的原子钟读数进行比较，结果证明高速运动中的原子钟比静止中的原子钟时间流逝得慢。

✷ 举足“轻”“重”的相对论

相对论无处不在，只是绝大多时候它对我们的影响微乎其微。平时我们在屋子里两个不同地方的移动也会使我们经历的时间和空间发生变化。根据计算，一个以每小时 160 千米的速度投掷出去的棒球在抵达本垒时会增加万亿分之二克的质量。在人类能达到的速度里而发生变化的质量都小得令人难以察觉，但对于光、引力以及宇宙来说就具有非比寻常的重要影响了。

✷ 时空

这几乎是相对论中最难为人接受、最难用直觉去体会的了。爱因斯坦认为时间是空间的组成部分，时间是不断变化的、可以更改的，甚至还有形状。斯蒂芬·霍金认为一份时间和三份空间结合在一起构成了时空。

时空的作用方式可以想象成一个平坦而又柔软的橡皮或海绵垫子，在上面放置一个浑圆的重球。球的重量使得垫子发生了凹陷。而在之后的时间里，如果有小的球经过这里时就会顺着下陷的部分滚到低处。这是从另一个角度给出引力的解释——引力是时空弯曲的产物。于是丹尼斯·奥弗比曾经得出结论：宇宙是一个“最终的下陷底垫”。

✷ 宇宙总是膨胀或是收缩的

爱因斯坦认为宇宙总是膨胀或是收缩的，但他并不是宇宙学家，因此还是下意识地在自己的公式中加入了所谓的宇宙常数。科学史原谅了爱因斯坦的这一失误，但他却坚持认为这是他“一生中所犯的最大的错误”，事实上，这在科学上是一件非常可怕的事情。

光速恒定带来的奇特现象

1887 年，迈克尔逊和莫雷通过实验得出光速在不同惯性系和不同方向上都是相同的。我们接下来要讨论的问题就是在光速恒定的情况下出现的匪夷所思的事情。

运动的钟表

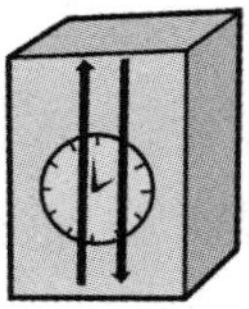

假定设计出一个箱子，在箱子顶部和底部都装有反射镜，底部有一个光源。在箱子里有一个特别的时钟，时钟上的一个刻度恰好能够表示光从箱子底部运动到顶部，并返回底部所需要的时间。

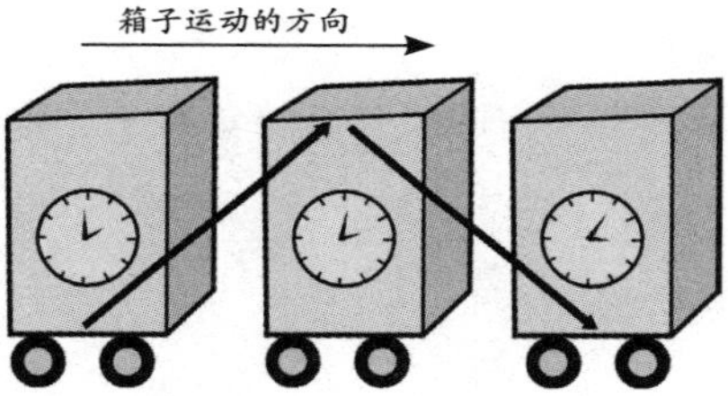

在箱子内的时钟显示只走过了一个刻度，箱子外观察者的时钟显示走了超过一个刻度。

箱子沿着与光运动方向垂直的方向运动了一段距离。

外部的观察者观察到的光线的运动路径超过内部观测时光线所运动的距离，但因为光速恒定，所以外部的观察者的时钟会比内部的时钟多走一些。

物体长度在运动方向上变短了

物体的运动速度越快，它本身的时间流逝就更慢。我们假设有一个高速运动的箱子穿过一定长度的隧道。外部的人测出的穿越速度可能需要 10 秒钟，而箱子内部测出的时间却可能只需要 5 秒钟。对于箱内的测量者来说，隧道的长度也因此会变得比静止时测量的短。而外部的人则同样发现箱子的长度变短了。

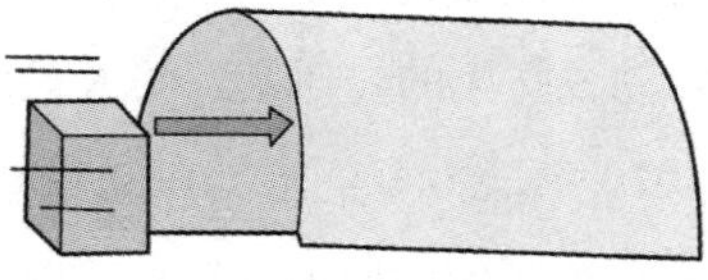

以隧道为参考，外部人测得箱子的长度变短。

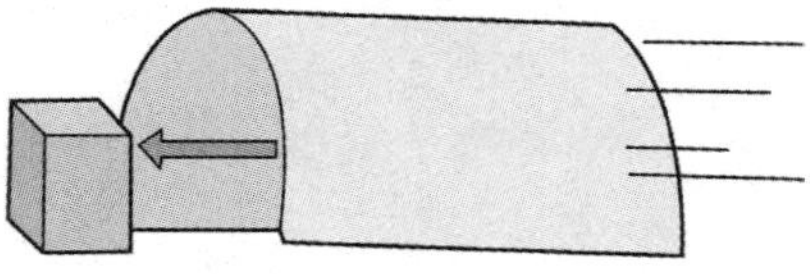

以箱子为参考，隧道高速反方向运动，长度变短。

16

离家出走的恒星

宇宙在加速膨胀

多普勒频移：在运动的波源前面，波被压缩，波长变得较短，频率变得较高（蓝移）；当运动在波源后面时，会产生相反的效应。波长变得较长，频率变得较低（红移）。

埋没的功臣

美国天文学家斯来弗在记录恒星光谱图上的读数时发现了一个令人惊讶的现象：恒星好像在离我们远去。斯来弗发现恒星正在发生着一种叫作“红移”的现象。

斯来弗第一个注意到了这种现象，这对于理解宇宙的变化趋势具有十分重要的意义。然而这一发现并没有引起人们的重视，以至于每逢谈到发现“恒星远去”时，人们首先想到的将是下面提到的人物。

埃德温 · 哈勃

1889 年出生在密苏里州小镇的埃德温 · 哈勃有一个富裕的家庭，从小就接受了良好的教育，并且身体素质良好，富于正义感，才华出众。

他轻松地考上了芝加哥大学，攻读物理学和天文学，而他当时的系主任就是阿尔伯特 · 迈克尔逊，不过这并不是重点。哈勃后来声称，20 世纪 20 年代时自己曾在肯塔基州当过数年律师，其实他是在印第安纳州当中学教师和篮球教练。哈勃爱吹牛的习惯是一些人不喜欢他的原因之一。

1919 年，30 岁的哈勃在威尔逊山天文台找到了个职位，由此开启了他一生中真正灿烂辉煌的时刻。哈勃发现银河系外存在着其他星系，并且宇宙正在不断膨胀，他是银河外天文学的奠基人和发现宇宙膨胀实例证据的第一人。

红移和蓝移

光同时具有波的性质和粒子的性质，因此光的表现会符合多普勒效应，光的多普勒效应又被称为多普勒—斐索效应。光波与声波不同的是，光的频率变化能够通过颜色表现出来。

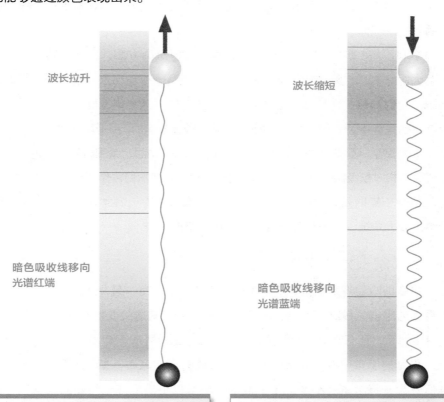

红移，即一个天体的光谱向红端（长波）方向移动。根据多普勒效应可以知道，这是由于天体正在快速远离地球造成的。

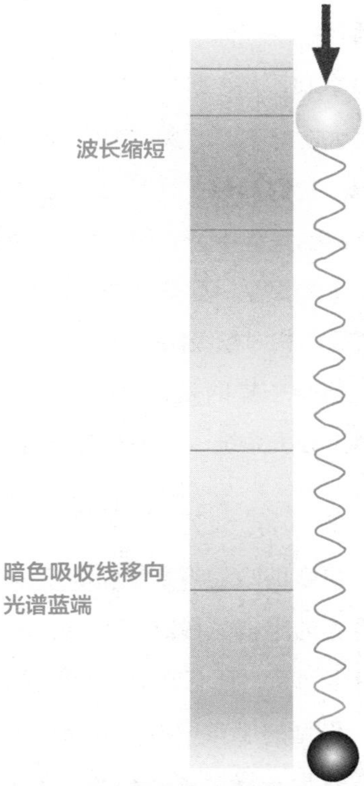

蓝移，即一个天体的光谱向蓝端（短波）方向移动。如果出现这种现象，即表示该天体正在向地球的方向移动。

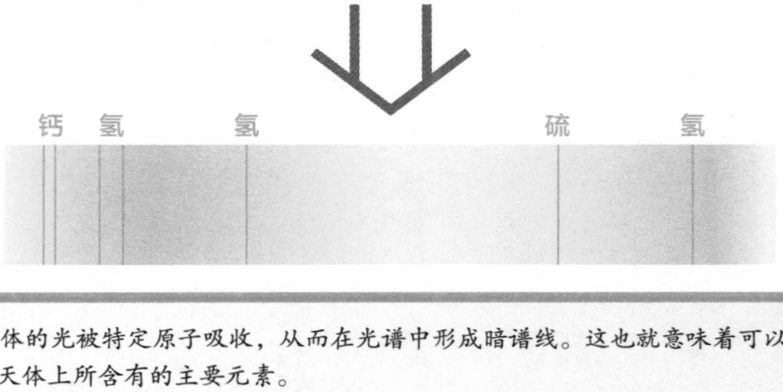

来自天体的光被特定原子吸收，从而在光谱中形成暗谱线。这也就意味着可以通过暗谱线来推测出该天体上所含有的主要元素。

造父变星

哈勃在天文台工作后，开始着手研究宇宙的存在时间和范围。要想明确这两个问题，首先需要知道星系离我们有多远以及正在以怎样的速度远离我们。前文提到的红移能够帮助我们知道星系远离的速度，但我们还需要一个作为参考的目标——标准烛光。

亨利埃塔·斯旺·莱维特想出了找到这类恒星的方法，这于哈勃来说是一个莫大的好消息，莱维特注意到造父变星有节奏的搏动现象。根据现在掌握的知识，我们知道，这是已经走过“主序阶段”的恒星变成了红巨星。在燃烧剩余燃料的过程中，它们产生了一种像呼吸一样有节奏的、一明一暗的现象。

北极星是一颗造父变星，然而这种恒星是不多见的。莱维特发现通过比较造父变星的相对量级能够计算出它们的相对位置。她把它们称作“标准烛光”。

值得一提的是，同时期的安妮·江普·坎农作为一名女计算员，发明了一种恒星分类系统，这种分类法直到现在仍在使用。

突破想象力的宇宙

机智的哈勃将莱维特和斯来弗的研究结果结合在一起，使人们认识到了一个更大的宇宙。1924 年，哈勃发表《旋涡星云里的造父变星》，证明宇宙中不只有银河系，还有其他大量的星系，其中许多比银河系还要大。

可见的宇宙中有 1400 亿个星系。天体物理学家布鲁斯·格雷戈里通过计算后发现，将星系缩小到豆子一般的大小可以填满老波士顿花园或皇家艾伯特大厅。

量天尺

造父变星是一类具有高光度、周期性的脉动变星，可以用来测量不知距离的星团、星系距离地球的距离。因此，造父变星也被称为“量天尺”。

变化的光度

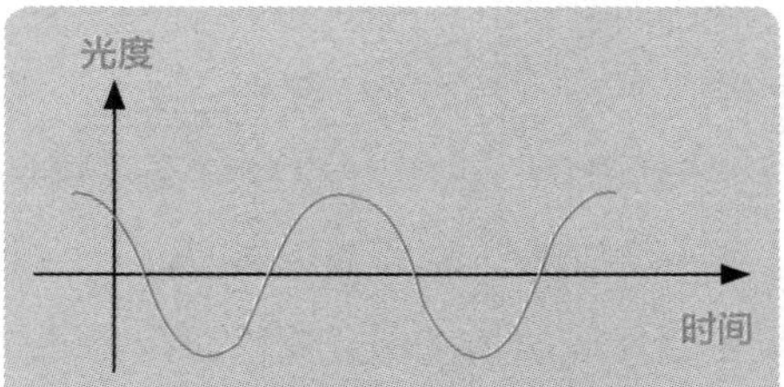

造父变星的光度随时间发生周期性的变化。

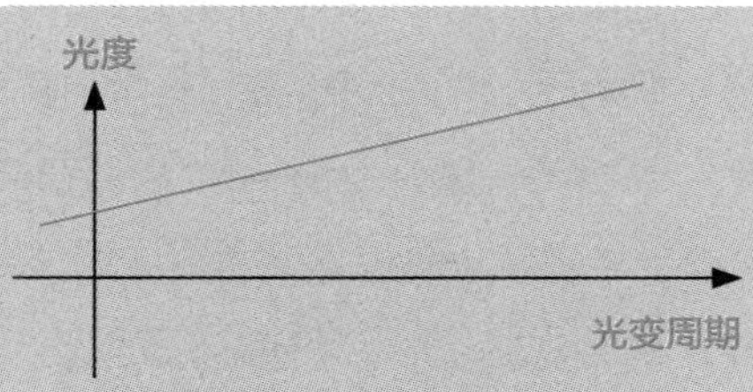

光度随着光变周期的增大而增大。

测算系外星团距离

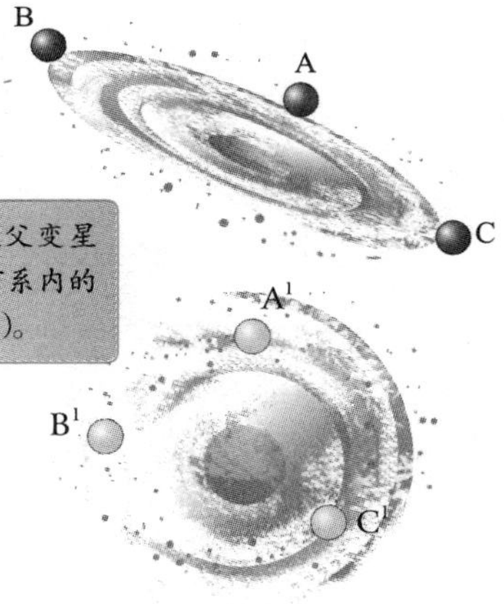

银河系外的造父变星（A1, B1, C1）与银河系内的造父变星（A, B, C）。

发现相同光变周期的造父变星，这表示它们具有相同的绝对星等。测出各自视星等并比较。

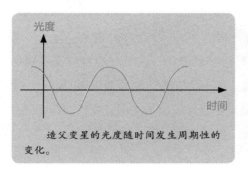

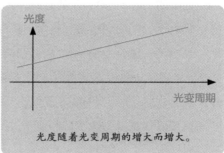

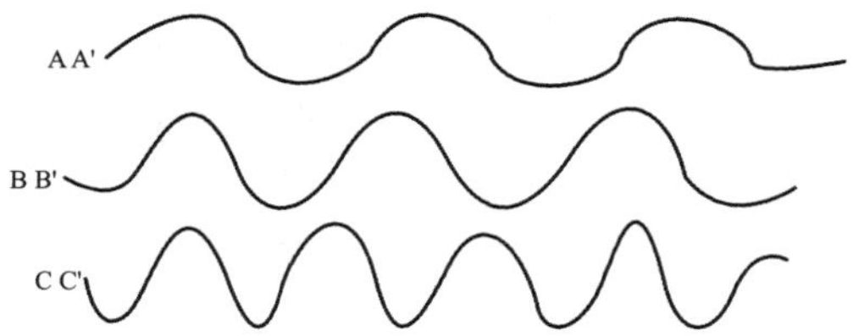

和我们之间的距离 A<B<C

通过这种方法，我们推测出仙女座星云的距离约为 220 万光年，银河系的直径约有 10 万光年。

资料卡

①变星是指亮度与电磁辐射等经常变化的恒星。②视星等是指观测者用肉眼所看到的星体亮度，可以取负数，数值越小，星体看起来越暗。③绝对星等是指把目标星体放在距离地球 32.6 光年的地方测出的亮度。

宇宙在扩大

哈勃是一个勇于开拓的天文学家，他不久之后又重新投入工作，开始测量远方星系的光谱。254 厘米口径的天文望远镜加上聪明的头脑使这次的发现进行得特别顺利。20 世纪 30 年代初他便取得了成果：天空中的其他星系都在远离我们而去，而且它们的速率与距离完全成正比。哈勃开始只是观测了 600 万光年范围的 18 个星系，仅凭这样少的观测成果就推导出了哈勃定律，这让人不得不叹服他敏锐的洞察力和科学的思维方式。

斯蒂芬·霍金为这一结论的出现时间感到遗憾，这一观点应该至少提前 200 多年提出。他认为，在牛顿之后的任何一个有头脑的人都应当明白，一个静止的宇宙是会自行坍缩的。此外，恒星不断释放的热量也会让我们在有限的空间里被烤得难以为继。

乔治·勒梅特与大爆炸宇宙论

哈勃擅长发现新东西，但对理论研究缺乏热情。哈勃没能把自己的发现与爱因斯坦的理论结合起来，他把这个机会无意中留给了一名比利时的学者——乔治·勒梅特。

勒梅特将宇宙不断扩大的现象与爱因斯坦的论断结合在一起，开发出自己的理论。他认为宇宙一开始是一个几何点——原始原子，突然之间发生爆炸，然后一直向四面八方发散开来。在这一理论中星系的退行可在爱因斯坦的广义相对论框架内得到解释。该理论后来发展完善为著名的“大爆炸宇宙论”。

运动的宇宙

宇宙从奇点发生大爆炸之后，经历了短暂的戏剧性的扩大，之后进入了无穷无尽的不断扩张之中。

暴胀：加速膨胀

极早期的宇宙视界尺度过小，按照一般膨胀的速度来发展的话，宇宙从诞生之初到现在也只不过 100 千米大小的区域。20 世纪 80 年代，美国物理学家阿兰 · 古斯提出了宇宙暴胀理论。

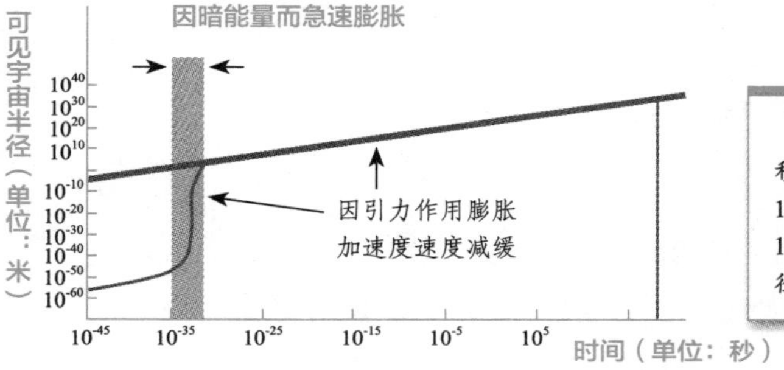

这一理论认为在 10^{-33} 秒内，宇宙尺度增加了 10^{26} 倍，即从暴胀前的 10^{-25} 厘米区域增大到了直径 10 厘米的大小。

星系远离的方式

宇宙膨胀经常被错误地理解为星系的扩大。事实上，膨胀理论的观点是指宇宙中星系之间距离的不断扩大，而非星系内部。

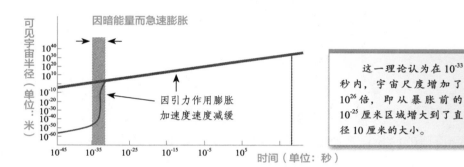

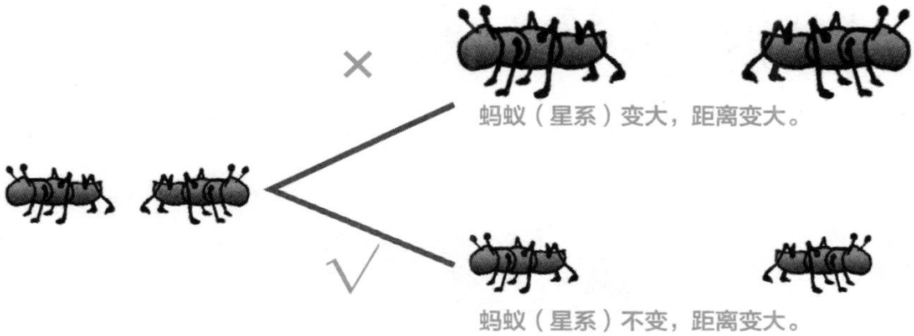

×
蚂蚁（星系）变大，距离变大。
√
蚂蚁（星系）不变，距离变大。

以相反方向爬行的蚂蚁很容易表现这种模型，在相互远离的过程中，蚂蚁（星系）并没有变大，而是它们之间的距离增加了。

值得注意的是，有时星系之间也会由于引力作用而使得相互靠近的速度大于宇宙暴胀的速度。

第二章

地球多大了

“坐地日行八万里，巡天遥看一千河。”为了了解地球的周长以及质量，科学家们经历了漫长的努力。而在对于这些疑问的探索中，科学家们也获得了其他丰富的知识。

本章关键词

1度经线　金星　地质学　化学　放射性物质

我常常在深夜凝望着牛顿的画像，在和这位亘古未有的科学巨匠的目光交流中，我似乎感受到了无穷的力量和克服困难的勇气。

——爱因斯坦

◇ 图版目录 ◇

1

让我们一起“合抱”地球

测量地球大小

我们可以用合抱大树的方法来测出大树有多粗壮，那我们要如何测出地球有多大呢？

不愉快的远征

1735 年，由法国皇家科学院组建的远征秘鲁的科学小队进行了一场最不愉快的科学考察。皮埃尔·布格和查理·玛丽·孔达米纳带领这支由探险家和科学家组成的科学探险小组，他们一行人打算用三角测量法测算安第斯山脉的长度。

小队的任务是先测量 1 度经线的长度，从而计算出地球的大小。毫无疑问，这不是一个简单的项目。而当考察真正开始的时候，各种问题也随之出现。在基多，由于不知名的原因，科学小队被当地人愤怒地赶出了城，之后不久小队经历了谋杀、病逝、坠落丧命等，堪称多灾多难。尤为重要的是，科考队主要人物之一让·戈丁竟因迷恋一位 13 岁少女而抛弃了科考队。

艰难的处境

孔达米纳与布格这两个带头人的友谊在旅途中也经受了重大考验，到最后两人甚至互不说话、拒绝合作。科学小组由于种种原因不得不停止工作 8 个多月。越来越少的科研人员也越来越难以博得当地人的信任，经常会被问到“为什么跑到安第斯山脉”“为什么不在法国测量”等问题。

测量地球的周长

三角测量法是希腊尼卡伊亚的天文学家喜帕恰斯在公元前 150 年提出用来计算地球与月球之间的距离。

1 度经线

地球是一个球体，而经线贯通北极和南极，共有 180 度，如果算出 1 度经线的长度就可以进而推算出地球的周长了。

地球理想状态是一个球，有 360 度，所以理论上只要测出 1 度的距离，我们就可以知道地球的周长。为了测量 1 度经线，测量员要建立一连串的三角形，贯穿整个地形。

三角测量法

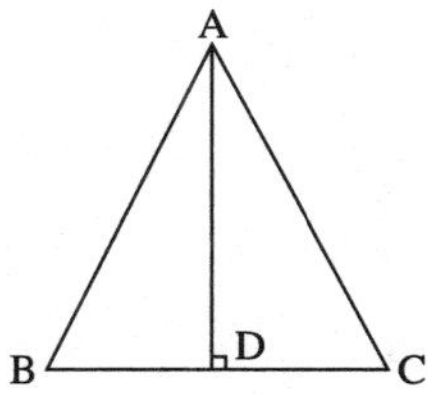

我们只要测出 BC 之间的距离和夹角，就可以轻松算出三角形的高了，也就算出目标位置的高度了。

三角测量法是一种以几何为基础的测量方法。先测出地面两地之间的距离，以及两地与观测点的角度，进而通过数学方法计算出所需要的值。

水手的实践

诺伍德测量 1 度经线

17—18 世纪的人们燃烧着一种了解地球的强烈欲望。围绕于此产生的各种测量活动都是基于地球是圆的这一假设。理查德·诺伍德也正是在这一假设的基础上，对地球“1 度经线”的长度进行了测量活动。

失落的淘金者

理查德·诺伍德是一位英国的数学家，也是最早尝试测量地球大小的人之一。本着一个淘金梦的他，带着按照哈雷设计的样式制成的潜水钟，希望能在百慕大实现自己的抱负。然而定位百慕大对于 17 世纪初的船员来说绝非易事，最细小的误差也会使他们失去这个目标。由于事与愿违，诺伍德转换了思路，他想利用三角形计算出 1 度经线的长度。

诺伍德从伦敦出发，历时两年到达约克，他克服种种困难，对数据一丝不苟。根据这次测量，诺伍德认为自己的误差在 500 米之内，最终他的结论是：每度经线的长度是 110.72 千米。1637 年，诺伍德出版了《水手的实践》一书，这立即为他获得了一批忠实的读者。该书再版了 17 次，在他死后仍在出版。

郁郁而终

有着热销图书的他本该度过一个美好的晚年，可事实并非如此。诺伍德两个女儿的婚姻都让他操碎了心，而且有一个女婿还经常为了一些小事将岳父告上法庭，而他又不得不隔三岔五地为自己辩护。因为写过关于三角形的论文，他担心自己的那些论文会被看作是和魔鬼的交流，可能会受到来自宗教的迫害，惶惶不可终日。

水手的实践

理查德·诺伍德热爱三角学，他想要利用三角形来测量出 1 度经线。诺伍德从伦敦向北行进了约 330 千米到达约克，将土地的起伏变化以及道路的弯曲程度考虑在内，一丝不苟。

从伦敦到约克

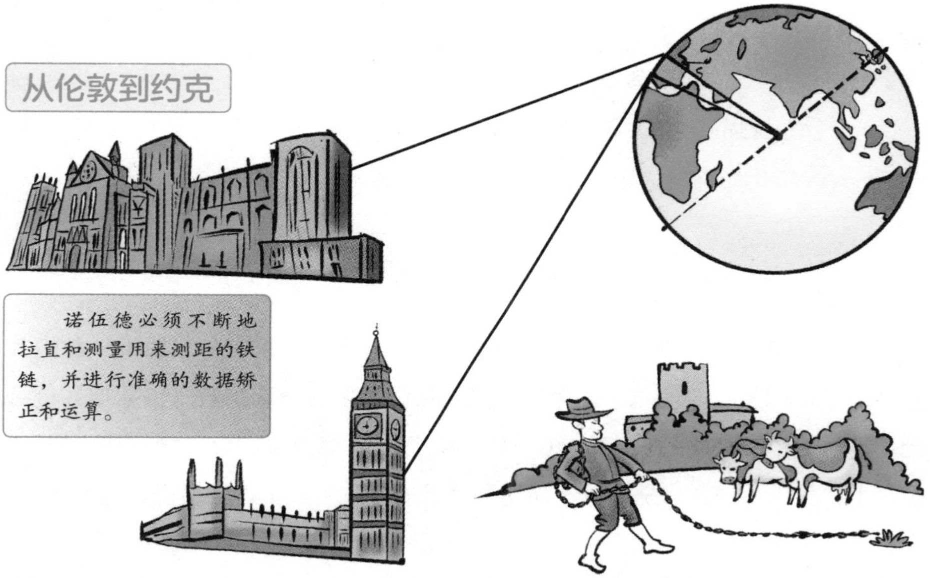

诺伍德必须不断地拉直和测量用来测距的铁链，并进行准确的数据矫正和运算。

两次最关键的测量是必须在一年当中的同一天、同一个时刻测量太阳角度。诺伍德需要在约克等到与在伦敦测量的同一天进行最后一次关键测量。

潜水钟原理

诺伍德进行经线测量的工作始于海上寻宝的失败，于是他决定做点别的事情。诺伍德按照哈雷的设计样式制造出了潜水钟。

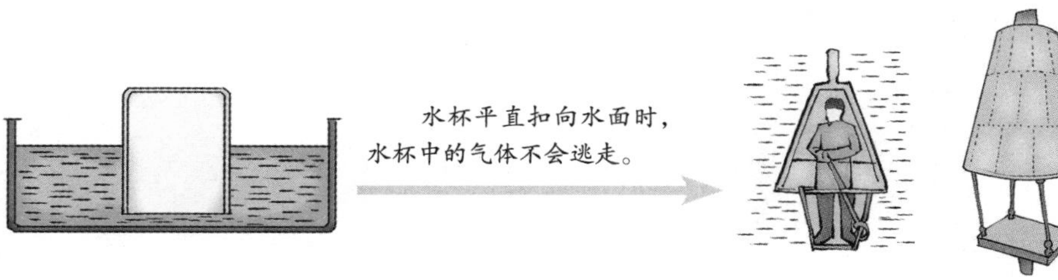

水杯平直扣向水面时，水杯中的气体不会逃走。

潜水钟就像一只倒扣在水中的玻璃杯子，杯子内始终保持一定量的空气，可供潜水员呼吸，使潜水员能在水下逗留较长时间。

3

橘子还是西瓜

关于地球形状的论战

牛顿认为地球并不是规则的球体，在地球自转过程中产生的离心力使得地球并不是浑圆的，而是一个两极有点扁平，赤道附近鼓起的球体。这不像是一个浑圆的西瓜，而更像是一个橘子。这也就意味着1度经线在不同维度上是不相等的：离两极越远，长度越短。这一理论的出世鼓励人们尝试新的测量方法。

牛顿错了?

当测量地球的热潮传到法国的时候，天文学家让·皮卡尔发明了一种极其复杂的三角测绘法。他花了两年时间穿越法国，用三角测绘法得出数据并进行处理，认为1度经线的长度是110.26千米。这个运算结果基于地球是圆球的假设之上，然而牛顿认为地球并不是这种形状的。法国人不肯轻易丢掉这份荣誉。在皮卡尔死后，法国人在更大的范围内重新进行了皮卡尔的实验，他们得出结论认为牛顿错了，地球鼓起的地方不在赤道而在两极。

两极稍扁、赤道略鼓

为了验证孰是孰非，科学院派布格和孔达米纳去南美洲重新测量。他们选在了靠近赤道的安第斯山脉，也就是第一个法国小组进行测量时选择的目的地。大约过了快有10年的时间，就在他们快要完成测量的时候，忽然得到消息，另外一个法国科考队在纳维亚半岛北部测量的结果证实了牛顿的预言。而他们在半年后的最终成果也只是佐证了这一结论而已。

地球的形状

古往今来，人们从未停止对于自身所处环境的思考。这些认识从朴素到科学的逐渐发展，包含了一代又一代人的不懈努力，共同构成了人类的历史。

朴素的观念

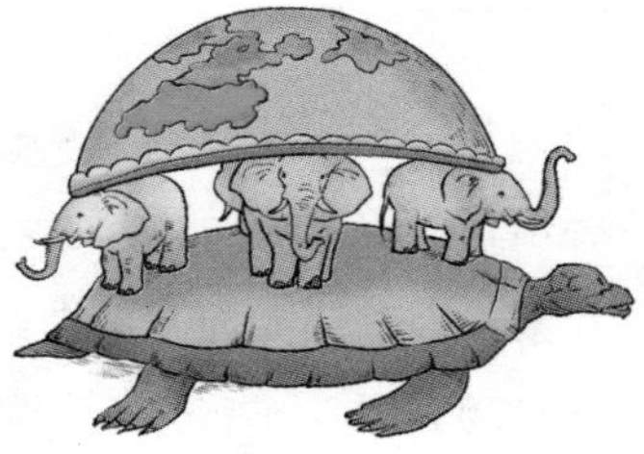

古代印度人认为，大地被四头大象驮着，站在一只巨大的海龟身上。

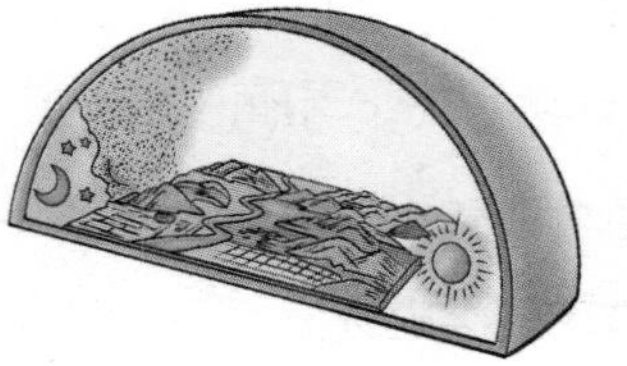

两千多年前的盖天说认为“天圆如张盖、地方如棋局”。

张衡认为:“浑天如鸡子，天体圆如弹丸，地如鸡中黄，孤居于内，天大而地小。天表里有水，天之包地，犹壳之裹黄。天地各乘气而立，载水而浮。”

古希腊学者亚里士多德认为，在月食中，月球被地影遮住部分的边缘是圆弧形的，所以地球是球体或近似球体。

科学的认识

麦哲伦通过一次航海，进一步用事实证明地球是球体。牛顿认为由于地球自转，地球不像浑圆的西瓜，而更像一个橘子。

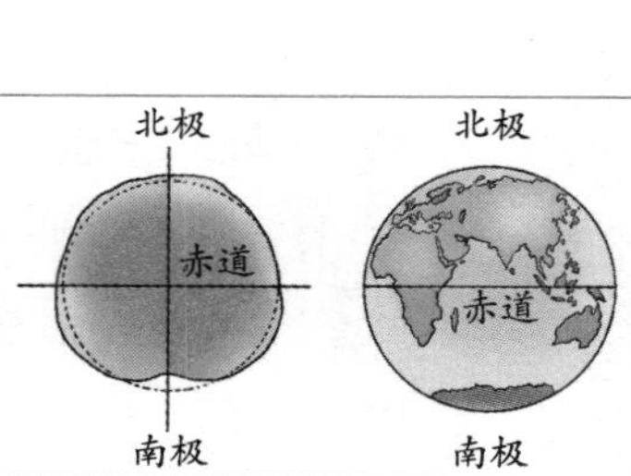

现代探测技术证明了牛顿的观点，地球并不是一个规则的球体，而是一个两极稍扁、赤道略鼓的不规则球体。

赌局带来的科学进步

揭秘行星椭圆轨道

埃德蒙·哈雷认为自己在1682年看到的彗星和前人分别在1456年、1531年以及1607年看到的是同一颗彗星，这颗彗星就是以他的名字命名的哈雷彗星。

一条特殊而精确的曲线

罗伯特·胡克和克里斯多夫·雷恩都是杰出而又伟大的人物，前者因描述过细胞而闻名遐迩，而后者则是一位天文学家，一个伟大而又威严的爵士。1683年的一天，哈雷和他们在一起吃饭，无意间聊起了关于行星运行的问题。行星总是沿着一条“特殊而又精确”的曲线运行，但没有人知道原因。雷恩爵士慷慨地表示，如果他们二人谁能够找到答案，就奖赏40先令的奖品。

胡克当即表示自己已经解决了这个问题，但为了不使其他人失去思考的机会，他只能暂时不说出来。而这个问题激起了哈雷的兴趣。

拜访牛顿

哈雷醉心于这个问题，并于次年拜访了剑桥大学的数学教授艾萨克·牛顿。牛顿是一个聪明过人、离群索居、敏感多思的天才。哈雷曾评价，“没有任何凡人比牛顿更接近神”。

1684年8月，哈雷登门拜访牛顿，寻找帮助。在他们的对话中，哈雷觉得平方反比率是解决这个问题的关键，然而他对数学没有把握，只得请牛顿代为计算，也即是证明：

太阳的引力与行星距离太阳距离的平方成反比。

牛顿表示曾经计算过这个问题，但自己找不到计算资料了。于是哈雷不得不拜托牛顿再算一次。好在牛顿接受了他的请求。在两年的演算之后，牛顿的巨著《自然哲学的数学原理》诞生了。

天体运行的艺术

行星围绕中心天体做着一种完美的运行，而约翰尼斯·开普勒率先注意到了这一现象，他通过开普勒三大定律对这一现象进行了清晰的描述。

人物大事记——约翰尼斯·开普勒

1571 年，开普勒出生在德国的威尔德斯达特镇。

1588 年，他于图宾根大学获得学士学位，三年后获得硕士学位。

1596 年，发表宇宙论方面著作《宇宙的神秘》。

1600 年，出版了《梦游》，幻想人类与月亮人的交往。

1604 年，开普勒在巨蛇星座附近发现了一颗超新星。

1609 年，发表开普勒三定律。

1630 年，开普勒在巴伐利亚州雷根斯堡市去世。

开普勒三定律

开普勒三定律是指：所有行星围绕太阳运动的轨道都是椭圆，太阳处在椭圆的一个焦点上；行星的向径在相等的时间内扫过的面积相等；所有行星轨道半长轴的三次方和公转周期的二次方的比值都是相等的。

三定律用图片解释就是，行星 1 和行星 2 分别绕着太阳做椭圆轨道运行。第一颗行星的轨道焦点是 f1 与 f2，第二颗行星的轨道焦点是 f1 与 f3。太阳的位置是在点 f1。行星在相同时间内扫过的面积 A_1 与 A_2 是相等的。两颗行星绕太阳公转周期的比率为 $a1^{\frac{3}{2}}:a2^{\frac{3}{2}}$；这里，a1 与 a2 分别为行星 1 和行星 2 的半长轴长度。

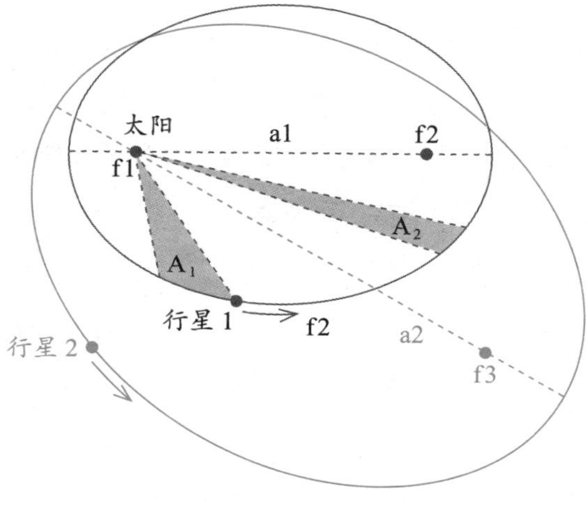

科学家八卦

牛顿鲜为人知的故事

我不知道世上的人对我怎样评价。我却这样认为：我好像是在海滨上玩耍的孩子，时而拾到几块莹洁的石子，时而拾到几片美丽的贝壳并为之欢欣。那浩瀚的真理之海仍展现在面前。 ——牛顿

科学怪人

科学家做的事总是令常人难以理解，并有可能心生惧怕。牛顿经常做一些异乎寻常的实验，有一次，他把一根针插进自己的眼窝，以此来看看会产生什么影响，幸运的是，这件事对他来说并没有造成什么永久性的损伤。有一次他瞪大眼睛看着太阳，一连注视了好几小时，可想而知，他后来几天就不得不在暗室中度过了。

牛顿如此聪明而且拥有持之以恒的热心，他年轻时就发明了微积分，后来又在光学领域取得成就。他似乎有无穷多的注意力和才能，以致我们也会发现他在宗教学以及炼金术上消耗时光。

谁发明了平方反比率

还记得之前提到和哈雷打赌的胡克吗？在有限的文献记载中，自赌局之后他并没有再计算过关于椭圆轨道的问题。

然而故事的戏剧性在于，牛顿的《自然哲学的数学原理》在准备出版第三卷的时候，胡克和牛顿为了“谁先发明了平方反比率”的事情吵了起来。牛顿因此也不愿意将第三卷公之于世，而没有关键的第三卷，前面两卷的意义并不太大。不过好在哈雷是个好性子并且仗义豪爽的人，在来回几次紧张的斡旋之后，牛顿终于答应了出版要求。

平方反比率之争

牛顿和胡克之间的不和是从他们关于光性质上的分歧开始的，胡克支持光的波动说，而牛顿则率先提出光的微粒说，二人情绪激动，争得不可开交。后来，平方反比率之争更是将二人的矛盾升级到了顶点。

起因

虽然我已经知道了答案，但为了给其他人留出思考的余地。我不得不先将答案不予公布。

行星拥有完美的椭圆轨道，你们二人要是谁能够找出原因，我就慷慨奖赏他40先令的奖品。

1684年1月，克里斯多夫·雷恩主持了罗伯特·胡克和埃德蒙·哈雷关于椭圆轨道的赌局。胡克在和哈雷及雷恩的谈话中声称他已经完成推导，但是哈雷和雷恩并不相信。哈雷次年向牛顿请教关于行星轨道的问题，希望得到他的帮助。

对峙

牛顿完成了《自然哲学的数学原理》，哈雷随后促成此书出版。在书中，牛顿通过数学方法论证了平方反比率，但胡克坚持声称牛顿剽窃了他的成果。此前二人曾在书信中讨论过有关平方反比率的问题，但因为他们争论激烈，牛顿删去了手稿中所有引用胡克的声明。

影响

《自然哲学的数学原理》出版后，胡克不再愿意公开自己的任何发现。在牛顿的影响下，皇家学会取下了胡克的肖像，这可能是胡克没有肖像留世的主要原因。牛顿还试图烧毁大量胡克的手稿和文章，但被阻止。不过近年来，对胡克的研究已经逐渐兴起。

艰涩的《自然哲学的数学原理》

《自然哲学的数学原理》(简称《原理》，后文亦有此类简称，并非同一本书，注意区别)之所以难懂，绝对不是因为牛顿缺少简练有力的笔法。牛顿之所以写得这么难主要是为了规避“门外汉”的纠缠，但对于看明白的人来说，这绝对是一部奇书。

这本书不仅解释了关于行星为什么总是沿着椭圆轨道运行的问题，并且提出了万有引力定律，而这一定律被誉为“17 世纪自然科学最伟大的成果之一”。《原理》的核心是牛顿三大定律(惯性定律，物体具有惯性；力与加速度，F=ma；作用力与反作用力)以及万有引力定律。

$$F_{\text{引}} = G\frac{Mm}{r^2}$$

万有引力定律的普遍适用性是牛顿深受人们尊重的原因之一。

用《鱼类史》出版《原理》？

英国皇家学会胡克声称万有引力的平方反比定律是他首先发现的。这让哈雷非常生气，于是他决定为牛顿出版《原理》这本书。

出版《原理》面临着一个严重的资金问题，英国皇家学会本来答应出版《原理》一书，可由于前一年出版《鱼类史》赔了本，不敢放手出版牛顿的这本数学方面的书了。更糟糕的是，该学会答应给哈雷 50 英镑的年薪也只能用几本《鱼类史》来支付。鉴于此，并不富裕的哈雷也只好忍痛自掏腰包，支付了这本书的出版费用。于是，这才有 1687 年 7 月拉丁文版《自然哲学的数学原理》的面世。

牛顿关键词

艾萨克·牛顿（1643 年 1 月 4 日—1727 年 3 月 31 日）爵士，曾任英国皇家学会会长，是英国著名的物理学家，著有《自然哲学的数学原理》《光学》等，研究领域横跨物理学、数学、经济学以及天文学等。

牛顿—莱布尼茨公式

也被称为微积分基本定理，揭示了定积分与被积函数的原函数或者不定积分之间的联系。

$$\int_a^b f(x)\,dx=F(b)-F(a)$$

反射望远镜

使用曲面和平面的镜面组合来反射光线，并形成影像的光学望远镜。

金本位

以黄金作为本位币的货币制度，每单位的货币价值等同于若干重量的黄金。

冷却定律

物体温度下降速率只与外部与物体的温差成正比。在忽略表面积以及外部介质性质和温度的变化，物体温度变化是越来越慢的。

色散

牛顿的三棱镜实验对白光进行分解，得到了一个彩色光斑：红、橙、黄、绿、蓝、靛、紫。

万有引力

两个质点相互吸引，引力大小与它们质量的乘积成正比，与它们距离的平方成反比。

二项式定理

$$(a+b)^n=\sum_{r=0}^{n} C_n^r a^{n-r} b^r$$

地球身处何处

观测金星凌日

我看见了金星，它像太阳面庞上的一粒胎痣。——法拉比

鼓起风帆

埃德蒙·哈雷建议，在地球上选定几个位置同时测量金星凌日便可以通过三角测绘法来计算地球到太阳的距离，并由此计算出太阳系其他所有天体的距离。在1761年的金星凌日到来之前，科学界已经做足了准备。法国派出32名观测员，英国18名，还有其他许多国家也参与其中。

值得一提的是，马斯基林和查尔斯·梅森也参与了这次“大项目”，因为偶然的际遇，他们一起绘制潮流图，建立了牢固的友谊。

祸不单行

照例，这次观测也少不了种种磨难，但纪晓姆·让蒂的经历不得不提。让蒂为了在印度观测这次凌日现象，提前一年出发，可是凌日的那天他却不得不在海上度过。由于无法保持平衡，他不得不盘算起1769年的凌日。8年后，“真是个好天气”，然而当金星从太阳表面通过的时候，一片乌云挡住了他的视线，这片乌云停留了3小时14分7秒，完全挡住了凌日的过程。

由于种种原因，1761年的凌日观测宣告失败。出生在约克郡的一位船长——詹姆斯·库克——在塔希提岛观测到了1769年的凌日现象，并成功地绘制出了凌日图以及澳大利亚地图。

地球的方位

法国天文学家约瑟夫·拉朗德通过一系列数据计算出了地球到太阳的平均距离不超过1.5亿千米。19世纪发生的两次凌日现象使得天文学家得出了一个更为确切的数字——1.4959亿千米，而我们现在知道的确切数据是1.49597870691亿千米。

了解金星凌日

金星凌日是指当太阳、金星和地球同处一条直线上（金星出现在地球和太阳之间），从地球上看过去，金星就像个黑点，缓缓通过太阳表面的天文现象。

金星凌日时间表

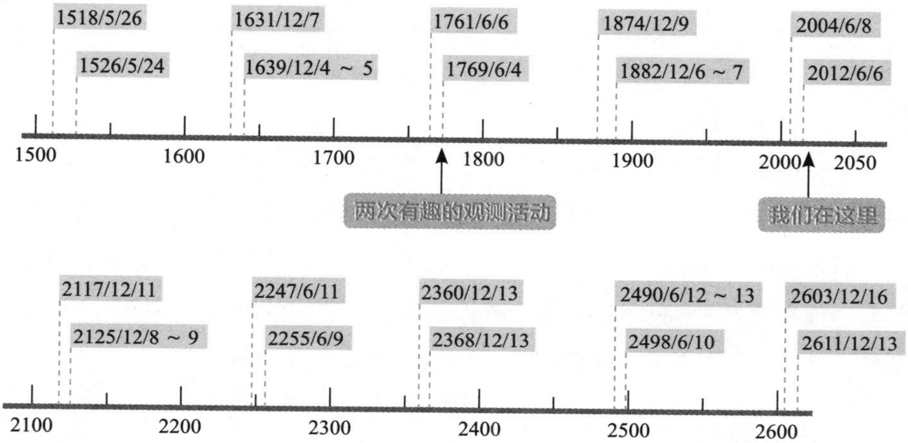

金星凌日以两次凌日为一组，间隔 8 年，但是两组之间的间隔却有 100 多年。2004 年之前的最后一组金星凌日发生在 1874 年 12 月和 1882 年 12 月。21 世纪的首次金星凌日发生在 2004 年 6 月 8 日，另一次发生在 2012 年 6 月 6 日。

21 世纪最后一次金星凌日

金星凌日可分为五个阶段：凌始外切、凌始内切、凌甚、凌终内切、凌终外切。2012 年 6 月 6 日天宇上演的“金星凌日”是 21 世纪的绝唱。

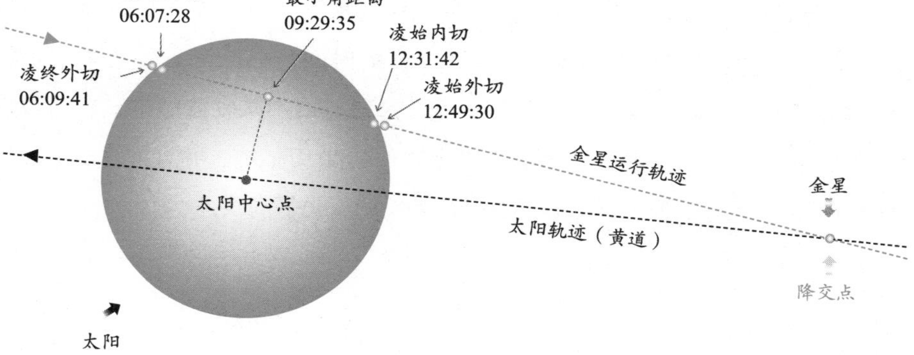

地球有多重

测量地球质量

在《原理》中，有一个观点认为，在一座合适的山上悬挂一条铅垂线，由于引力的影响可以测出大山的质量、万有引力常数以及地球的质量。

傻瓜和笨蛋

苦命的布格和孔达米纳曾在秘鲁的钦博拉索山做过这个实验，但由于技术问题以及内部的不和谐使这个实验无疾而终。英国皇家天文学家内维尔·马斯基林后来重新启动了这个计划，并制订出了测量地球质量的成功方案。但这并没有为他在达娃·索贝尔心中赢得尊重。在索贝尔的畅销书《经线》中，马斯基林被描述成一个不懂得欣赏约翰·哈里森才华的傻瓜和笨蛋。

斯希哈林山

马斯基林意识到问题的关键是找到这样一座合适的山来完成测量。于是，英国皇家学会决定聘请一位可靠的人来完成寻找这座山的工作。马斯基林的朋友查尔斯·梅森，一位天文学家和测量学家，被相中了。1772 年，梅森答应马斯基林去寻找一座适合测量引力偏差的山。最后他在苏格兰高地中部找到了这座斯希哈林山。

丰富的收获

由于梅森不愿再回到苏格兰，测量工作就落到了马斯基林的肩上。1774 年夏天，马斯基林和自己的团队用了 4 个月的时间完成了测量，数学家查尔斯·赫顿担任了烦琐而又庞杂的计算工作。这段时间小队收获颇丰，根据斯希哈林山的测量结果，赫顿计算出地球的质量为 5000 万亿吨，并且推算出了太阳系内所有主要天体的质量，另外还有个意外发明就是等高线。

测量地球质量的过程

卡文迪许利用这种仪器，进行了著名的扭秤实验，成功测量出地球的质量为60万亿亿吨。

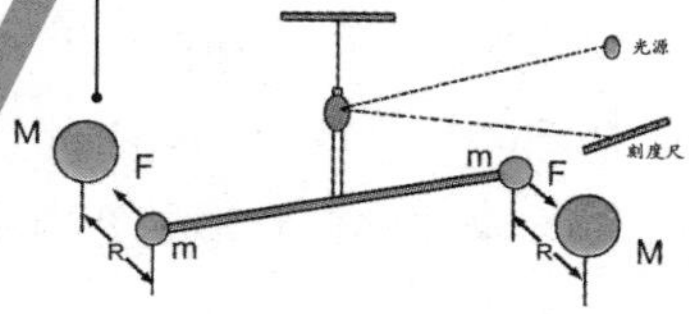

约翰·米歇尔，一个乡下人，自己设计和制作了一台用于测量地球质量的仪器。并将它传给了亨利·卡文迪许。

有人质疑马斯基林和赫顿的结果在对于地球密度的问题上估算有误。

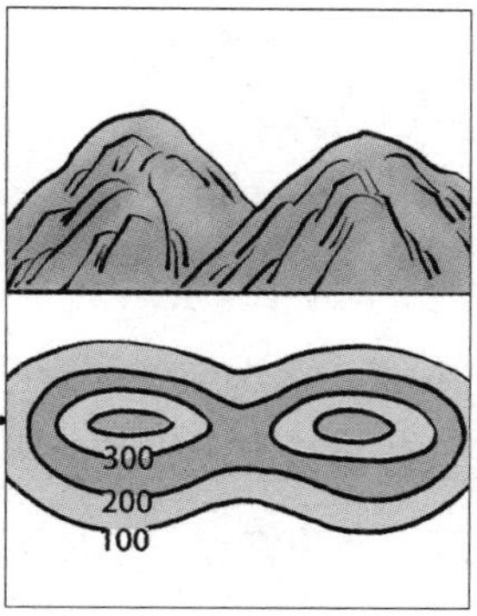

马斯基林与查尔斯·赫顿来到目的地，测算出地球质量为5000万亿吨，并且借此推算出太阳系其他主要天体的质量，此行收获颇丰。

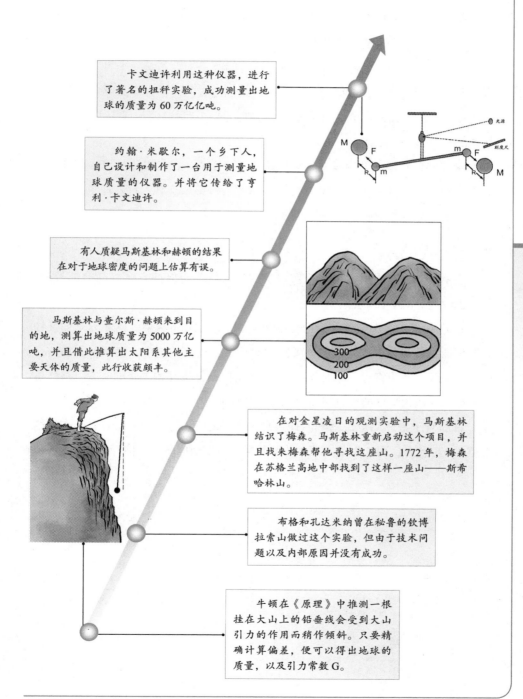

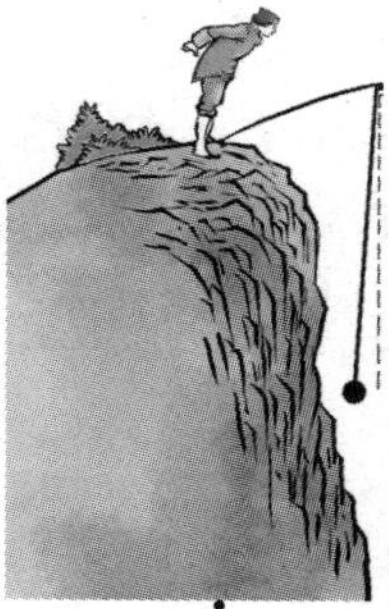

在对金星凌日的观测实验中，马斯基林结识了梅森。马斯基林重新启动这个项目，并且找来梅森帮他寻找这座山。1772年，梅森在苏格兰高地中部找到了这样一座山——斯希哈林山。

布格和孔达米纳曾在秘鲁的钦博拉索山做过这个实验，但由于技术问题以及内部原因并没有成功。

牛顿在《原理》中推测一根挂在大山上的铅垂线会受到大山引力的作用而稍作倾斜。只要精确计算偏差，便可以得出地球的质量，以及引力常数G。

质疑

很多人沉浸在马斯基林和赫顿获得研究成果的喜悦之中，但又有人提出质疑。斯希哈林山实验有一个相当模糊的点就是关于山的密度问题。赫顿假设密度与岩石相当，但这是不足以说服人的。

约翰·米歇尔首先将注意力转向了这个问题。米歇尔是一个乡下人，但却有着非常开阔的视野，成就非凡。他认识到了地震的波动性质，并对磁力和引力进行了大量研究，最早设想了黑洞的存在，这一切最终使他成为18世纪一位伟大的科学思想家。

米歇尔最有影响力的成就是自己设计、制作了一台可以测量地球质量的仪器。后来，他将这项实验和设备交托给了英国科学家亨利·卡文迪许，这对于准确测量地球质量来说是非常关键的一步。

有远见的人

亨利·卡文迪许出生于一个富贵家庭，这使他得以拥有良好的前期教育，并且也使他养成了孤僻的个性。

1797年夏，卡文迪许怀着敬意组装完毕了米歇尔的仪器。这个复杂而又怪异的仪器将使测量引力常数成为可能。对于卡文迪许的这个实验来说，精密是成功的关键。他用将近一年时间做了17次精密而又不互相关联的实验，最终得出结论，他认为地球的质量略超过60万亿亿吨。

目前对于地球质量最精准的计数是59.7250万亿亿吨，这和卡文迪许的结果相差1%左右，而这也证实了110年前牛顿对于地球质量的估计。

第一个成功测出地球质量的人

卡文迪许在从米歇尔处继承了测量地球质量的方法和仪器之后，进行组装。最终他通过著名的扭秤实验测出了地球的质量，并且测出了引力常量。

人物大事记——亨利·卡文迪许

1731年，亨利·卡文迪许生于法国尼斯。

1742—1753年，相继在海克纳学校、剑桥彼得豪斯学院学习。

1760年，卡文迪许被选为伦敦皇家学会成员。

1781年，采用铁与稀硫酸反应制出了氢气。

1784年，卡文迪许研究了空气的组成。

1789年，利用扭秤测出了引力常量的数值。

1810年，卡文迪许在伦敦逝世，终身未婚。

扭秤实验

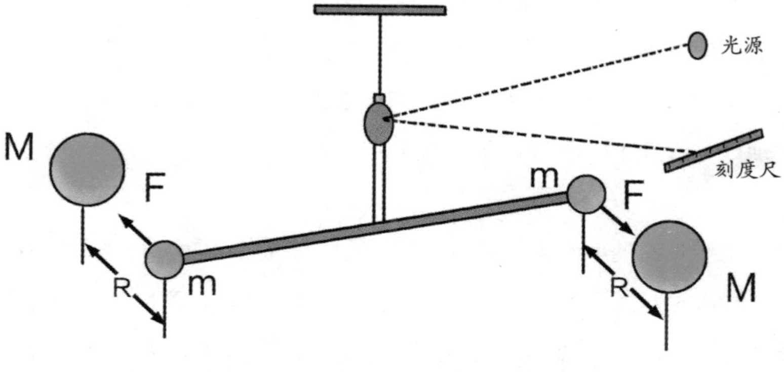

扭秤的主要部分是由挂在石英丝下的T形架构成的。在T形架的两端施加两个大小相等、方向相反的力，石英丝就会扭转一个角度。测出T形架转过的角度，就可以测出T形架两端所受力的大小。

先在T形架的两端各固定一个小球，然后在每个小球的附近各放一个大球。根据万有引力定律，大球会对小球产生引力，T形架会随之扭转。由于引力很小，这个扭转的角度会很小。于是卡文迪许在T形架上装了一面小镜子，用一束光射向镜子，经镜子反射后射向远处的刻度尺。当镜子与T形架一起发生一个很小的转动时，刻度尺上的光斑会发生较大的移动。这样就可以通过测定光斑的移动，测出T形架扭转的角度，从而测出大球对小球的引力。

《地球论》与水成论、火成论

地质学的形成

我们居住的世界不是由组成当时地球直接前身的物质所构成的，现今的陆地还在海水底下。

——詹姆斯·赫顿

被语言所困的地质学之父

1726年出生在一个富裕的苏格兰家庭的詹姆斯·赫顿是一个眼界开阔、非常健谈的人。赫顿可能是一个健谈的旅行伙伴，但他绝不是一个能用简单明了的文字来论述自己观点的学者。他花费了10年时间写成了《地球论》，一本皇皇1000页的巨著。前三卷相继出版，第三卷写得了无生趣，以致剥夺了第四卷出版的可能。不得不说，这是一本常人无法贯通阅读的书。

好在1802年，约翰·普莱费尔写出了一本《地球论》的简明版——《关于赫顿地球论的说明》，这本书深受地质界朋友的欢迎。

水成论、火成论

18世纪地质学并不发达，关于当时地形地貌成因的问题存在着两种不同的见解。水成论者认为从原始海洋开始到诺亚洪水结束，水营造了一切地质系统，水面不断下降，原始岩石露出水面后开始发生风化、堆积形成新地层。火成论者站在相反的立场，他们认为是火山和地震不断影响才形成了这颗行星的表面特征，地球是受到了内部力和表面力的共同作用。

没那么简单！

赫顿关于地质的形成提出了相当具有远见的观点，他认为山顶的海洋生物化石不是发洪水时期沉积下来的，而是从地下隆起来的，正是地球内部的热创造了这种隆起的效果，另外他还指出，这个过程是相当缓慢的，需要很长时间。

地质学的萌芽与奠基

人类对于地质现象的观察有着悠久的历史，但地质学的出现却比这个时间晚得多。地质学研究对象复杂，地质学的各种观点之间也常会发生相互碰撞与磨合。

萌芽时期（15 世纪 50 年代以前）

《山海经》《禹贡》《管子》《诗经》中的部分篇章对地质现象做出探讨。《诗经》有云："高岸为谷，深谷为陵"，描述了一种沧海桑田般的地形地势变化。

古希腊亚里士多德认为海陆变迁是按一定的规律在一定的时期发生的。

奠基时期（15 世纪 50 年代至 18 世纪 50 年代）

1556 年格奥尔格乌斯·阿格里科拉的遗作《论矿冶》出版，这部著作被誉为西方矿物学的开山之作，汤若望曾将它译成中文，名为《坤舆格致》。

李时珍在《本草纲目》中记载了 200 多种矿物、岩石和化石等。达·芬奇和胡克等都对化石的成因做了论证，胡克还提出用化石来记述地球历史。

“敲石头”的绅士们

地质学的发展

《地质学原理》改变了一个人整个的思想状态，当你见到一样莱尔从没有见到过的东西时，你在一定程度上是以他的眼光来看的。

——达尔文

到田里去找石头

在普莱费尔将艰涩的《地球论》通过简洁明了的方式重新讲述之后，越来越多的人开始迷恋地质学。1807 年，伦敦的 13 个人在共济会酒店成立了地质学会，这样的分享会只限于绅士之间。而这一组织在 10 年的时间里发展到了 400 人，后来盛极一时达 745 人，英国皇家学会都相形见绌。

在田地里“敲石头”，即使没有什么大的发现，这种活动也可以作为有钱又有闲的绅士们的一种专业层面上的消遣活动。

盛极一时

地质学在 19 世纪是一门异常火爆的学问，即使地质学的书同样艰涩难懂，但仍然读者众多。1839 年，罗德里克 · 莫奇森的《志留纪体系》和《地球论》一样是一本又厚又难懂的书，但一出版便成为畅销书，很快出版到了第四版。

詹姆斯 · 帕金森是一个早期的社会主义者，后来他的兴趣转向了地质学，并出版了《前一个世界的有机残骸》。有半个世纪的时间，这本书不停地得到印刷。

查尔斯 · 莱尔在当时的地质界拥有无与伦比的影响力。1841 年，莱尔在美国波士顿开设了一系列关于海洋沸石和地震的讲座，每次都有 3000 名听众挤在洛韦尔学院听他讲演。

地质学的形成与发展

18 世纪 50 年代至 20 世纪初是地质学的形成、发展时期，在观点的相互碰撞中，科学认识也在不断完善和传播，认知变得越来越切近事物本来的面目。

形成时期（18 世纪 50 年代至 19 世纪 40 年代）

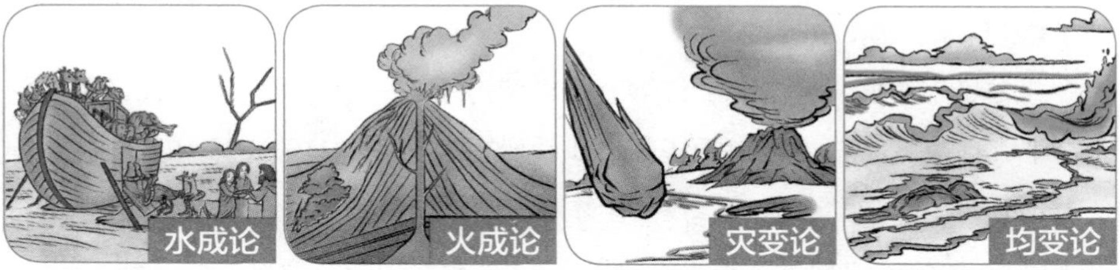

在英国工业革命、法国大革命和启蒙思想的推动和影响下，欧洲盛行科学考察和探险旅行。不同观点和学派争论不休，水成论和火成论的争论在 18 世纪末变得异常激烈。灾变论认为是突发性的自然灾害造就了目前的地势地貌。而均变论则认为主导因素是“微弱”的地质作用力（大气圈降水、风、河流、潮汐等）。均变论的观点对达尔文产生了很大影响。

发展时期（19 世纪 40 年代至 20 世纪初）

英国艾里、普拉特提出了地壳均衡理论，这一理论认为地壳的各个地块趋向于静力平衡，地壳物质就像浮在水中的冰山。高出水面的越多，陷入水中的也就越深。同时冰川学的研究也开始兴起。

有关山脉形成的地槽（分向斜和背斜）学说，经过美国的霍尔和丹纳的努力最终确立起来；法国贝特朗提出造山旋回概念；奥格对地槽类型的划分使造山理论更加完善。

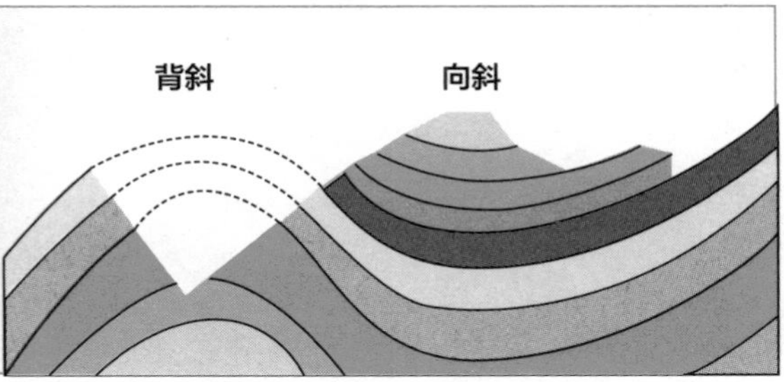

✸ 威廉·巴克兰

牛津大学地质学教授威廉·巴克兰是一个性格怪异的人，他以养一些野兽而为人所知，并且食谱广泛，其中包括烘豚鼠、面糊耗子、烤刺猬或煮东南亚海参等。有时他会忽然半夜起来，兴奋地做实验来比对化石上的脚印与现存古老生物脚印之间的区别与联系。

✸ 查尔斯·莱尔

查尔斯·莱尔，一位绅士科学家，早期担任着一份律师工作。在巴克兰的影响下，他决定将毕生精力投注到地质学研究之中。1831—1833 年间，莱尔担任过伦敦大学国王学院地质学教授，并写出了影响深远的《地质学原理》，分三卷出版。《地质学原理》在莱尔生前出版了 12 版，即使在 20 世纪，书中的一些观点仍旧是地质学界的信条。

在赫顿和莱尔两个时代之间，灾变论和均变论的争论取代了水成论和火成论，而有时又交织在一起。灾变论认为地球是从像洪水这样的突然灾变中形成了现在的地貌特征，均变论认为是在缓慢的变化中形成的。

莱尔对于灾变论深恶痛绝，他认为地球的变迁是一致的、缓慢的，几乎所有的地质变化都要经历漫长的时间。同时他拒绝关于任何动植物突然死亡的观点，而在一些问题上最后证明他是完全错误的。

现代地质学的大陆观

现代地质学是一门研究地球的物质组成、内部构造、外部特征、各层圈之间相互作用和演变历史的基础学科，大陆的形成与运动问题是地质学中一个非常重要的研究方面。

移动的大陆

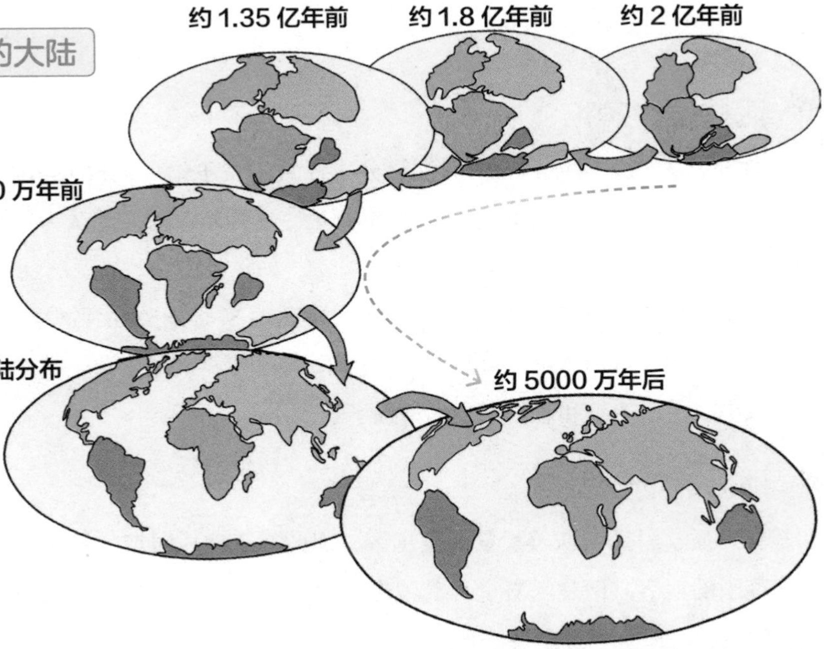

利用大陆的形状、岩石、化石、古地磁等推测出不同时期的大陆位置。

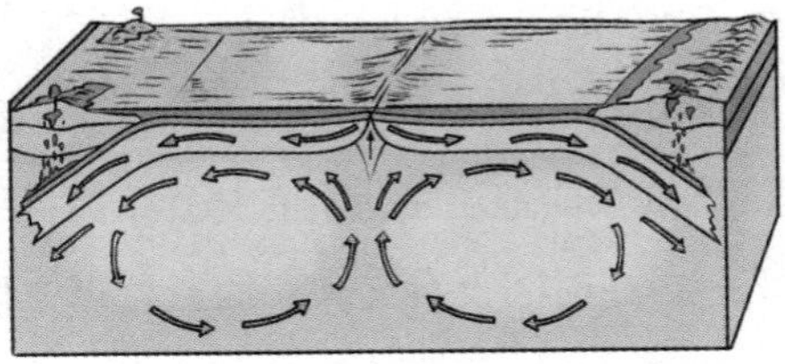

由加拿大科学家 H.H. 赫斯和 R.S. 迪茨分别提出的海底扩张理论是对大陆漂移学说的进一步发展。

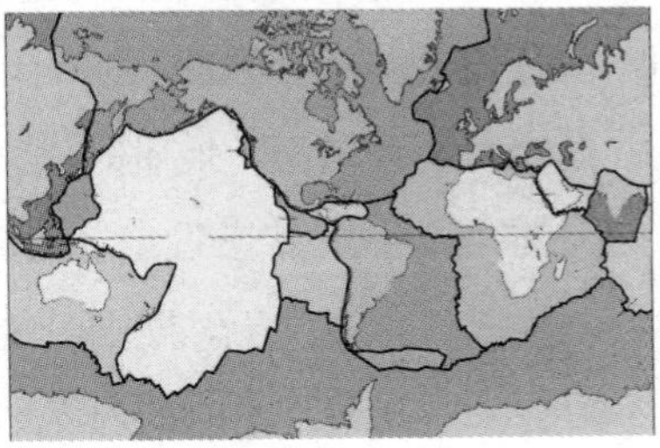

板块构造理论认为板块在软流圈之上，地幔热柱产生了推动板块运动的驱动力。

20 世纪以后，随着社会和工业的发展，石油地质学、水文地质学和工程地质学陆续成为独立分支学科。大陆漂移学说再次进入人们的视野，海底扩张学说与板块构造学说也得以形成。

10

厘清已逝光阴

地质时期界限

我看到大人们为了生命史上一毫秒的问题争得脸红脖子粗。

——理查德·福蒂

泥盆纪大争论

地质学家在对具体岩石的时期划分上经常出现争论。剑桥大学亚当·塞奇威克认为有一层岩石是寒武纪的，而罗德里克·莫奇森则强烈认为这块岩石属于志留纪。

争论持续了很多年，而且愈演愈烈。马丁·J.S. 鲁迪克在《泥盆纪大争论》里精彩地描述了这一争论。最后这一争论于 1879 年得到了解决，即对两种观点进行折中，在寒武纪和志留纪之间增加了奥陶纪。

地质时期的发展

在地质学早期活跃着大量的英国人，因此对于地质时期的命名也常使人联想到英国的地名。但是随着世界其他国家地质学的相继兴起，以其他地区地名命名的地质时期也相继出现。

地质学刚兴起的时候，地质时期被分为第一纪、第二纪、第三纪和第四纪，不过由于过于简单而很快被淘汰了。在《地质学原理》中，莱尔用“世”“段”来表述恐龙之后的时代，其中有更新世、上新世、中新世和渐新世。

如今，一般来说，地质时代划分为四个宙（冥古宙、太古宙、元古宙、显生宙），宙下设代，代下设纪，纪下设世。越复杂的地质年代具有越复杂的等级结构。欧洲和北美关于时期划分的说法不一，在时间上有交叉。而教科书中以及不同的人对此又有不同的观点。至少到目前为止，厘清关于时期规定的问题对于非这一领域的人来说，仍然具有相当大的困难。

地质时期划分

地壳中的岩石层形成于不同的时间，有着鲜明的排列次序，地质学家们综合岩石的层位、古生物化石的排布以及岩层中放射性同位素含量等的因素制成了地质年代表。

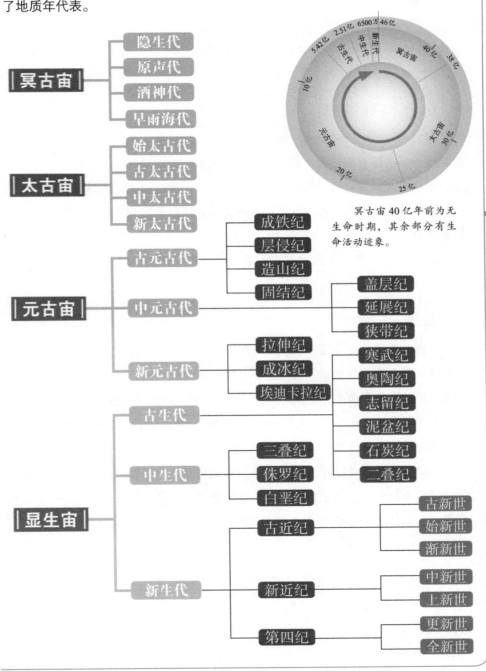

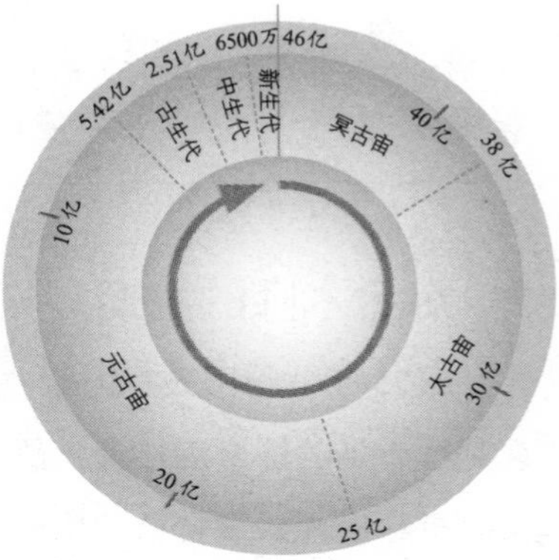

冥古宙40亿年前为无生命时期，其余部分有生命活动迹象。

- **冥古宙**
  - 隐生代
  - 原声代
  - 酒神代
  - 早雨海代
- **太古宙**
  - 始太古代
  - 古太古代
  - 中太古代
  - 新太古代
- **元古宙**
  - 古元古代
    - 成铁纪
    - 层侵纪
    - 造山纪
    - 固结纪
  - 中元古代
    - 盖层纪
    - 延展纪
    - 狭带纪
  - 新元古代
    - 拉伸纪
    - 成冰纪
    - 埃迪卡拉纪
- **显生宙**
  - 古生代
    - 寒武纪
    - 奥陶纪
    - 志留纪
    - 泥盆纪
    - 石炭纪
    - 二叠纪
  - 中生代
    - 三叠纪
    - 侏罗纪
    - 白垩纪
  - 新生代
    - 古近纪
      - 古新世
      - 始新世
      - 渐新世
    - 新近纪
      - 中新世
      - 上新世
    - 第四纪
      - 更新世
      - 全新世

11

真理谬误，一念之隔

炼金术士的化学发现

罗伯特·波义尔曾发表论文《怀疑的化学家》，以此来区分化学家与炼金术师。它虽没有促使17世纪的化学家们从整体上接受微粒哲学的思维模式，但却使他们受到了震撼。

炼金术师的发现

1675年，德国人亨内希·布兰德于偶然之间发现了化学元素——磷。布兰德是个十足的炼金痴迷者，他深信能从人尿中蒸馏出黄金。于是他在采集了大量原材料后开始了自己的炼金之梦。毫无疑问，他失败了。不过当他将最终获得的东西放置在空气中时，这些特殊的物质竟然自动燃烧了起来，这种物质很快被命名为磷。

这种新物质具有巨大的潜在商业价值，只是依照当时的技术很难大批量生产。

卡尔·舍勒

卡尔·舍勒是一位地位低下的药剂师，不得不说这对他一生所能获得的声望产生了重大影响。他独立发现了氯、氟、锰、钡、钼、钨、氮和氧共8种新元素，但却由于没能及时发表而与发现新元素的殊荣擦肩而过。

18世纪50年代，瑞典化学家舍勒找到了一种新方法可以不用布兰德所使用的那种蒸馏法获得磷。瑞典也因为这种方法而成为火柴生产的主要国家之一。

舍勒有个不好的习惯就是对于实验材料总是要坚持尝一点，即使难闻刺激的物质也不例外，这对于舍勒来说却是致命的。现代的实验人员知道不能贸然品尝药品。1786年，43岁的舍勒在实验室走到了生命的终点。

我国的炼丹术简述

炼丹术不是科学，虽然其中蕴含某些科学原理，但此体系发展不出科学。我国自战国以来就发明了将药物加温升华的这种制药方法，这种方法后来传入印度、阿拉伯以及欧洲等。

炼丹术的分类

外丹术

外丹术通过各种秘法烧炼丹药，用来服食，或直接服食某些芝草。另外，道家外丹也指“虚空中清灵之气”。外丹术也可指炼金术或道家法术如符箓、雷法等。

内丹术

内丹术是道家气功的一种，修炼成仙最终长生不老。该术以人体为丹炉，故称“内丹”，以别于“外丹”之用鼎为炉。

炼丹术大事记

在我国古代，阴阳五行之说盛行。人们普遍相信物质转化的观点，认为矿物在土中会随时间发生改变，而通过炼制的方法可以“夺天地造化之功”，加快这种转变。

后羿射日有功，西王母赐飞天妙药，嫦娥偷吃后飞到月宫。

源于神话

秦始皇疯狂迷恋长生之术，命徐福率三千童男童女东渡寻访仙药。

始皇寻药

西汉淮南王刘安著《淮南子》论述了汞、丹砂、雄黄等物质的性质，同时这种对于长生以及财富的追求也促使了火药术的诞生。

获得认识

长生梦破

后晋末至晚唐期间中国炼丹术进入黄金时代。许多皇帝因服食丹药中毒身亡，如晋哀帝、唐宪宗、唐穆宗等。

12

动荡中的科学

大革命对化学家的影响

这是最好的时代，也是最坏的时代；这是智慧的时代，也是愚蠢的时代；这是信仰的时期，也是怀疑的时期；这是光明的季节，也是黑暗的季节。

——狄更斯《双城记》

安托万－格朗·拉瓦锡

化学在18世纪获得了长足的发展，但在该世纪末却陷入了一种踌躇不前的状态。

目光敏锐的拉瓦锡突破了这种境遇。1743年出生的拉瓦锡凭借自己的眼光选择了一个好的投资领域，这使他丰衣足食，并且有足够的资金进行化学研究。28岁的拉瓦锡娶了老板的一位14岁女儿。拉瓦锡和夫人配合默契，经常出席各种社交场合，大多数日子里都会花费时间进行科学工作。在供职英国皇家科学院期间，他驳斥了让－保罗·马拉关于燃烧理论的错误观点，这让马拉一直怀恨在心。

拉瓦锡与人合著《化学命名法》，这本书被当作给元素命名的“圣经”。拉瓦锡的杰出贡献在于对其他人的研究成果进行的深度分析，使化学更加严格、明确和富于条理，最终确定了氮和氢的具体属性，并为它们按照命名法取了延续至今的名字。此外他还创立了氧化说。

动荡的时局

拉瓦锡在法国大革命中站错了队，保皇派的他最终不得不面临其他革命派的讨伐。民主派马拉在其中推波助澜，最终拉瓦锡于1794年被送上了断头台，马拉被受到迫害的夏洛特·科黛刺杀。

拉瓦锡测定空气成分

安托万－洛朗·拉瓦锡是一位著名化学家、生物学家，被尊称为“近代化学之父”。他采用定量试验的方法，成功测定了空气成分。在实验中他选择汞作为实验材料，主要是因为汞在加热氧化之后可以生成氧化汞，并且氧化汞具有加热不稳定易分解的性质。

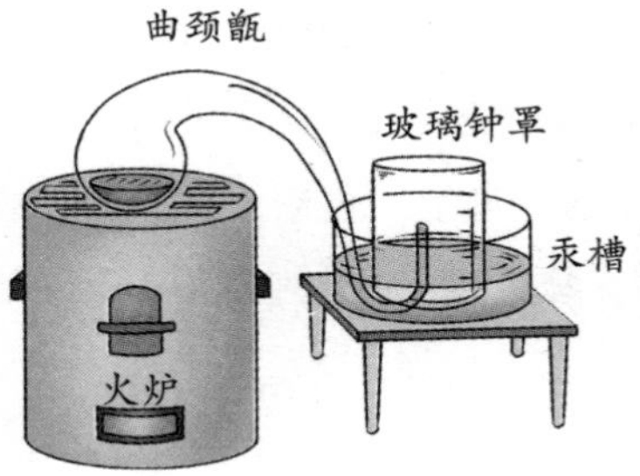

拉瓦锡设计了如图所示的实验设备，实验设备内的空气与外界空气隔离，不发生空气交换是这个实验成功的关键。

实验中使用“汞槽”而非“水槽”，主要原因一方面在于这种液态金属可以流动，上升之后能够看得更清楚；另一方面则是因为当时人们对于汞的毒性没有充分认识。

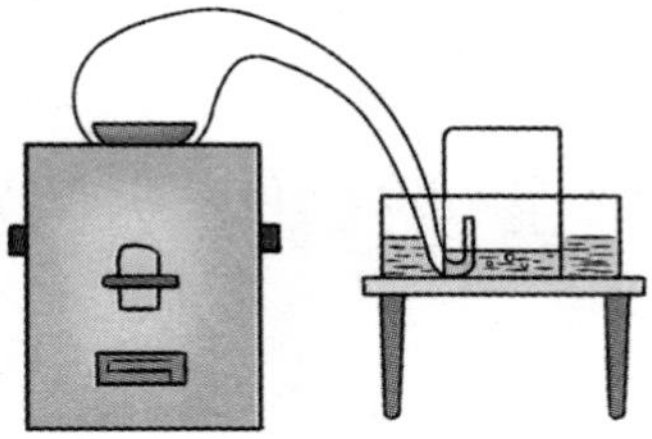

曲颈甑中的汞与器材中的氧气充分结合，生成红色粉末氧化汞。整个装置内液面上升了约1/5，这表示器材内约有1/5的气体参与了反应。

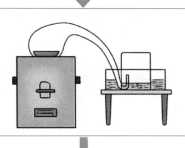

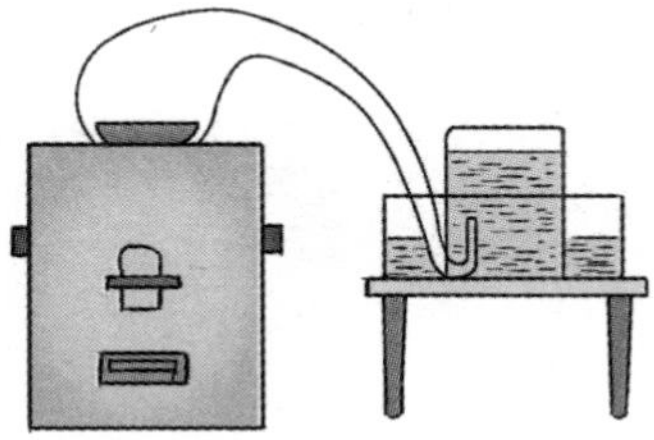

将生成的红色粉末收集，放到较小的容器里加热到更高的温度，就重新得到了汞和氧气。

汞和氧气的反应需要加热到汞的沸点356.58℃以上，此时生成氧化汞，而当加热到500℃以上则会分解为汞和氧气。

现代科学测定，空气中氮气（N_2）约占78%，氧气（O_2）约占21%，稀有气体约占0.939%，二氧化碳（CO_2）约占0.031%，还有其他气体和杂质约占0.03%，

13

为化学点亮启明星

化学的科学化

化学曾在18世纪获得过长足的发展，但在19世纪初期却陷入了迷茫的阶段。

笑气 N_2O

很多人凭借新发现的物质获得了大量财富，因此化学在19世纪初期被认为是一种不绅士的、商人的东西。这种观念使得许多优秀的人才在投入化学领域时有所顾忌。笑气（N_2O）在该世纪前半世纪一直被当作一种“高级毒品”。直到1846年，有人把它不合适地用作麻醉药品，这已经算得上是对这种物质的“严肃”对待了。

伦福德伯爵

本杰明·汤普森因为在法国大革命中错误的站队，不得不抛妻弃子逃到英国，之后又到了德国。在德国，他被授予“神圣罗马帝国伦福德伯爵”。1799年他在伦敦创建了皇家科学研究所，这几乎是当时唯一一所旨在研究化学的有名望的科学机构。值得一提的是，1805年伦福德在法国停留期间迎娶了拉瓦锡的遗孀拉瓦锡太太。

阿伏伽德罗

1811年，阿伏伽德罗发现：体积相等的两种气体在压强和温度相等的情况下，拥有相等的分子数。这个发现后来被称为阿伏伽德罗定律。阿伏伽德罗定律为更精确地测量原子的大小和质量奠定了基础。不幸的是，直到1860年，阿伏伽德罗定律才得以公开发表。

约翰·道尔顿

道尔顿是极少数从事化学研究的贵族。他在1808年首先宣布了原子的性质。

伦福德与摩擦生热

在19世纪中期以前，热质说统治着人们对于热现象的认识。这种理论认为，热是通过一种无质量的热质的流动而传递的。热质也被译作“燃素”，在热质说中，热是一种物质，无法产生或消灭，因此热的守恒就成了这种理论中的一个基本假设。这种理论很难得到伦福德的相信，在经过一系列实验以及努力之后，这种理论最终为热的分子运动论所替代。

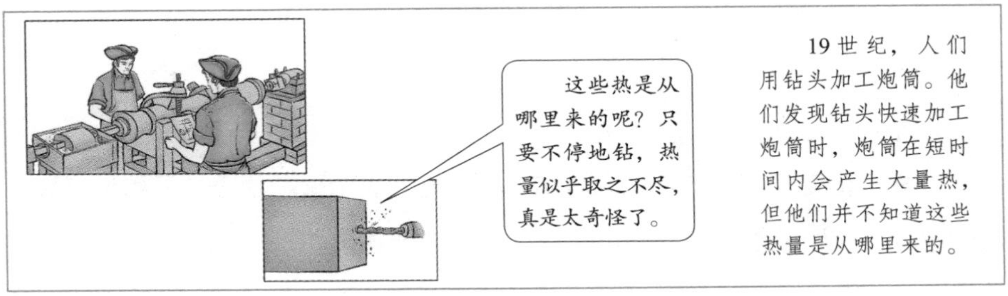

19世纪，人们用钻头加工炮筒。他们发现钻头快速加工炮筒时，炮筒在短时间内会产生大量热，但他们并不知道这些热量是从哪里来的。
这些热是从哪里来的呢？只要不停地钻，热量似乎取之不尽，真是太奇怪了。

这是因为二者比热容不一样，铜屑在脱落的时候将热质传给了炮筒。
我通过实验测算过，铜屑和炮筒的比热容是一样的。
有人认为这是因为铜屑和炮筒的比热容不同造成的，伦福德很快就否定了这种说法。

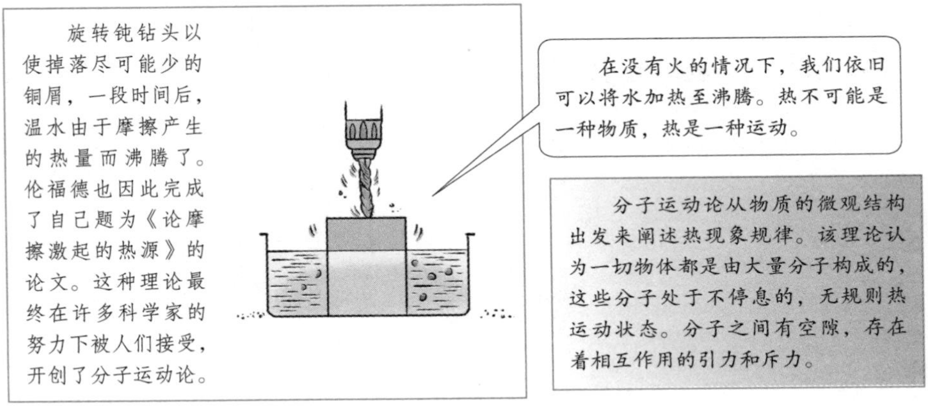

旋转钝钻头以使掉落尽可能少的铜屑，一段时间后，温水由于摩擦产生的热量而沸腾了。伦福德也因此完成了自己题为《论摩擦激起的热源》的论文。这种理论最终在许多科学家的努力下被人们接受，开创了分子运动论。
在没有火的情况下，我们依旧可以将水加热至沸腾。热不可能是一种物质，热是一种运动。
分子运动论从物质的微观结构出发来阐述热现象规律。该理论认为一切物体都是由大量分子构成的，这些分子处于不停息的，无规则热运动状态。分子之间有空隙，存在着相互作用的引力和斥力。

✷ 汉弗莱·戴维

1778 年出生于英国彭赞斯贫民家庭的汉弗莱·戴维在 17 岁时自修化学，之后发现了笑气的麻醉作用，被认为是发现元素最多的科学家。

戴维接管皇家科学研究所之后，他接连发现了钾、钠、锰、钙、锶和铝 6 种金属元素。这与他的才华与努力紧密相关，但更重要的是他发现了一种可以分离出金属的好方法：电解。他发现了 12 种元素，这几乎占了当时所发现元素的 1/5。

✷ 对于规范化学的尝试

由于信息交流的不通畅，化学物质的命名一直处于混乱状态。瑞典 J.J. 伯采留斯规定将希腊文或者拉丁文名字缩写之后来表示这种物质，采用上标数字来表示分子中原子的原子数量，如 H^2O^2。后来这种方法被改为了下标，就成了 H_2O_2。

尽管经过多次整理，但即使到了 19 世纪末期，化学物质的表示仍然混乱不堪。如当时，C_2H_2 既可以指乙烯，也可以指沼气。

✷ 德米特里·伊凡诺维奇·门捷列夫

门捷列夫出生在一个富裕的大家庭里，获得过良好的教育。他在完成学业后留在当地的一所大学任教，在学校里，他总是以乱蓬蓬的形象出现，一年只修剪一次头发和胡子。1869 年，门捷列夫创造性地将当时盛行的把元素按原子量和按性质排列的方法结合在一起，发明了门捷列夫元素周期表。据说他是从牌戏中按花色排横行、按点数排纵行的方法得到启发。

周期表最伟大的意义在于，在仅有 63 种已知元素的情况下，它成功预知了其他元素，并且我们找到的元素都无一例外地能够列到那张表里。

元素的发现与排列

18 世纪初，汉弗莱·戴维通过电解法分离发现了 12 种元素，这是一个相当大数量的发现，而门捷列夫元素周期表的出现让这些发现都能找到合适的位置。

电解法

电解是将电流通过电解质溶液或熔融态电解质，在阴极和阳极上引起氧化还原反应的过程。尼柯尔森和卡莱尔 1800 年发表的论文《利用电池电流分解水的方法》给予了戴维启示。

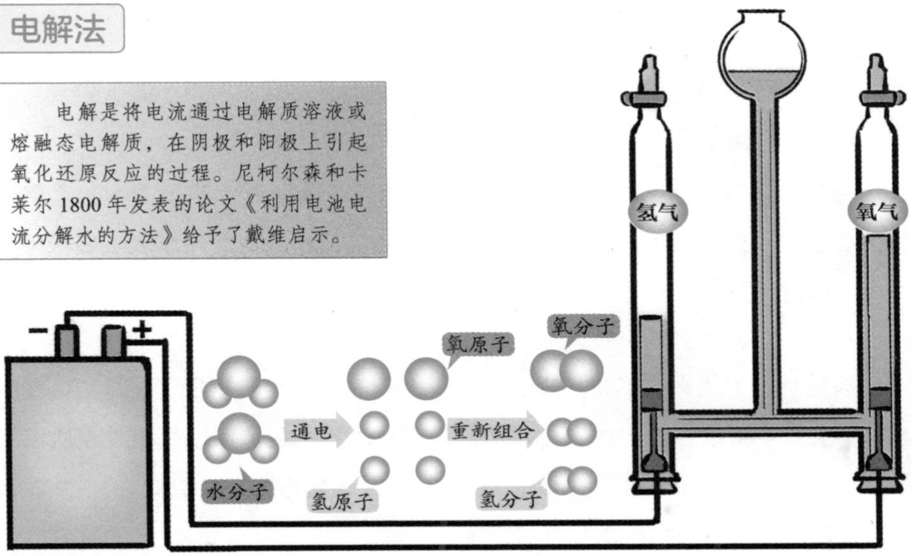

元素周期表

碱金属	碱土金属	镧系元素	锕系元素	过渡元素
主族金属	类金属	非金属	卤素	稀有气体

1 H 氢																	2 He 氦
3 Li 锂	4 Be 铍											5 B 硼	6 C 碳	7 N 氮	8 O 氧	9 F 氟	10 Ne 氖
11 Na 钠	12 Mg 镁											13 Al 铝	14 Si 硅	15 P 磷	16 S 硫	17 Cl 氯	18 Ar 氩
19 K 钾	20 Ca 钙	21 Sc 钪	22 Ti 钛	23 V 钒	24 Cr 铬	25 Mn 锰	26 Fe 铁	27 Co 钴	28 Ni 镍	29 Cu 铜	30 Zn 锌	31 Ga 镓	32 Ge 锗	33 As 砷	34 Se 硒	35 Br 溴	36 Kr 氪
37 Rb 铷	38 Sr 锶	39 Y 钇	40 Zr 锆	41 Nb 铌	42 Mo 钼	43 Tc 锝	44 Ru 钌	45 Rh 铑	46 Pd 钯	47 Ag 银	48 Cd 镉	49 In 铟	50 Sn 锡	51 Sb 锑	52 Te 碲	53 I 碘	54 Xe 氙
55 Cs 铯	56 Ba 钡	57-71 La-Lu 镧系	72 Hf 铪	73 Ta 钽	74 W 钨	75 Re 铼	76 Os 锇	77 Tr 铱	78 Pt 铂	79 Au 金	80 Hg 汞	81 Tl 铊	82 Pb 铅	83 Bi 铋	84 Po 钋	85 At 砹	86 Rn 氡
87 Fr 钫	88 Ra 镭	89-103 Ac-Lr 锕系	104 Rf 𬬻	105 Db 𬭊	106 Sg 𬭳	107 Bh 𬭛	108 Hs 𬭶	109 Mt 鿏	110 Ds 𫟼	111 Rg 𬬭	112 Cn 鿔	113 Uut	114 Fl	115 Uup	116 Lv	117 Uus	118 Uuo

57 La 镧	58 Ce 铈	59 Pr 镨	60 Nd 钕	61 Pm 钷	62 Sm 钐	63 Eu 铕	64 Gd 钆	65 Tb 铽	66 Dy 镝	67 Ho 钬	68 Er 铒	69 Tm 铥	70 Yb 镱	71 Lu 镥
89 Ac 锕	90 Th 钍	91 Pa 镤	92 U 铀	93 Np 镎	94 Pu 钚	95 Am 镅	96 Cm 锔	97 Bk 锫	98 Cf 锎	99 Es 锿	100 Fm 镄	101 Md 钔	102 No 锘	103 Lr 铹

门捷列夫将每 7 个元素分成一组，按性质相似排成纵行，同时按照质子数从少到多排成横行。这样从上到下看是一组关系，从左往右看又是一组关系。

14

19 世纪末的惊喜

发现放射性元素

化学在 19 世纪的大半部分时间呈现出一种颓靡的状态，但在该世纪的尾巴上却表现出了一种新的活力。

意外的曝光

铀盐的发现得追溯到 1896 年的一次意外。亨利·贝克勒尔因为粗心将一包铀盐忘在了抽屉里的感光板上，一段时间后，他吃惊地发现感光板好像曝过光。之后他把这件事交给自己的研究生，最伟大的女性化学家物理学家——玛丽·居里，世称“居里夫人”。

居里和她的丈夫皮埃尔发现有的岩石会持续释放大量热量，而体积以及外观都不会发生可以检测出的变化。他们没有找出其中的原因，否则发现质能方程就没有爱因斯坦什么事了。玛丽·居里把这种现象称为“放射效应”，并发现了钋和铀两种放射性元素。

1903 年，居里夫妇和贝克勒尔一同获得了诺贝尔物理学奖。8 年后，玛丽·居里又获得了诺贝尔化学奖，她是唯一一个收获了诺贝尔物理学奖和化学奖的科学家。

真正的“炼金术”

放射性元素的变化过程无异于真正的“炼金术”。位于新西兰的物理学家欧内斯特·卢瑟福和他的化学家同事弗雷德里克·索迪在研究中发现：很少量的物质里蕴含着大量的能量，地球的大部分热量来源于这种衰变所释放出的能量，这无异于一把秘钥。他们还发现放射性元素会衰变成其他元素，比如从铀原子变成铅原子。

无中生有的元素与能量

放射性元素能够自发地从原子核内部释放出粒子以及 α 射线、β 射线、γ 射线等，同时会释放出能量，最终该元素会形成较为稳定的元素而停止放射。这种原子核的变化使得一种物质能够转变为另一种完全不同的物质。

不稳定的铀原子核

铀（U）是原子序数为 92 的元素，是自然界中能够找到的最重元素。在自然界中存在三种同位素，均带有放射性，半衰期从数亿年到数十亿年。目前人工合成了 12 种同位素 (铀 -226 ～ 铀 -240)。铀化合物早期用于瓷器的着色，现在作为核燃料。1913 年，法扬斯和格林研究了铀 -238 衰变链：铀 -238 → 钍 -234 →镤 -234 →铀 -234。

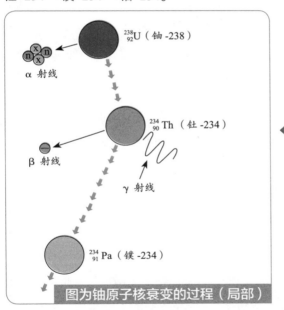

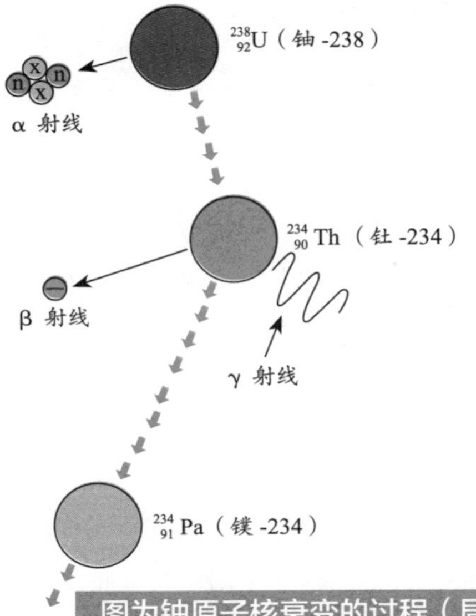

图为铀原子核衰变的过程（局部）

辐射线的种类：拉瑟福德发现辐射线可分成三类，即 α 射线、β 射线和 γ 射线。其组成如下：

1.α 射线（alpha，阿尔法）：是氦的原子核 (又称为 α 粒子)，含有 2 个质子与 2 个中子，带 2 单位正电。

2.β 射线 (beta，贝塔)：为高速运动的电子束 (又称为 β 粒子)，带 1 单位负电。

3.γ 射线（gamma，伽马）：是波长甚短的电磁波，类似 X 光线。

质能等价

元素在衰变过程中释放出的能量等于在这一过程中所损失的质量与光速平方的乘积。

$$E = mc^2$$

公式中的 c 代表光速的常数，E 代表能量，m 代表质量。

15

灾难与福音之间

放射性元素的应用

人造放射性元素“钔”，具有不稳定的性质，以此来纪念他非常恰当。

——保罗·斯特拉森

✷ 解开地球年龄的秘钥

卢瑟福是一个追求实用的人，他注意到任何放射性元素都会在一定的时间内衰变为原来的一半，这种稳定而可靠的衰变可以作为计算地球年龄的一种工具。他同时也测量出了一种含铀矿石的存在时间是 7 亿年。

1904 年，卢瑟福在英国皇家科学研究所举办讲座，陈述自己的见解。他在讲演中向开尔文致敬，但这并不能使开尔文改变自己关于地球年龄的论断。卢瑟福的新发现并没有赢得重视与接受，直至几十年后，人们才用衰变法测出地球的年龄大约在 10 亿年以内。

✷ 钔

门捷列夫一生研究成果丰富，但在他的晚年，却古怪得令人难以理解。门捷列夫在最后的 10 年里变得让人难以相处，对于放射性元素以及新发现都采取拒不接受的态度，他常常气冲冲地冲出实验室。1907 年，门捷列夫离开了人间。1955 年，人们用第 101 号元素“钔”来纪念他。

✷ 滥用

人们认为放射性元素拥有如此大的能量一定能排上大用场。因此，有好几年的时间，在日常消耗品中也添加放射性物质。在 20 世纪 20 年代，更是出现了以放射性矿泉为卖点的众多宾馆。这种情况是非常危险的！不然，现在的研究人员就不必穿着防化服才敢去翻阅居里夫人留下来的原始文献了。

半衰期

半衰期表示放射性元素的原子核有半数发生衰变时所需要的时间。半衰期并不能指少数几个原子，因为微观世界的规律之一就是无法对单个微观事件进行预测。所以对于单个原子，我们只知道它衰变的概率，并不能确定它何时会发生衰变。

铯 -137 的衰变

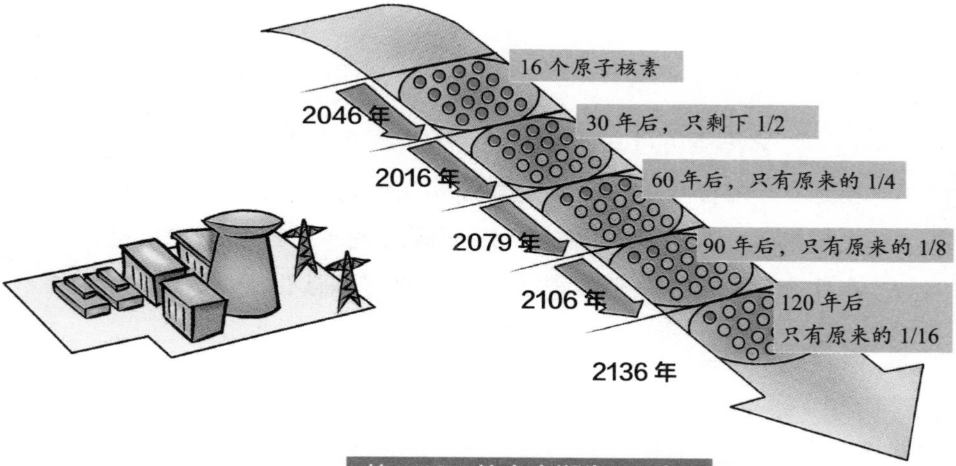

铯 -137 的半衰期为 30 年

放射性元素衰变的快慢是由原子核内部自身决定的，与外界的物理和化学状态无关。

部分天然放射性元素的半衰期

系列	开始时的同位素	半衰期（年）	最后的稳定同位素	发生衰变的次数（α，β）
镭	铀 -238	4.47×10^{9}	铅 -206	8, 6
锕	铀 -235	7.04×10^{8}	铅 -207	7, 4
钍	钍 -232	1.41×10^{10}	铅 -208	6, 3

第三章

一个新时代的黎明

科学曾经历过一段漫长的“集邮”时间，但科学终将发展到不是靠简单的常识以及直接的观察就能获得真理的阶段。人们的认识从宏观到微观，逐渐深入到原子以及原子内部，在这个过程中，人们又借助对微观世界的认识来指导对宏观事物的看法。

本章关键词

原子结构　粒子　夸克　重金属污染　臭氧空洞　地球年龄

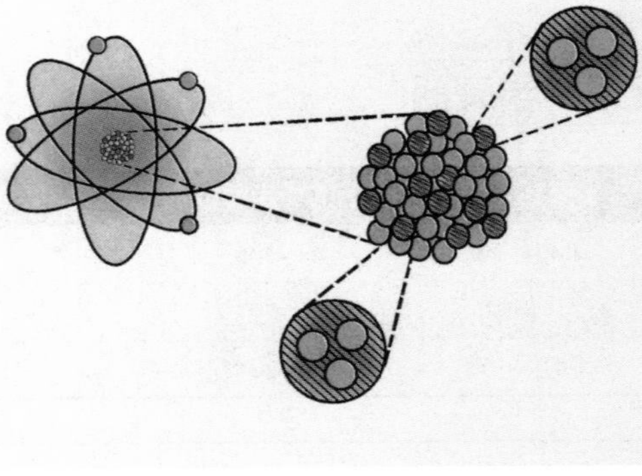

科学绝不是也永远不会是一本写完了的书。每一项重大成就都会带来新的问题。任何一个发展随着时间的推移都会出现新的严重的困难。

——爱因斯坦

◇ 图版目录 ◇

1

低调的科学家

道尔顿发现原子

E.J. 霍姆亚德："请问，这位是道尔顿先生吗？"
约翰·道尔顿："没错，请坐，让我先教会孩子们这道算术题。"

聪明的道尔顿

1766年，道尔顿出生在英国湖泊地区的一个贵格会织布工家庭。和多数科学家一样的是，道尔顿是一个天资聪颖的人。在他12岁的时候，就当上了当地贵格会学校的校长，并且此时他已经开始阅读牛顿的拉丁文版《原理》以及其他具有挑战性的著作。3年后，在他当学校校长的同时，他在附近镇子上找到了一份兼职工作。25岁之后，他一直生活在曼彻斯特，并在这里发表了许多研究气象、语法、化学和哲学等方面的论文。

化学哲学的新体系

1808年，道尔顿出版了一本名为《化学哲学的新体系》的厚书。他认为一切物质的基础都是极其微小而又不可还原的粒子。创造或者毁灭一个粒子基本上是不可能的。道尔顿的主要贡献在于他考虑了原子的相对大小和性质。氢是最轻的原子，因此他给出的相对原子质量是1。

证明原子

道尔顿的理论在提出后的一个世纪里一直饱受怀疑。据说，这种怀疑导致了物理学家路德维希·波尔茨曼的自杀。1905年，爱因斯坦在那篇描述布朗运动的论文中首次提出了证明原子存在的证据。然而，这一发现并没有引起太多的注意。欧内斯特·卢瑟福最终在卡文迪许实验室证明了原子的存在，并对原子的性质进行了研究。

传统的原子模型

早在古希腊就有人提出了有关原子的设想，并认为元素是由原子构成的，不同的原子具有不同的性质。这一理论此前一直停留在设想阶段，直到 18 世纪才有了实质性的发展。

道尔顿的原子模型

在道尔顿的原子模型中，原子是一种不能再分、极微小的实心球体，是构成物质的最基本粒子，并且相同元素的原子在性质和质量上都相同，而不同元素的原子在性质和质量上都不同。在活血反应中，原子按简单整数比结合成化合物。这一理论直到 20 世纪为人普遍接受，现在看过去，这一理论虽然简洁有力，但存在着错误。

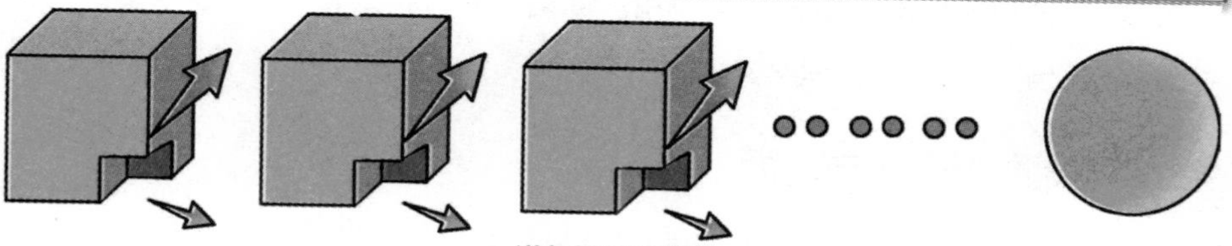

道尔顿原子模型

汤姆森的枣糕模型

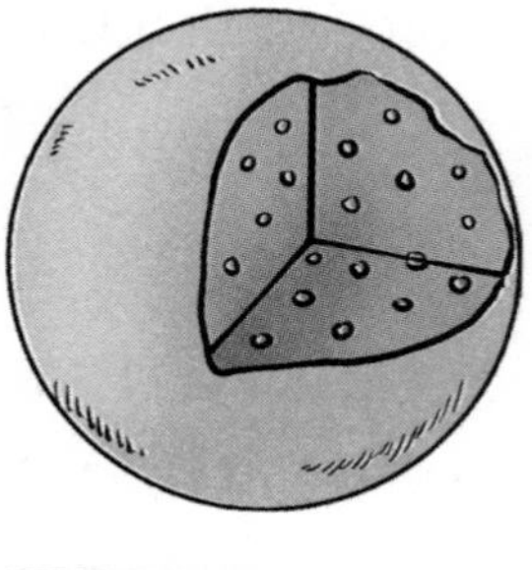

1905 年，J.J. 汤姆森提出了这种电子模型，该理论认为在原子球体中均匀分布着正电荷，而带负电的电子被认为分布在几个同心圆球面。每一个圆球面有其伴随的能量。电子从一个圆球面往内跃迁至另一个圆球面，会释放能量，因而会产生光谱。

土星模型

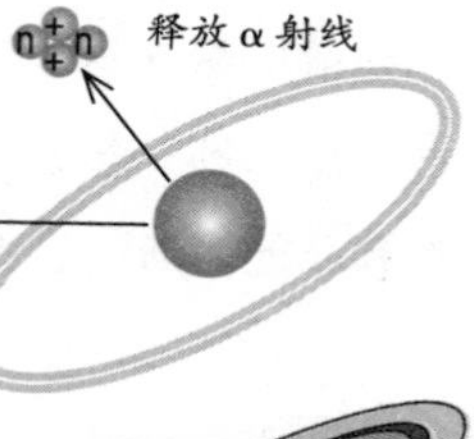

1903 年 12 月，长冈半太郎在东京物理学会上批评了汤姆森的原子模型，认为正负电子不能相互渗透，土星模型的观点认为，在原子内部存在一个大质量带正电的球，外部等间隔分布着一圈以相同角速度运转的电子。在圈面上飞出的粒子为 β 射线，中心球飞出的是 α 射线。

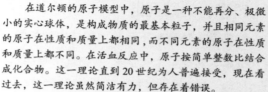

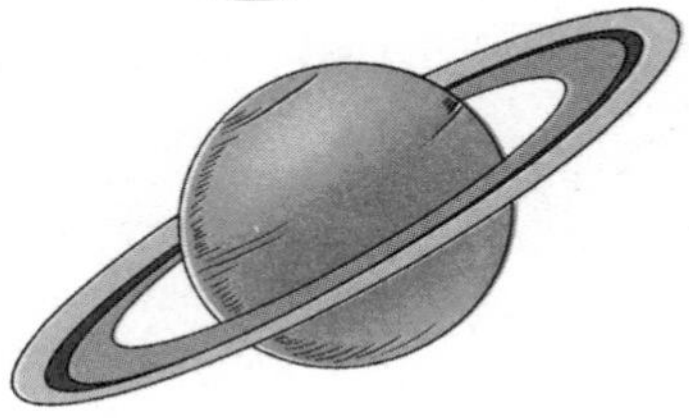

物理学家意外获得诺贝尔化学奖

卢瑟福发现原子能量

我的腰日渐变粗，同时我的知识日渐变多。 ——卢瑟福

科学界的鄙视链

物理学家特别瞧不起其他领域内的科学家。“要是她嫁个斗牛士我还能理解，可她竟然嫁了个化学家。”物理学家沃尔夫冈·泡利如此评价前妻的离去。欧内斯特·卢瑟福有一句话形象地描述了这一现象，“科学要么是物理学，要么是集邮。”这句话也被许多人反复引用。讽刺的是，卢瑟福在1908年获得的诺贝尔奖是化学奖，而非物理学奖。

卢瑟福的长处与短板

不得不说，卢瑟福是一个踏实而有远见的科学家。每当遇到难题，他都会付出比大多数人更多的努力。这一方面由于他在许多事情上都亲力亲为，另一方面也在于他并不怎么聪明，尤其不擅长数字运算。但他容易接受非传统的观念，因此也更容易做出大胆的猜想。由于这种秉性，他成为最早发现原子能量的人之一。

辉煌的卡文迪许实验室

卡文迪许实验室建于1871 — 1874年间，是当时剑桥大学的一位校长威廉·卡文迪许私人捐款兴建的。有许多重量级的发现都在这里诞生：J.J. 汤姆森和他的同事在这里发现了电子；C.T.R. 威尔逊在这里制造出了第一台粒子探测器；詹姆斯·查德威克在这里发现了中子；在之后较久远的时间，詹姆斯·沃森和弗朗西斯·克里克在这里发现了DNA结构。

1895年，卢瑟福来到卡文迪许实验室，由于在这里工作了3年并没有取得有影响力的成就，遂前往蒙特利尔麦克吉尔大学，从此开始了自己一生中最为辉煌的阶段。

发展的原子模型

传统原子模型在新的实验现象冲击下变得越来越难以自圆其说，于是新的原子模型应运而生。

卢瑟福原子模型

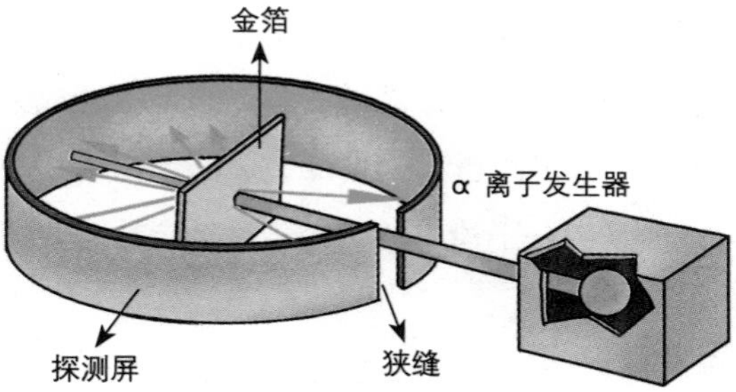

1910 年，欧内斯特·卢瑟福的小组在用 α 粒子轰击只有几个原子厚的金箔纸时，他们发现约每 8000 个 α 粒子中会有 1 个发生较大角度的偏转，其他的粒子都会径直穿过，几乎不受影响。这与汤姆森模型预测的结果完全不同。于是卢瑟福认为原子的绝大多数质量都集中在带很小的正电的原子核内，电子包围在这个区域的外面。

玻尔模型

玻尔认为在原子内部，电子环绕着原子核做轨道运动，就像行星环绕着恒星做轨道运动一样。

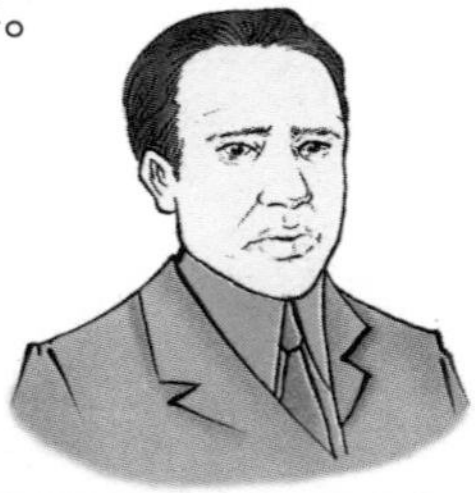

该理论成功地说明了原子的稳定性和氢原子光谱线规律，但对于较复杂的如氦核的光谱现象难以给出完美的解释。波尔模型第一次将量子观念引入了原子领域，不足之处在于仍然保持着经典力学的观念。

奇妙的小东西

原子小、多而“长寿”

小东西的表现，根本不像大东西的表现。 ——理查德·费曼

小而多的原子

我们日常生活中能见到的所有东西基本上都可以划分到原子的层次。原子就像英文单词中的字母，单单有字母是难以表述意思的，所以字母组合成为单词，原子组合形成分子。同样，就像一本鸿篇巨著是由无数多的单词构成的一样，日常生活中所见的物体都可以说是由分子构成的，只不过后者在需要的数量上远远超过前者。

原子的大小约是 1 毫米的千万分之一，打个比方说，把原子排列到 1 毫米长所需要的个数，就相当于把 A4 纸一直累积到纽约帝国大厦般高所需要的纸张数。

“长寿”的原子

原子不仅数量众多，而且寿命极长。组成我们身体的原子可能曾来自莎士比亚、释迦牟尼或者成吉思汗，这非得是历史人物，因为原子需要花一定的时间才能够完成重新分配的工作。

原子不可思议般地长寿。构成我们身上的原子可能穿越过恒星，曾经构成过上百万种动植物。生命都会有结束，但构成生命的原子似乎长寿得不得了。马丁·里斯曾估计原子的寿命可能有 10^{35} 年。

微小的原子与原子核

原子是化学反应中不能再分的最小单元，直径数量级在 10^{-10}m，而原子核则占原子中更少的空间，直径数量级在 10^{-15}m ~ 10^{-14}m 之间。

1 毫米与原子大小示意图

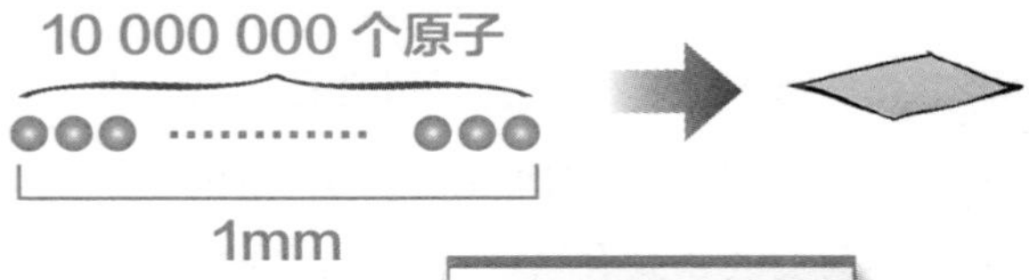

10 000 000 张纸的厚度

需要 10 000 000 个原子首尾相连，才能排到 1 毫米。

如果将原子挨个排列到 1 毫米的长度，大概需要 10 000 000 个。这个数量相当于用 A4 纸垒出一座纽约帝国大厦。

原子与原子核相对大小示意图

如果将一个原子的大小比作一个直径 200 米的运动场，那原子核的大小则相当于在场地中爬行的一只小蚂蚁。

也常有人拿蚂蚁和教堂的大小类比来说明原子核与原子的关系。只不过令人震惊的是，这只虫子的质量却比整座教堂重几千倍。

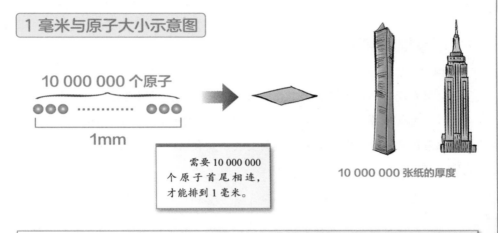

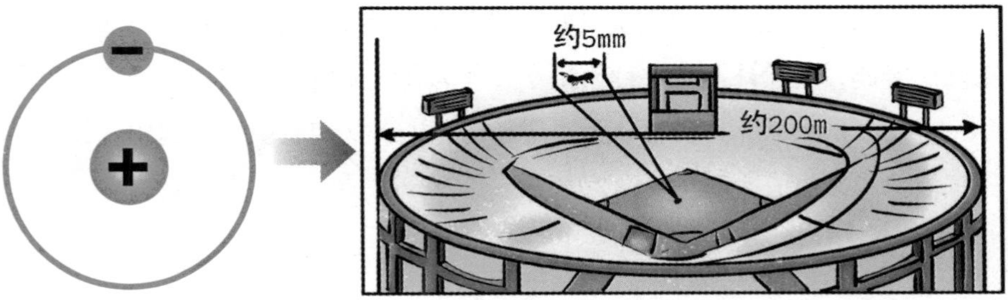

原子与原子核的相对大小示意图

揭秘小东西的内部

原子的结构和性质

质子决定了原子的身份，而电子则决定了原子火爆或文静的脾性。

✷ 卢瑟福的实验

1910 年，卢瑟福在自己的学生汉斯·盖格的协助下朝一块金箔发射 α 粒子，结果发现有的粒子竟然会反弹回来。在一番苦思冥想之后，他认为，粒子之所以会反弹回来，是因为粒子在前进的过程中撞击到了原子中致密的东西。卢瑟福意识到，原子中大部分是空荡荡的，只有当中有一个密度很大的核，也就是我们现在所说的原子核。

✷ 原子的构成

每个原子都是由三种基本粒子组成：质子、电子和中子。每一个质子带一个单位正电荷，中子不带电，质子和中子组成了原子核。每个电子带一个单位负电，围绕着原子核旋转。

质子决定了原子的种类，和中子一起占据了原子的绝大部分质量。一般来说，中子数量与质子数量相等，如不相等便是这种原子的同位素。电子之间相互排斥。提莫西·费瑞斯曾解释说，“两颗现实世界中的球体相撞之后发生反弹，其实是其中的负电荷场的相互排斥而导致的离开，如果它们不带电荷，可能会安静地穿过彼此。”

✷ 寻找中子

1919 年，卢瑟福接替老师 J.J. 汤姆森成为卡文迪许实验室的第四任实验室主任。于此，他设计出了一种模型来解释为什么正电荷集聚的原子核不发生爆炸——中子的引入。卢瑟福认为，质子的正电荷一定是被一种起中和作用的粒子抵消掉了，他把这种粒子称为中子。

探秘微观世界

1903 年，日本物理学家长冈半太郎创建的土星模型是一种完全错误但又流传甚广的原子模型。随着科学家们不断地努力，我们对于微观世界的认识也越来越深入。微观世界的古怪程度远远超出了普通人的想象。

原子内部结构

原子在很长一段时间内被认为是不可再分的粒子。现代科学研究表明，原子可以再分为原子核和电子，原子核一般又可再分为质子和中子。质子和中子是较为稳定的强子，而强子一般又可以再细分为夸克。

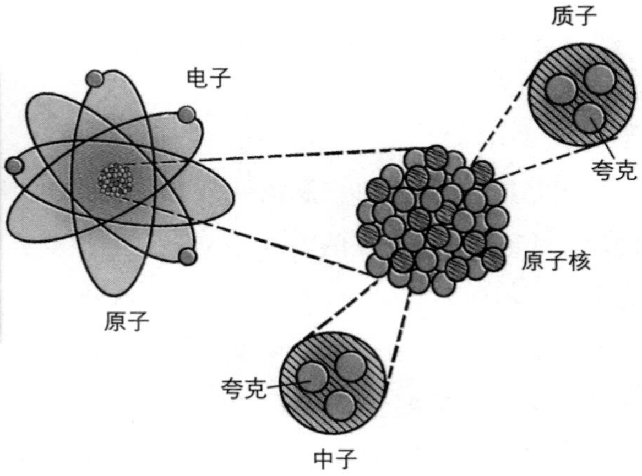

电子云模型

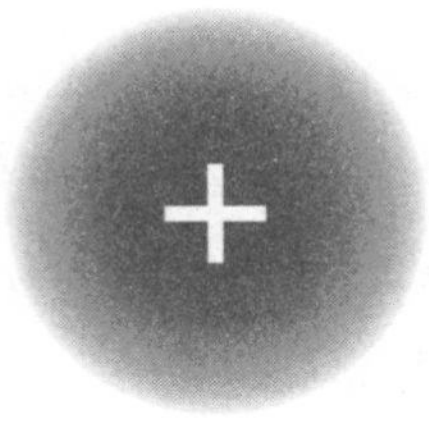

一般情况下的氢原子电子云模型。

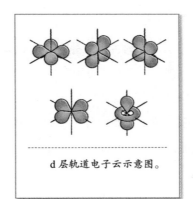

d 层轨道电子云示意图。

电子云模型认为在原子极小的空间内，电子以接近光速的速度做无规律的运动。核外电子与宏观物体运动不同，没有准确的方向和轨迹，只能用电子云模型来描述电子在核外出现的概率大小。

不受宏观理论支配

在很长一段时期，人们对有关于原子的理论都将信将疑，因为这种小东西的种种表现都与宏观世界的规律格格不入。按照卢瑟福的理论，围绕原子核运转的电子可能会坠落，而这种情况在传统电动力学中会引起爆炸，带来灾难性的后果。此外，关于原子核内会集聚一些带正电的质子而不发生爆炸的原因，宏观物理学也难以给出适当的解释。

随着物理学家对于亚原子世界认识的不断深入，他们意识到，那里不同于我们所熟悉的任何东西，甚至超出我们的想象。

量子跃迁

尼尔斯·玻尔是和卢瑟福一同工作的一个年轻人。1913 年，他写下了著名的论文《论原子和分子的构造》。玻尔认为，电子只能停留在某些明确界定的轨道上，而不会坠落到原子核中。在这种理论中，一个在某一轨道运行的电子可以突然出现在另一个轨道而不必经过横亘在它们中间的轨道，这也就是“量子跃迁”。有一点需要注意的是，电子只出现在某些特定的轨道。

该理论不但说明了电子不会灾难性地飞进原子核，而且也解释了氢的波长问题。玻尔也因此获得了 1922 年的诺贝尔物理学奖。

不相容

原子世界的古怪之处在于尝试理解它的古怪：电子从一个轨道突然出现在另一个轨道，而不经过中间轨道；物质突然从无到有，又忽然间从有到无。

1925 年，沃尔夫冈·泡利提出了“不相容原理”。该原理认为，某些成对的亚原子粒子，即使分开很远，如若其中一方发生自旋，另一方则会以相等速率、相反方向发生自旋。更重要的是，这一理论在 1997 年得到了证实。

光波与跃迁

将某些金属丝放在火中燃烧，会呈现出不同颜色的光，这种现象称作焰色反应。这是因为金属原子中的电子在火中吸收了能量，从低能量轨道跃迁到高能量轨道。处于高能量轨道上的电子不稳定，很快跃迁回低能量轨道，这时就将多余的能量以光的形式释放出来了。

电子跃迁

处于激发态的电子在回到较为稳定的能量轨道时会释放出光。

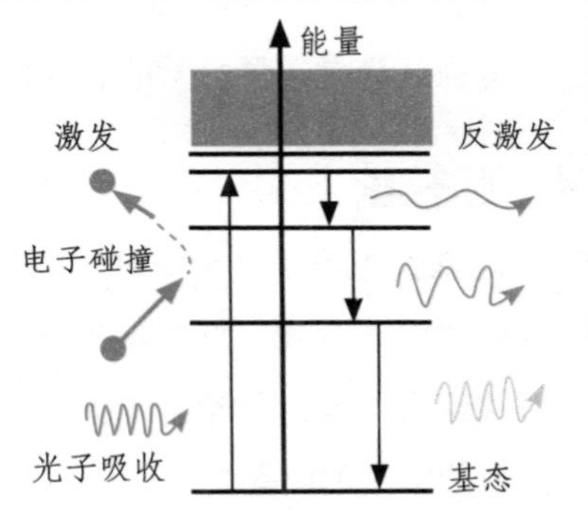

在烟花中添加特殊的金属元素可以使烟花呈现出五彩斑斓的颜色。

光波谱区与跃迁类型

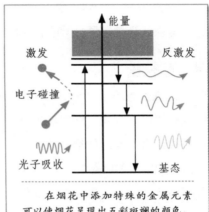

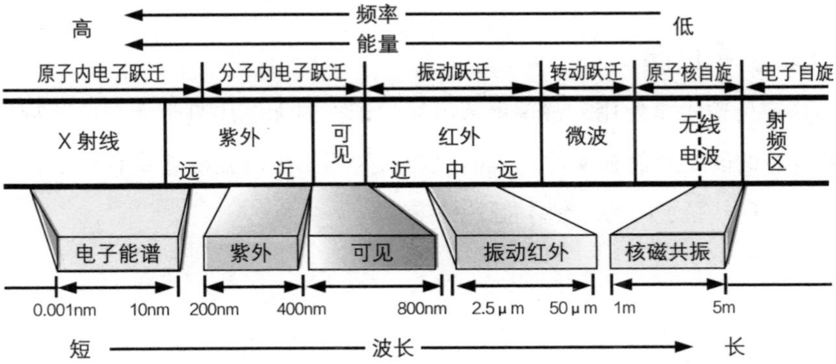

资料卡

自旋是粒子的一种内禀性质，是粒子与生俱来的一种角动量，自旋量值是量子化的，无法被改变，但自旋角动量的指向可以通过操作来改变。

薛定谔与维尔纳·海森堡

电子有时候表现出波的性质，有时候又表现出粒子的性质，这对物理学家们来说是一个相当大的挑战。

1926 年，奥地利物理学家薛定谔在德布罗意物质波理论的基础上，建立了一种较为容易理解的理论——波动力学，来描述微观粒子运动规律。同一时期，德国物理学家维尔纳·海森堡也设计出了一种对立的理论——矩阵力学，这一理论解决了一些波动力学无法解释的问题。

这是一种奇怪的现象，两种基于互相冲突的前提，却得出了相同的结果。二者都被认为是量子力学的表现形式。

测不准

海森堡想出了一个极好的理论——海森堡测不准原理。该理论认为，我们可以知道电子穿越空间时的速度，也可以知道电子在某一时刻的特定位置，但不可能两者都同时知道。这是一个不可改变的性质，并不是更细致更加精密的仪器所能解决的问题。

测不准原理也即是说，我们无法预测电子在下一刻能够出现的地方，只能认为它可能在什么地方。结果表明，原子不是大多数人所想象的样子，电子也并不是像行星围绕恒星旋转一样围绕着原子核做有规律的运动，更像是一朵没有固定形状的云，这朵云描述了电子出现的统计概率。

薛定谔的猫

薛定谔曾尝试使用宏观现象来解释量子世界无法用直觉体会这一特性，这就是著名的薛定谔的猫实验。我们只能认为箱子中的猫活着或者死了，具体情况只有等打开箱子的那一刻才能下定结论。

既是死的，又是活的

薛定谔用一个思想实验——薛定谔的猫，尝试把微观领域的量子行为扩展到宏观世界。在量子的世界里，即盒子关闭时，一切都处于不确定性的状态，即猫的生死叠加。猫到底是死是活必须在盒子打开后，也即是物质以粒子形式表现后才能确定。

埃尔温·薛定谔
（1887—1961）

在薛定谔的实验中，按照量子力学的观点，一段时间后，这只猫既是死的，又是活的。死了与活着两种状态叠加，用薛定谔的方程表示就是，猫的时间演化的两种状态组合波函数，这违反了物理学和生物学常识。

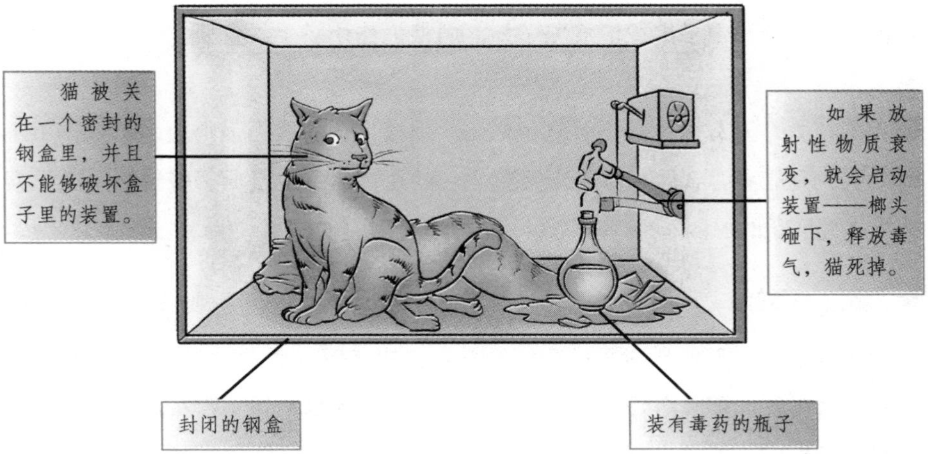

猫被关在一个密封的钢盒里，并且不能够破坏盒子里的装置。
如果放射性物质衰变，就会启动装置——榔头砸下，释放毒气，猫死掉。
封闭的钢盒
装有毒药的瓶子

实验总述

在一个盒子里有一只猫，以及少量放射性物质。之后，有 50% 的概率放射性物质将会衰变启动装置、释放出毒气并杀死这只猫，同时又有 50% 的概率放射性物质不会衰变而猫将活下来。

大理论与小理论

关于同一现象的不同科学解释

他（爱因斯坦）的同事们过去认为，现在也继续认为，他浪费了自己的后半生。

——斯诺

爱因斯坦的忍耐

爱因斯坦是一个深为量子力学混乱状况所苦的人。1905年，他提出了一个自己很不喜欢但却很有说服力的观点：光子有时候表现得像粒子，有时候则比较像波。

爱因斯坦不愿意接受这个相当长一段时间难以理解的量子世界，并且不相容原理中的现象则完全违反了狭义相对论。此外有些物理学家坚持认为，在亚原子层面上，信息可以以某种办法超过光速。

强核力和弱核力

20世纪30年代，科学家发明了强核力和弱核力来解释原子世界的事情。强核力使质子和中子聚拢形成原子核，弱核力作用较多，主要与放射衰变的速率有关。

弱核力是万有引力的1万亿亿亿倍，强核力比弱核力强得更多，但作用距离很小，只能束缚到原子直径十万分之一的距离，这也是原子核极小以及元素性质是否活跃的原因。

两套理论

物理学发展至此形成了两套理论，各自用来解释微观世界以及宏观世界。两种理论在各自领域内并行不悖，但追求完美的爱因斯坦不喜欢这种状况，在他的后半生中，他全心寻找一种“大统一理论”来解释这些问题。遗憾的是，他最终并没有得到合理的解释。

杨氏双缝实验

“上帝是不掷骰子的”是爱因斯坦的一句名言，但他穷尽一生也没能成功证明上帝不掷骰子，而目前更多的证据则偏向于爱因斯坦这一观点所对立的另一面。杨氏双缝实验是量子力学的精髓所在，很好地说明了微观世界与宏观世界的不同之处。

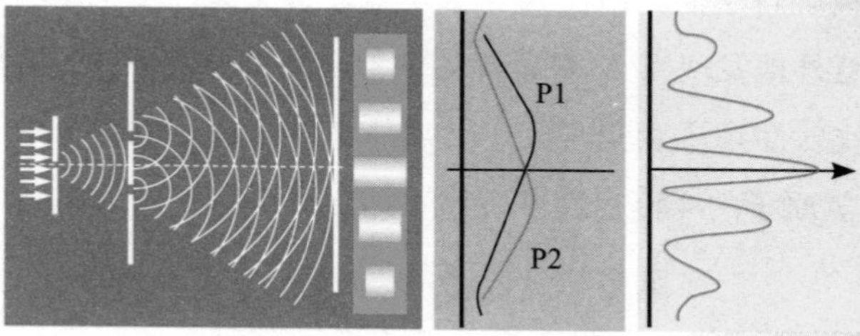

(a) (b) (c)

双缝干涉实验——水波（或光波）

1807 年，托马斯·杨第一次描述了双缝干涉实验：点光源发出的光（或水波），作为一种波，在抵达狭缝后发生叠加，即干涉。叠加后的波在不同位置上的振幅有规律地增加或减小，便会在观测屏幕上形成相间的干涉条纹。

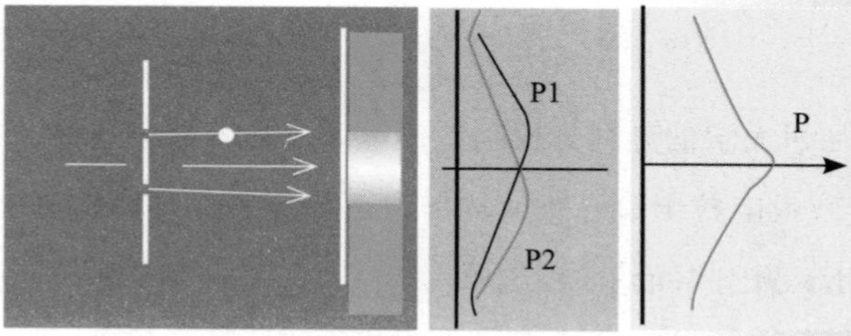

(a) (b) (c)

双缝干涉实验——子弹

将波换成子弹，子弹服从经典概率统计规律。机枪扫射之后，假设每一发子弹形成一个小亮点的话，会形成如图所示的聚集状态。这个图像亮度从中间到两边逐渐下降。

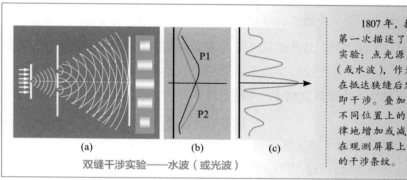

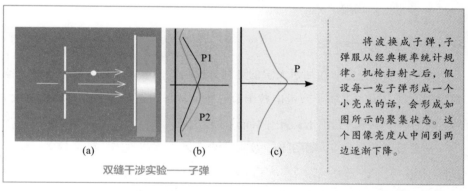

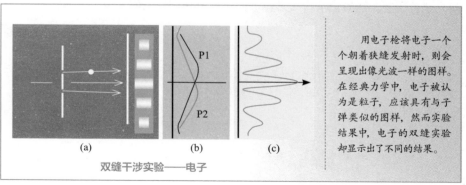

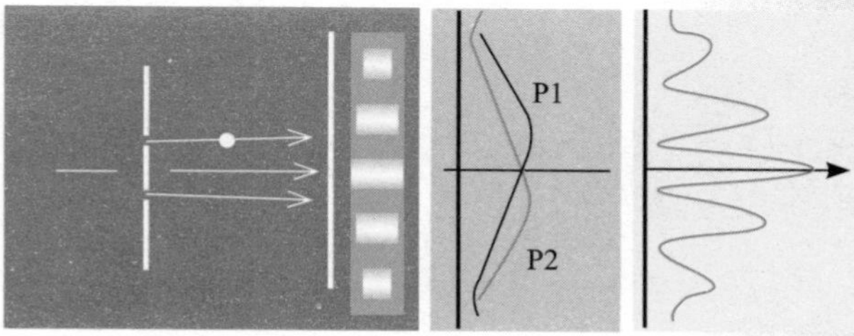

(a) (b) (c)

双缝干涉实验——电子

用电子枪将电子一个个朝着狭缝发射时，则会呈现出像光波一样的图样。在经典力学中，电子被认为是粒子，应该具有与子弹类似的图样，然而实验结果中，电子的双缝实验却显示出了不同的结果。

剪不断，理还乱

繁杂的粒子世界

年轻人，要是我记得清这些粒子的名字，那我早就当植物学家了。

——恩里克·费米

☀ α 粒子

C.T.R. 威尔逊是一位英国科学家。1911 年，威尔逊在卡文迪许实验室利用模型研究云层的构造时，意外地发现当 α 粒子穿越人工云团时会留下一条明显的轨迹。（α 粒子是某些放射性物质衰变时放射出来的氦原子核，由两个中子和两个质子构成，质量为氢原子的 4 倍，速度每秒可达 2 万千米，整体带有两个单位的正电荷。）

威尔逊随后发明了粒子探测仪，证明亚原子粒子确实存在。他又进行了一系列云迹观察实验，为爱因斯坦的光子学说提供了实验依据。这为他摘得了 1927 年的诺贝尔物理学奖。

☀ 越来越多的粒子

欧内斯特·劳伦斯在加州大学伯克利分校制造出了原子粉碎器。这种设备利用的原理是将一个质子或带电粒子沿直线或环形轨道加速到非常高的速度，然后对另一个粒子进行撞击，并观察记录撞击后的结果。

随着设备的一次又一次更新，实验中也不断发现或预测了越来越多的粒子或粒子族：介子、π 介子、μ 介子、K 介子、超子、重子、中间矢量波色子、超光速粒子等。能够记清这么多粒子的名称对物理学家们来说也不是易事。

粒子发展简述

粒子并不像中子、质子一样具体指哪一种物质，粒子是一个对于能够以自由状态存在的物质最小的组成成分的总称。人们对于粒子的发现经历了一个由浅入深的发展过程，目前发现的粒子累计已超过了几百种。

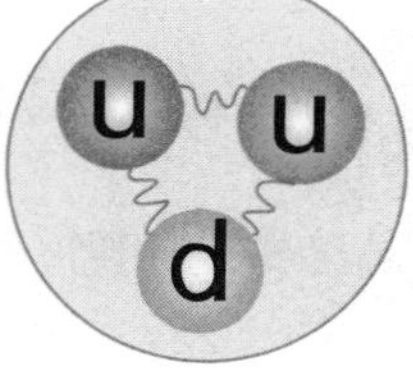

质子

20 世纪六七十年代，夸克理论逐渐发展起来。夸克理论认为所有已知粒子都可以分为两族。一族由夸克组成，只受夸克之间强力的作用，叫作强子。另一族叫作轻子，它们受弱力的作用。

1935 年，汤川秀树提出了介子理论，他认为 π 介子是核力的媒介，并参与 β 衰变，同时提出了核力场方程及核力的势。根据这一理论，质子和中子通过交换 π 介子互相转化，解释了粒子之间力的作用方式。

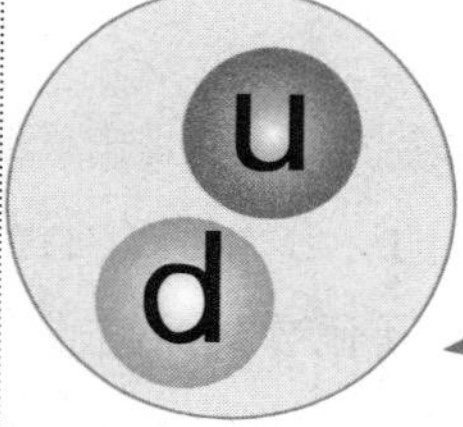

介子

1932 年，查德威克发现了原子核内除了质子外，还有中子。不久后海森伯就提出原子核是由质子和中子组成的。

20 世纪初，新西兰裔物理学家欧内斯特·卢瑟福通过用 α 粒子轰击金箔实验证明，呈电中性的原子内部很小的区域具有原子绝大多数质量。

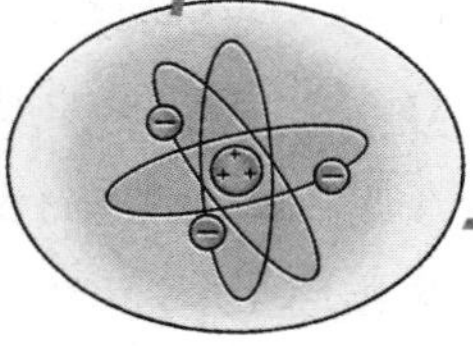

19 世纪末之前，原子一直被认为是物质的基本建筑砌块。英国粒子物理学家 J.J. 汤姆森，发现原子产生的一种辐射能够用原子自身分裂出来的带电微粒流来解释，他定义带电微粒就是电子。

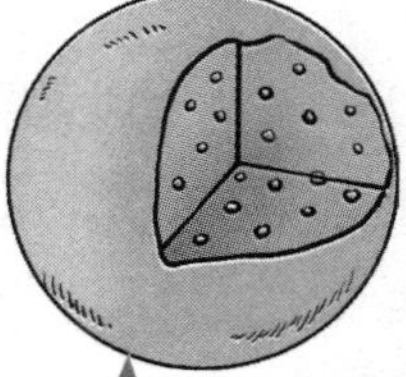

1808 年，道尔顿在《化学哲学的新体系》中首次描述了原子，认为原子是最小且不可再分的粒子。

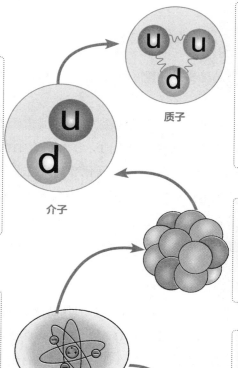

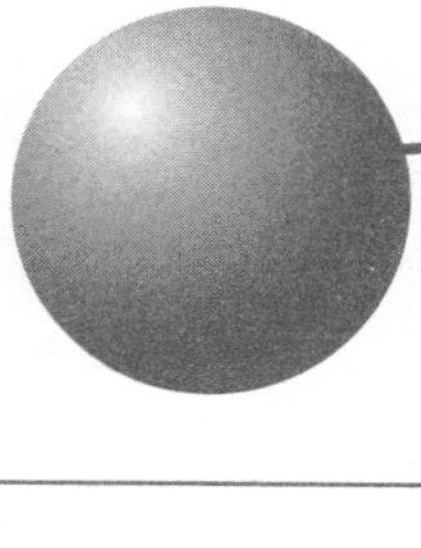

物理学家逐层研究物质结构的历程就像剥洋葱，于是诺贝尔物理奖获得者格拉肖提出了“毛粒子”的概念，用来称呼这些物质所有的假设组成部分，并以此来纪念毛泽东。

付出与收益同在

寻找粒子的代价与回报

要是你钻进电子深处，你会发现它本身就是一个宇宙。

——卡尔·萨根

大量的经济预算

寻找粒子经常不是单靠智慧和恒心就可以的，往往需要巨额的经济预算作为支撑。

击碎原子并不是难事，日光灯就可以办到，但是击碎致密的原子核就需要巨大的电力和预算了。欧洲核研究组织的一台大强子对撞机拥有 14 万瓦的功率，投资达 15 亿美元。20 世纪 80 年代，美国曾试图建造一台超级超导对撞机，设想通过这台机器重现宇宙最初十万亿分之一秒的情况。这个项目需要 100 亿美元的初次投入以及每年数亿美元的维护费用。可惜的是，这个项目在投入了 20 亿美元之后搁浅了。

收获颇丰

虽然粒子物理学是个很花钱的事业，但同时也是一个收获颇丰的事业。目前来说，已知的粒子种类大大超过了 150 种，还有 100 多种科学家们认为可能存在的粒子。值得一提的是，在欧洲核研究组织的项目中，他们有一个实用的副产品发明——万维网（由欧洲核研究组织的科学家蒂姆—伯纳斯·李于 1989 年发明）。

有人认为存在超光速粒子，而有的人则想要找到引力子，来诠释引力。于大多数人来说，粒子世界是难以想象的。即使如今看一本针对普通读者的读本也往往会搞得人晕头转向。

粒子列表

在这份粒子物理学的粒子清单中，包含已知的和假设的基本粒子，以及由它们合成的复合粒子。

- **粒子**
  - **基本粒子**
    - 费米子
      - 夸克（上夸克、反上夸克、下夸克、反下夸克、粲夸克、反粲夸克、奇夸克、反奇夸克、顶夸克、反顶夸克、底夸克、反底夸克）
      - 轻子（ 电子、正电子、μ 子、反 μ 子、τ 子、反 τ 子、电子中微子、反电子中微子、μ 子中微子、反 μ 子中微子、τ 子中微子、反 τ 子中微子）
    - 玻色子
      - 标量玻色子
      - 光子、胶子、W 玻色子、Z 玻色子
  - **复合粒子**
    - 强子
      - 重子 / 核子 / 超子（质子、反质子、中子、反中子、Δ 粒子、Λ 粒子、Σ 粒子、Ξ 粒子、Ω 粒子 ）
      - 介子 / 夸克偶素（π 介子、K 介子、ρ 介子、D 介子、J/ψ 介子、Υ 介子）
    - 原子核 原子 奇异原子
      - 电子偶素、渺子偶素、介子原子、超子原子、反氢、介子核、超核、重味超核、分子
  - **假想的基本粒子**
    - 超对称粒子
      - 超规范子（超胶子、重力微子）
      - 超轴子、超荷子、超胀子、超中性子、超希格斯粒子、超费米子
    - 大质量弱相互作用粒子（WIMP）、惰性中微子、胀子、马约拉纳费米子、加速子、快子、磁单极子、轴子、引力子、X 及 Y 玻色子、中微子 / 鬼粒子
  - **假想的复合粒子**
    - 奇异强子
      - 奇异重子（五夸克态、双重子态）
      - 奇异介子（胶球、混杂态、四夸克态）
    - 介子分子

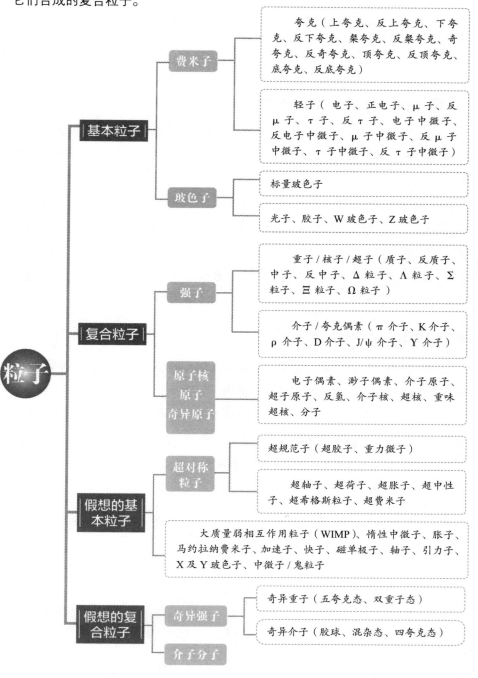

8

一种“简单”的描述方法

夸克与标准模型

夸克的出现一定程度上使大量的强子重新变得清楚明白。

——斯蒂芬·温格

☀ 夸克的提出、性质与分类

20 世纪 60 年代，物理学家默里·盖尔曼提出了一种新的理论：强子（一个集合名词，指受强核力支配的中子、质子等粒子）都是由更小、更基本的粒子组成，这种粒子最终被命名为夸克。

这是一种使粒子物理学重新简单化的尝试，但似乎并没起到太大作用。因为你很快会发现夸克又会被分出众多纷杂的门类。随着人们对夸克认识的不断深入，夸克又被分为上、下、奇、粲、顶和底，物理学家们称之为“味”；同时进一步又分成红、绿、蓝三种颜色。需要指出的是，夸克并没有颜色、味道以及其他的化学性质。

☀ 标准模型

标准模型是用来解释粒子世界全部情况的最简单模式。在这个模型中有 6 种夸克、6 种轻子、6 种玻色子以及 3 种力。

利昂·莱德曼曾在 1985 年说，这种模型并不够明确简洁，过于复杂，有许多武断的参数。正如爱因斯坦后半生所做的努力一样，物理学的任务是寻求终极的简洁性，而这一模型还远远不能达到这种要求。

深入夸克

夸克是一种基本粒子，也是构成物质的基本单元。1964 年，默里·盖尔曼与乔治·茨威格分别独立提出了夸克模型。夸克结合构成了一种复合粒子强子，强子中最稳定的是质子和中子。夸克不能够直接被观测到或是被分离出来，只能够对强子进行观测得出，夸克的这一性质被称为夸克禁闭。

夸克六味

夸克有六种“味”：上（u）、下（d）、奇（s）、粲（c）、底（b）及顶（t）。上及下夸克质量最低，在宇宙中很常见。奇、粲、顶及底较重，会通过粒子衰变成上或下夸克。粒子衰变是一个从高质量态变成低质量态的过程。

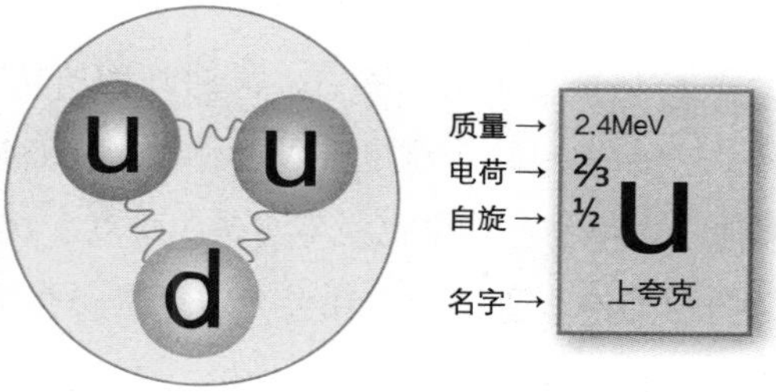

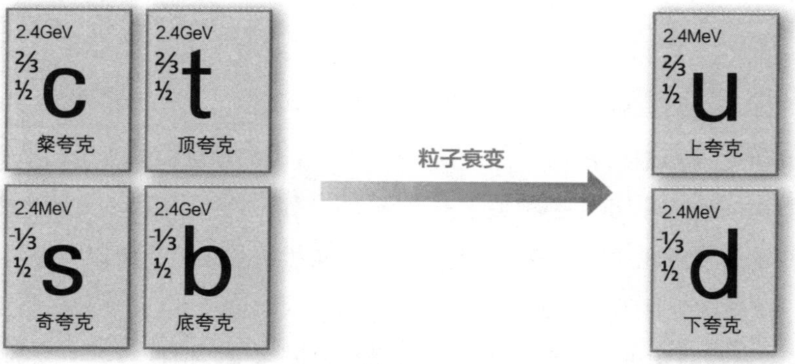

奇、粲、顶及底夸克则只能经由宇宙射线及粒子加速器等的高能粒子碰撞产生。

上、下夸克由衰变产生。

夸克概念的源起

夸克这一概念的引入是为了能更好地整理各种强子。这一概念在 1964 年诞生之初并没有物理实验证据能够证明，直到 1968 年 SLAC 开发出深度非弹性散射实验为止。夸克的六种味现在已经全部被加速器实验检测到，1995 年在费米实验室观测到的顶夸克，是最后发现的一种夸克。

夸克有着多种不同的内在特性，包括电荷、色荷、自旋及质量等。在标准模型中，夸克是唯一一种能经受电磁、引力、强相互作用及弱相互作用四种基本力的基本粒子，并且夸克是已知唯一一种基本电荷非整数的粒子（夸克的电荷值为分数——基本电荷的 1/3 倍或 +2/3 倍）。夸克对应着一种反粒子，叫反夸克，它跟夸克的不同之处在于它的一些特性跟夸克大小一样，但正负不同。

9

关于宇宙的最终猜想

弦理论与极高密度理论

物理学的问题已经到了一种不是物理学家就几乎不可能理解的程度。

——保罗·戴维斯

弦理论

标准模型的不完备性使得物理学家们尝试寻找更加完备的理论，于是弦理论诞生了。这种理论认为，我们之前所认为的夸克、轻子都是一种震动的“弦”。这种弦在11个维度上震动，包括我们常说的三维空间，再加上时间，以及其他7个连物理学家也说不清楚的维度。这种弦非常小，小到和粒子一般。

这种理论将量子定律和引力定律融合在了一起，涵盖内容完备，但实在缺乏让人理解信服的依据。弦理论进一步发展为M理论，该理论把膜纳入了考虑范围。

极高密度理论

伊戈尔·波格丹诺夫和格里希卡·波格丹诺夫是法国的孪生兄弟物理学家，他们在2002年提出了一种关于极高密度的理论，旨在解释宇宙诞生之前的无。现代物理学所观测到的现象都是发生在宇宙大爆炸之后，所以大爆炸之前的世界一直被认为是不可知的。

“从科学角度讲，这种理论绝对是在胡说八道，但这与近年来的文献并无二异。”物理学家彼得·沃伊特曾这样对《纽约时报》的记者评价极高密度理论。毫无疑问，这一领域将会出现更多理论，同样毋庸置疑的是，这些理论常人难以理解。

更多维的世界

三维世界是我们可以感知到的，在爱因斯坦的理论中，我们生活在一个四维时空中，而在弦理论中，我们则是处在更多维的世界里，四维空间在其中只不过像一层薄薄的膜一样，基于此也形成了膜宇宙论。

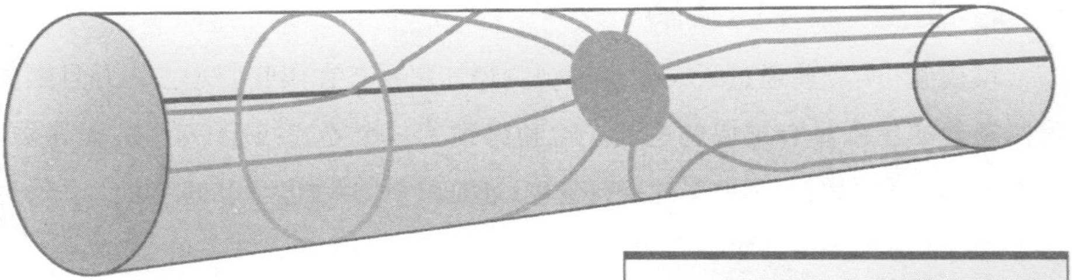

用圆柱体来表示多维度世界的话，我们生活中观测到的三维空间在其中只不多是一条线而已。

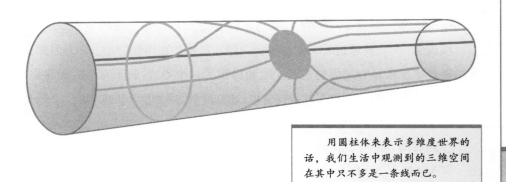

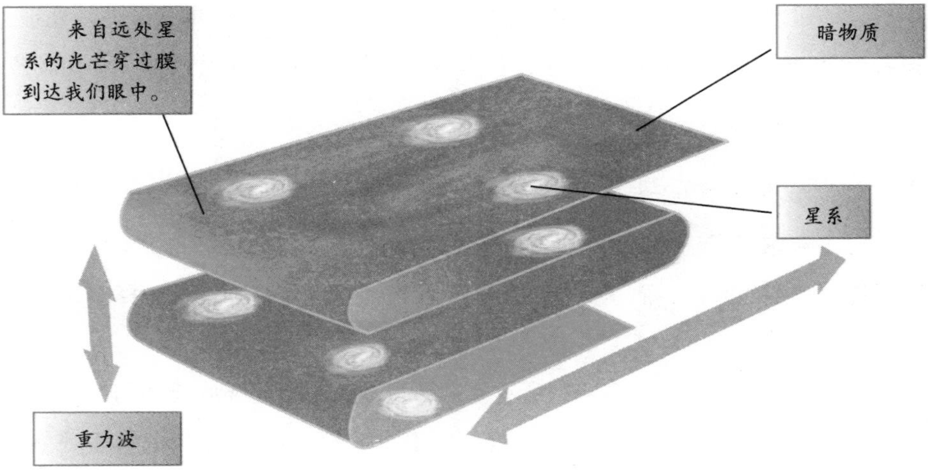

弦理论把宇宙描绘成一个十一维空间，但我们观测到的只能是三维空间，看不到其他维度的空间。四维空间也只是像一张膜、一个肥皂泡一样，飘浮在更多维的世界里。弦理论试图解决不兼容的两个物理学理论——量子力学和广义相对论——创造出描述整个宇宙的大一统理论。

认识永无止境

宇宙中的暗物质

我们目前对于认识状态的满足，多半反映了我们所掌握数据的匮乏，并非理论的高超。

——马丁·里斯

哈勃常数与宇宙年龄

埃德温·哈勃曾通过天文望远镜观测得知星系正在离我们远去，并且距离我们越远的星系具有越快的速度。哈勃得到了一个等式：$H_0=v/d$（H_0 是常数，也被称为哈勃常数；v 是星系的退行速度；d 是星系与我们之间的距离），并通过这个等式计算出宇宙的年龄为 20 亿年。

在此后的几年里，阿伦·桑德奇经过精心的计算，得出哈勃常数的值为 50，宇宙年龄为 200 亿年。然而天文学家热拉尔·德·沃库勒则同样自信地认为哈勃常数为 100，宇宙年龄为 100 亿年。

2003 年，美国国家航空航天局（NASA）及马里兰州高达德太空飞行中心小组，通过对威尔金森微波各向异性探测器（WMAP）的监测结果进行处理，信心十足地宣布，宇宙的年龄为 137 亿年，误差 2 亿年。这是目前一个比较广泛接受的结论。

“空荡荡”的宇宙

对宇宙做出定论的时机还远远没有到来，对于宇宙的很多测量结果往往是基于许许多多的假设，而这其中的每一个假设都可能像哈勃常数一样引发一场争论。

科学家们发现要是宇宙中的所有东西保持在一起所需要的物质的量是远远不够的，宇宙中至少有 90% 以上的物质属于弗里茨·兹维基认为的暗物质（一种我们看不见的物质）。近年来发现的一系列迹象表明，宇宙中不仅充满了暗物质，而且充满了暗能量。空荡荡的宇宙其实并不空空荡荡。

暗物质

暗物质是一种不与电磁力产生作用的物质。人们目前只能透过引力产生的效应间接得知，目前发现宇宙中有大量的暗物质。由普朗克卫星探测的数据知道：整个宇宙的构成中，普遍意义上的物质只占 4.9%，而暗物质则占 26.8%，还有 68.3% 是暗能量（能量也即是质量）。

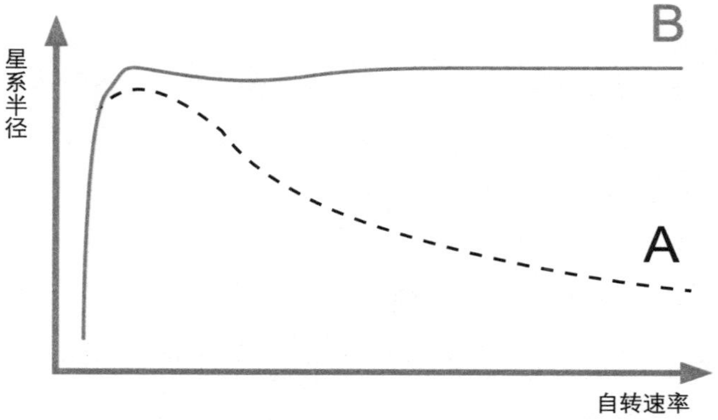

荷兰科学家扬·奥尔特最早提出证据并推断暗物质的存在。1932 年，他根据银河系恒星的运动提出银河系里面应该有更多质量的观点。1933 年，瑞士天文学家弗里茨·兹威基使用维里定理推断出后发座星系团内部有看不见的物质。

一般星系的自转曲线：预测值（A）和观测值（B）。暗物质概念的提出可以解释在星系半径较大时速度几乎不变的现象。

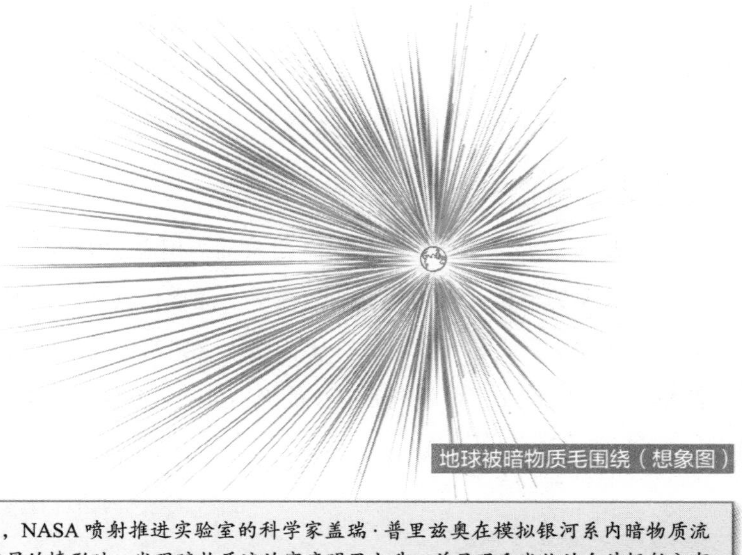

地球被暗物质毛围绕（想象图）

2015 年 11 月，NASA 喷射推进实验室的科学家盖瑞·普里兹奥在模拟银河系内暗物质流过地球与木星等行星的情形时，发现暗物质流的密度明显上升，并呈现毛发状的向外辐射分布结构。

11

重金属的危害

含铅汽油风波

美国于1986年停止使用含铅汽油，其他一些国家随后也逐步禁止使用含铅汽油。

四乙基铅汽油

1921年，小托马斯·米奇利对四乙基铅产生了浓厚兴趣，做了大量研究，并借此发明了四乙基铅汽油。此前汽车行业总是难以解决发动机爆震的问题，而四乙基铅汽油的出现大大减少了震动现象。1923年，通用汽车公司、杜邦公司和新泽西标准石油公司——三家美国最大的公司成立了一家合资企业，名叫乙基汽油公司，他们含混地省去了“铅”这一关键字。

铅的危害

早在20世纪初人们就知道铅的危害，但仍然会在各种消费品中添加含铅的物质。罐头使用铅做封口材料，水果上喷洒含铅农药，用铅皮罐储存水……

铅是一种神经毒素，过量的铅会明显损害人类的大脑和中枢神经系统。与铅过多接触会引发失眠、失明、肾功能衰退、失聪、瘫痪、癌症等，严重者可导致死亡。在乙基汽油公司的运营生产初期就有至少15起工人因铅中毒而导致的死亡事件，生病的人更是多得数不清。

欺骗与贪婪

越来越多的恶性事件使人们对含铅汽油的担心越来越大。小托马斯·米奇利为打消大家的疑虑，当着记者的面往手上浇含铅汽油，并把鼻子凑到汽油前约一分钟，并声称自己每天都这么干。作为含铅汽油的发明者，他对其中的利害清楚得很，所以除了在公众面前，他绝不会接近它。

重金属中毒

重金属有多种不同的定义，对于环境污染来说主要有汞、镉、铅、铬以及类金属砷等生物毒性显著的重元素，重金属不能通过生物降解，相反会不断富集，在达到一定量之后便会引起有机体中毒。重金属在人体内会与蛋白质等发生反应，使蛋白质失去活性。

骨痛病

19世纪80年代，日本神冈矿山将含有镉等重金属的废水长期直接排入周围的环境中，在当地的水田、河底产生了镉等重金属的沉淀堆积。镉通过稻米进入人体，引起肾脏障碍，导致软骨症，这种病也叫骨痛病，严重者全身多处骨折，在痛苦中死亡。

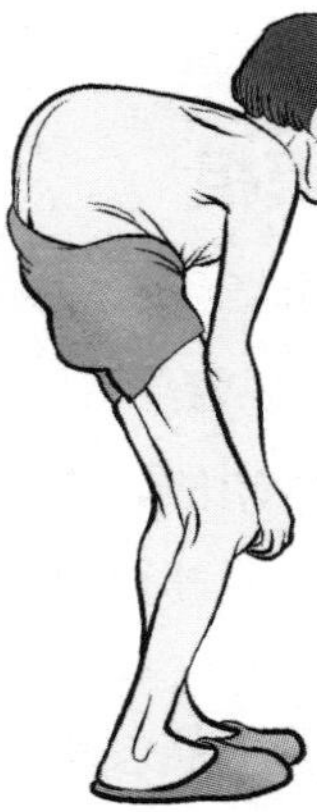

重金属富集

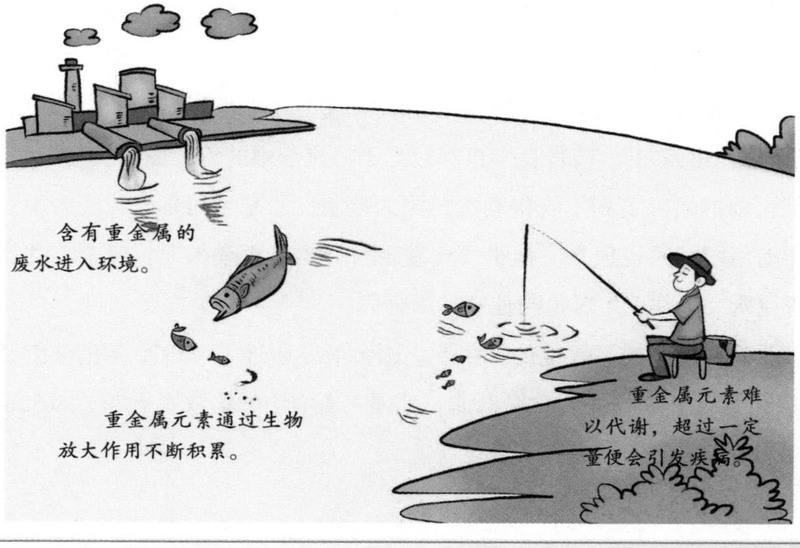

含有重金属的废水进入环境。
重金属元素通过生物放大作用不断积累。
重金属元素难以代谢，超过一定量便会引发疾病。

在生态环境中，由于食物链的关系，一些金属元素在不同的生物体内经吸收后逐级传递，不断聚集。某些物质在环境中的起始浓度不高，但由于食物链的作用，浓度不断提高，最后形成了生物富集。

12

拨开迷雾的调查

治理铅污染

克莱尔·彼得森无疑是20世纪最有影响力的地质学家，坚持不懈、大公无私，可惜的是，他在俗世中并没有获得太多的名声，甚至不受重视。

被掩盖的真相

正如前文中米奇利为掩盖铅的危害所做出的事情一样，铅添加剂制造商们长期为铅的研究提供着项目资金。

在一个五年计划的研究中，医生让志愿者逐渐吸入或吞下越来越多的铅，然后对他们的大小便进行检测，以此来确定铅是否会对人体产生危害。但是，铅会在骨骼和血液中累积，而不会排出体外。于是这次研究的结果宣称铅是无毒无害的。

彼得森的调查

彼得森知道空气中含有大量铅，他需要证明在1923年四乙基铅汽油开始生产之前空气中的铅含量是远远低于目前比例的。通过研究格陵兰岛上的冰雪层次，彼得森震惊地发现：1923年之前，大气中几乎是没有铅的；此后，大气中的铅浓度不断攀升。彼得森一直都致力于将汽油中的铅“撵出去”。

彼得森的研究遭到了既得利益集团的抵制，乙基公司是全球实力很大的公司，能动用的关系也很多。他很快便发现自己难以再获得项目资金，并且美国石油研究所、公共卫生署也与他解除了合同。

彼得森没有妥协，在他的努力下，国会最终通过了《1970年清洁空气法》，并于1986年停止销售一切含铅汽油。美国人血液中的铅浓度下降了80%，但这仍是一个世纪之前含量的625倍。

重金属元素的危害

首先，并不是所有的金属元素都是对人体有害的，此处所讲的重金属元素主要指对人体会产生危害的金属元素。以下是几种常见的会对人体健康产生危害的重金属。

汞 Hg	危害神经系统，使脑部受损，运动失调、视野变窄、听力困难等，重者心力衰竭而死亡。中毒较重会发生口腔病变、恶心、呕吐、腹痛、腹泻等症状。
镉 Cd	可引起急、慢性中毒，急性中毒可使人呕血、腹痛，最后导致死亡，慢性中毒使人肾功能损伤，破坏骨骼、骨痛、骨质软化、瘫痪。
铬 Cr	对皮肤、黏膜、消化道有刺激和腐蚀作用，四肢麻木，精神异常。
砷 As	可引起皮肤病变，神经、消化和心血管系统障碍，破坏人体细胞的代谢系统。
铅 Pb	主要对神经、造血系统和肾脏造成危害，损害造血系统，引起贫血、脑缺氧、脑水肿等。
锌 Zn	锌是人体必需的微量元素之一，但过量时会使人得锌热病。

食物排毒

如发现有重金属中毒的可能，可以在遵医嘱的基础上通过食物进行食疗。

1. 牛奶 牛奶中的卵白质可与铅、汞形成不溶物，所含的钙可阻止人体对重金属的吸收。

2. 茶 茶叶中的鞣酸有利于铅的排出。

3. 海带 海带的碘质能促进铅的排出。

4. 大蒜、葱头 葱蒜中的硫化物能化解铅的毒性作用。

5. 水果蔬菜 维生素C，可阻止铅吸收、减低铅毒性。

13

糟糕的发明
氯氟烃

如果需要评选20世纪最糟糕的发明，氯氟烃绝对是不可忽略的备选项之一。

有一千种用处的氯氟烃

四乙基铅汽油的“成功”并没有使米奇利停止脚步，紧接着他发明了另一种更致命的“红东西”——氯氟烃。20世纪20年代，冰箱一般都使用有毒而危险的气体，风险很大。米奇利的发明解决了这一问题。

很短的时间内，氯氟烃被人们迅速接受。在不到10年的时间里，从空调器到除臭剂几乎有一千种用处。

余害难清

在氯氟烃大规模使用的半个世纪之后，人们发现这种发明并不是个好东西，因为它正在撕破我们的臭氧层。

臭氧分布在平流层中，具有保护地球生物免受紫外线伤害的功能。臭氧不稳定，容易与空气中的氧原子、氯或其他游离性物质反应而分解消失，而高空中的氧分子又可以在辐射的作用下与氧原子结合形成臭氧，长久以来，臭氧在这种状态下维持着平衡。但氯氟烃的出现扰乱了这种平衡。

1千克的氯氟烃可以消灭7万千克的臭氧，此外，一个氯氟烃分子带来的温室效应是一个二氧化碳分子所能带来的1万倍。不得不说，氯氟烃是20世纪最糟糕的发明之一。

臭氧损耗

自然情况下，臭氧与氧气相互转换，维持着一定比例的平衡状态，但这一状态由于环境的改变逐渐被打破。

氯氟烃损耗臭氧

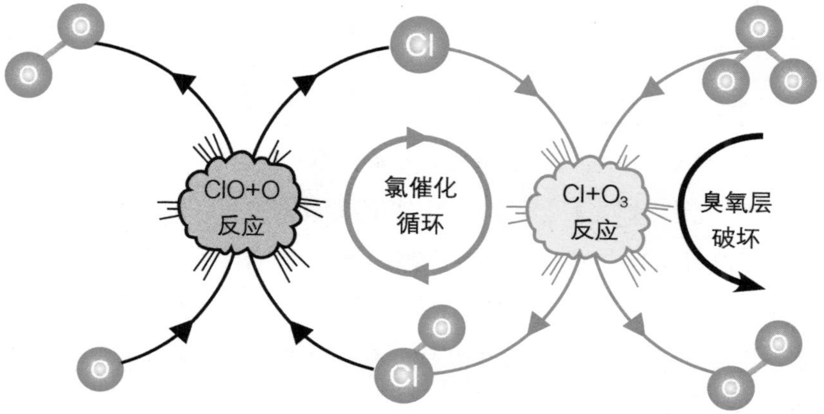

氯在反应中被循环利用，1 个氯自由基能够消耗 10 万个臭氧分子，对于臭氧层的破坏力是非常巨大的。

南极上空的臭氧变化

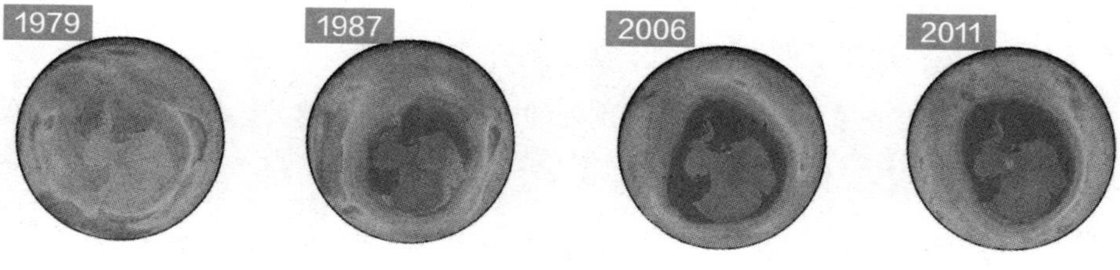

目前的臭氧层空洞面积已经达到了 2820 万平方千米，这一数字在 1991 年以来的数据中排名第四。此外，根据最新计算，目前大气中的臭氧浓度水平仍比 1980 年低 6%。

南极臭氧洞的成因，推测有四种：

1. 人为影响，人类活动产生的含氯化合物进入大气层；
2. 与太阳活动周期有关的自然现象；
3. 区域性天气动力学过程；
4. 火山活动。

测定年代的秘钥

放射性碳年代测量法

碳—14衰变成为氮—14，半衰期为5730年。大气中具有相对稳定比例的碳—14，而宇宙射线与高空中氮反应产生碳—14，补充了这种消耗。

☀ 威拉得·法兰克·利比

20世纪40年代，芝加哥大学的教授威拉得·法兰克·利比发明了一种放射性碳年代测量法，这使得科学家们能够精确测量骨头和有机残骸的年代。这种方法的理论基础是当生物死后，体内碳—14（一种碳的同位素）便开始以一种可以测定的速度衰变。碳—14的半衰期是确定的，因此只要测量样品中所剩余的碳量，便可以得出样品所生活的年代。利比也因为这项发明获得了1960年的诺贝尔化学奖。

☀ 碳－14测量法的缺陷

随着碳—14测量法的广泛使用，这种方法也暴露出了越来越多的缺陷。

有限的时间，该方法无法测算超过8个半衰期的样品，这也就意味着碳—14测量法的测量年代不能超过5万年。

误差，人们发现，利比公式中的一个常数存在3%的误差。然而科学家们并没有全部校正用放射性碳测量法测定的一千多个结果。

污染，碳—14的样品很容易被别处的碳污染，年代越久远的样品可能测算出更大的误差，甚至错误。

其他影响因素，大气中的碳—14含量变化会影响样品中碳—14的含量，重要的是，在漫长的时间里，这种变化很大。此外，动物生前的饮食结构也会影响这一结果。

碳－14年代测量法

碳－14原子核由6个质子和8个中子组成，是碳元素一种具放射性的同位素，这种同位素是由空气中的氮原子受到宇宙射线撞击所产生。半衰期约为5730±40年，衰变方式为β衰变，碳－14原子转变为氮-14原子。一般来说，大气中的碳－14保持着相对稳定的含量。

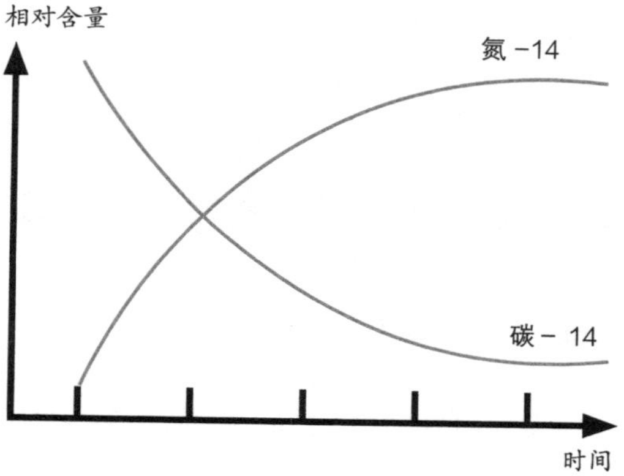
相对含量
氮-14
碳－14
时间

由于有机材料中含有碳—14，并且这种同位素的半衰期为5730年，因此，人们便可以通过测量化石中碳—14与氮-14的比例来推测出该化石存在的时期。这种方法可以用来确定考古学、地质学和水文地质学样本的大致年代，但最大测算时间不超过5万年，且在没有参照的情况下误差较大。

宇宙射线作用
植物将空气中的碳－14
固定为有机物。
有机体死亡后，体内的
碳－14不断衰变、减少。
动物从植物中获取有机物，
体内获得碳－14。

由于宇宙射线作用，大气中产生放射性碳—14，这种放射性碳同位素与氧结合成二氧化碳先为植物吸收，后为动物纳入。植物或动物持续不断地吸收碳—14。当有机体死亡后，体内的碳—14便开始以5730年的半衰期进行衰变并逐渐消失。

15

一个连牛顿也不知道答案的问题
地球年龄

经过200年的相继努力，地球终于有了一个确切的年龄，并且这个年龄到目前为止还没有改变。

估算年龄

今天我们可以利用仪器准确而又方便地测出一块化石的年龄，但这对于19世纪的人来说绝非易事。巴克兰曾经测算一副鱼龙骨骼化石，他得出的结论是，它生活在大约1万亿年前。爱尔兰教会主教詹姆斯·厄舍在对《圣经》以及其他众多资料研究之后得出结论认为，地球创造于公元前4004年10月23日。在19世纪相当长的时间内人们一直信奉着这个关于地球年龄的看法。

借助实验

人们普遍认为地球形成于一个非常古老的年代，但至于具体有多古老却没有人能够下定论。哈勃曾提出过一个用海洋里每年增加的盐量来估算地球年龄的办法，但缺乏操作性。法国布丰伯爵乔治—路易·勒克莱尔设计出了一个实验来测量地球的年龄。布丰先把球体加热到一定程度，然后测量热的损耗率，借此推算出地球的年龄在75000—168000年间。布丰也因此成为测算地球年龄的第一人。

9800万年

被德国科学家赫尔曼·冯·赫姆霍茨评价为最“聪明智慧、洞明世事、思想活跃”的开尔文几乎把后半生都花费在了对于地球年龄的测算上。1862年他在《麦克米伦》杂志中第一次提出地球年龄是9800万年，并且谨慎地表示这个数字也可能在2000万到4亿之间。随着时间的推移，开尔文一次次修正自己的结论，这个结论也变得越来越不切合实际情况，最后他保守地认为地球只有2000万年的历史。

众说地球年龄

在使用放射性元素衰变方法测算地球年龄之前，关于地球年龄问题的探讨，一直莫衷一是，众说纷纭。

主教詹姆斯·厄舍认为地球创造于公元前4004年10月23日。

克莱尔·彼得森通过测定岩石中铅同位素的方法得出地球的年龄为45.5亿年，这一结果非常接近现代方法测定的46亿年。

查尔斯·达尔文宣称创造威尔德地区的地质进程花费了306662400年。

地球到底几岁了?

开尔文认为地球的年龄是9800万年，并且这个数字也可能在2000万到4亿之间。

布丰认为地球的年龄不可能如《圣经》所显示的只有几千年的历史，地球的年龄起码也有10万年以上。

约翰·乔利通过哈勃曾提出的海盐法进行测算，认为地球的年龄是8900万年。

塞缪尔·霍顿测算后认为地球有23亿年的寿命，之后又将结果改为1.53亿年。

乔治·贝克尔认为地球的年龄不超过5500万年，这一结论拥趸无数。

开尔文被誉为19世纪最优秀的人物之一，他生活优渥，成就斐然，堪称完美。可这个问题一直困扰着他，并且直到他离世也未能解开。

30亿年

20世纪20年代的地质学是一门被冷落的科学。多年以来，阿瑟·霍姆斯是达勒姆大学地质系唯一的人员，为了进行实验测量，他常常需要借用或拼凑设备。霍姆斯通过测定铀衰变成铅的速率来测定岩石的年代，从而测定地球的年龄。这种方法来源于欧内斯特·卢瑟福于1904年发现的元素衰变过程，衰变是解开地球年龄之谜的秘钥。

1946年，在克服了众多困难之后，霍姆斯终于有底气地宣布地球的年龄至少是30亿年。他的同行们赞成他的研究方法，但他们对这个结论的态度则并不认同。

45.5亿年

1948年，克莱尔·彼得森从导师手里接过了一个通过研究因加热形成的岩石中铅同位素比例来测定地球年龄的项目。这是一个相当烦琐乏味的工作，彼得森需要找到合适的岩石，这种岩石需要具有极其古老的年龄，并且其中含有铅和铀的晶体。

奇怪的是，他难以找到合适的岩石，于是他将目标转向了陨石——许多陨石实际上是太阳系形成的建筑材料，测出这些陨石的年龄也就间接测出了地球的年龄。彼得森的样品大部分受到空气中铅的污染，这也是他研究铅污染的一个原因。

经过5年的努力，他最终得出结果——地球确切年龄是45.5亿年（误差7000万年）。

地球年龄和宇宙年龄

随着一代代科学家的不断努力，地球和宇宙年龄的问题经历了一个从混乱到相对统一的过程。通过衰变测量法以及航天探测器等先进手段的应用，这些数据也变得越来越精确。

美国科学家对 WMAP 传回的观测数据进行分析和计算后，得出了迄今最为精确的宇宙实际年龄，约为 137.3 亿年。→ **21 世纪**

沃尔特·巴德发现了星族 I 和星族 II 的区别，从而使哈勃计算的宇宙年龄得到修正。→ **20 世纪 40 年代**

哈勃计算出了宇宙的年龄——20 亿年，但这明显是不合情理的，因为这个年龄比地球的年龄还要小。→ **20 世纪 20 年代末**

放射性的发现给地球的年龄问题提供了最可靠的证据，科学家们利用岩石中铀和铅的含量计算出岩石的年龄。地球以目前固态形式存在的年龄约为 46 亿年。→ **19 世纪末**

英国物理学家 W. 汤姆生认为，地球从早期炽热状态中冷却到如今的状态，需要 2000 万至 4000 万年。→ **19 世纪 60 年代**

德国赫姆霍茨根据对太阳能量的估算，认为地球的年龄不超过 2500 万年。→ **19 世纪 50 年代**

布丰通过实验的方法研究热的逸散率，推测出地球的年龄在 75000—168000 年之间，是第一个通过实验计算地球年龄的人。→ **18 世纪 70 年代**

第四章

充满活力的行星

在人短暂的一生中，尽可以免于来自外太空的撞击。但这种灾难对于地球生命来说，实在是避无可避，曼森大坑以及希克苏鲁伯陨石坑的存在显示了这种灾难的威力。此外，我们的土地、海洋和大气也都同样显示出动荡不安的特征。

本章关键词

陨星撞击　地震　火山喷发　大气层　洋流气流　板块运动

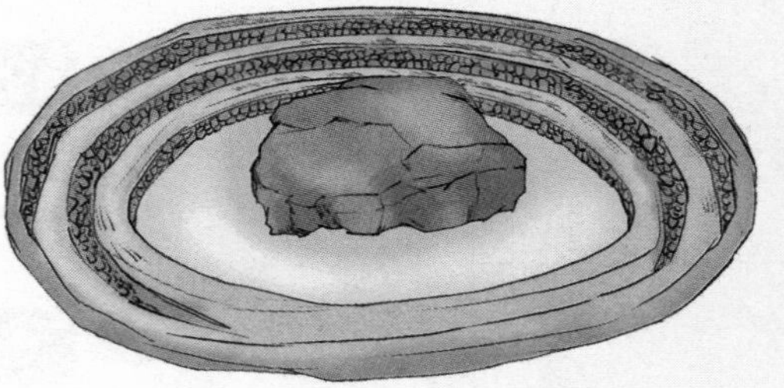

我们对太阳内部物质的认知比我们对地球内部物质的认知要多出许多。

——费曼

◇ 图版目录 ◇

总有沧海变桑田

平坦的曼森大坑

1903年，丹尼尔·M.巴林杰买下了曼森大坑的所有权，开采矿石未果，因此曼森大坑也叫作巴林杰坑。

古怪的曼森岩石

1912年，为了寻找水源而钻井的工人们在艾奥瓦州曼森发现了许多奇特的岩石，而且在这里发现的水几乎都是软水——不含或含较少可溶性钙、镁化合物的水，这种水之前在艾奥瓦州从来没有发现过。1953年，地质学家们来到这里进行钻孔实验后认为，这些岩石的成因是古代的火山喷发。

事实上，曼森地质现象是由一块约2.5千米宽、100亿吨重、以200倍声速飞行的陨石撞击地球而造成的。陨石一下子将当时还位于浅海之滨的曼森砸出了一个5千米深、30千米宽的大坑。不过，约在250万年前，大坑被滑过的冰盾和冰碛完全填平了。

来自外太空的撞击

20世纪初，人们对大坑的研究大都比较简单，认为陨石坑是由一次地下蒸气的喷发形成的。直到该世纪中叶，地质学家尤金·苏梅克第一次对亚利桑那州的陨石坑做了考察。苏梅克在陨石坑中发现了许多含有硅和磁铁的矿石，这表示撞击可能来自太空。

陨石坑研究的兴起，促使苏梅克利用闲暇时间开始了对太阳系内部系统的研究以及着重寻找小行星的工作。

龙卷风朝我们来了！

地势平坦的曼森有个好处就是，当龙卷风之类的灾难来临时可以提前看到。1979年，一场龙卷风席卷了曼森主街，曼森地势平坦，这里的居民有足够的时间看着龙卷风一步一步朝自己逼近。他们看见龙卷风后，大概祈祷了半个多小时，然而它并没有改变方向。

陨石坑形成示意图

陨石坑是指由于陨石撞击而形成的环形的凹坑，在地球上形成陨石坑需要上千吨 TNT 爆炸所释放出来的能量，而目前地震仪平均每年约记录到一次大于 1 千吨 TNT 能量的撞击，这些地球自身的撞击运动一般发生在大洋中。

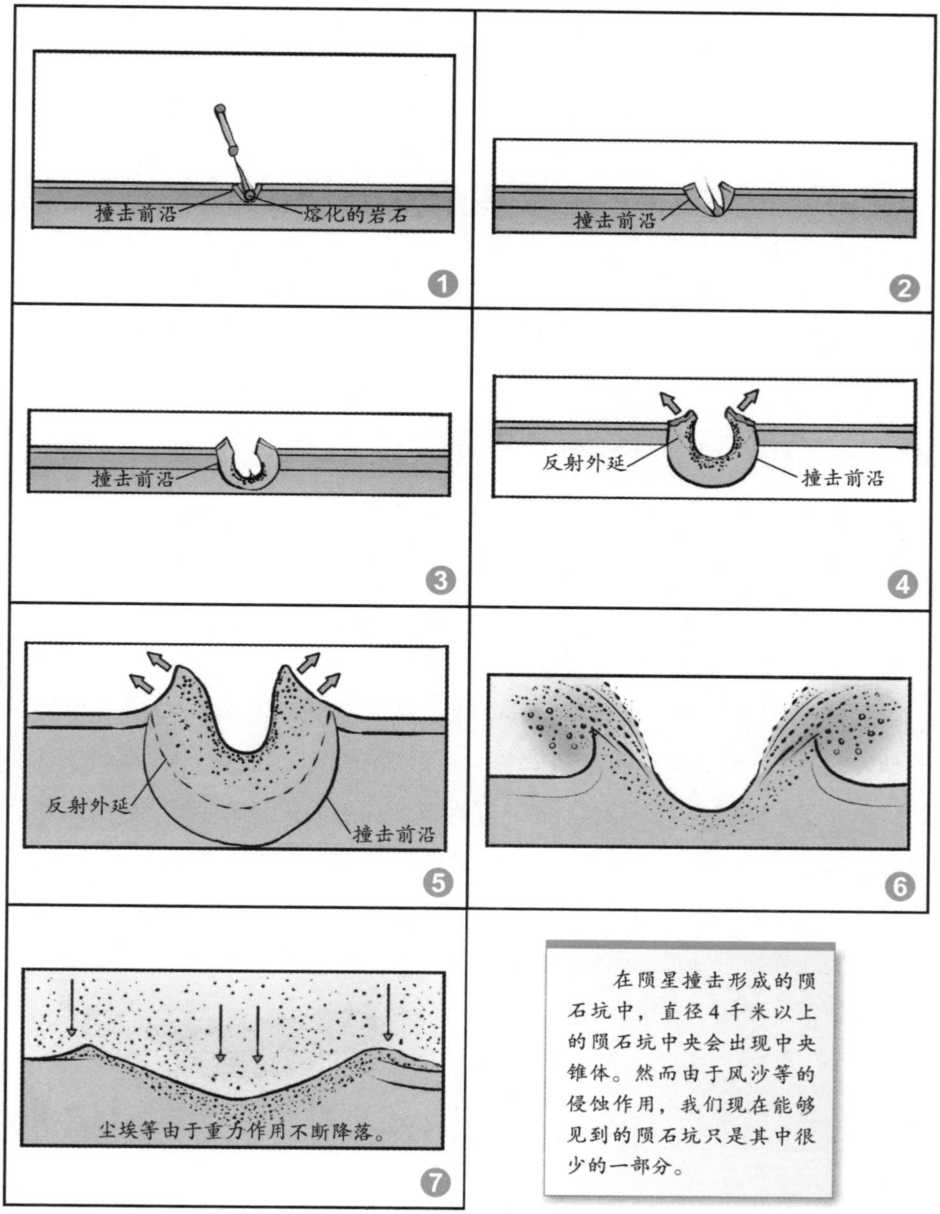

在陨星撞击形成的陨石坑中，直径 4 千米以上的陨石坑中央会出现中央锥体。然而由于风沙等的侵蚀作用，我们现在能够见到的陨石坑只是其中很少的一部分。

荡平残存的撞击

KT 界线及其成因

在数十亿年的历史中，地球不时受到陨星的撞击。发生年代距离现在越近的撞击往往留下较易观察的迹象，而通过对于这些迹象的研究，我们可以了解到地球的过往。

✱ KT 界线

20 世纪 70 年代初，沃尔特·阿尔瓦雷斯在博塔西昂峡谷考察时发现在白垩纪和第三纪的岩石中间有一层薄薄的淡红色黏土，这层黏土在地质学中被称为 KT 界线（K，白垩纪；T，第三纪）。而绝大部分恐龙也正是在白垩纪晚期灭绝的，这使阿尔瓦雷斯意识到这两者之间存在着联系。但他不能理解的是，6 毫米左右的黏土为什么会与地球上那个戏剧性的时刻联系在一起。

✱ “黏土层”形成的原因

在黏土层中，散布着地球上并不太常见的元素——铱。有观点认为，地球上的大部分铱在地球形成之初已沉入了地心，而太空中铱的含量却比地壳中的含量高 1000 倍。阿尔瓦雷斯的父亲——路易斯·阿尔瓦雷斯是一位核物理学家，他认为，这层黏土可能来自外太空。

1977 年 10 月，阿尔瓦雷斯父子找到弗兰克·阿萨罗分析黏土样品，他们惊奇地发现黏土中铱的含量远远超出平均水平，有时竟高达 500 倍。据此，阿尔瓦雷斯父子推断有一颗小行星曾撞击了地球，灰尘云在全球沉积，形成铱含量极高的黏土地层。

1980 年，阿尔瓦雷斯父子在一次科学会议上宣布了自己的研究结果：恐龙灭绝是突发性事件，而不是像一般认知的一个缓慢而又不可阻挡的过程，并且这件事情发生在几百万年以前。

全球十大陨石坑盘点

名称	所在地	直径 （单位：千米）	相关背景
希克苏鲁伯陨石坑	墨西哥	180	这次撞击发生在大约6500万年前，人们普遍认为希克苏鲁伯撞击导致了恐龙的灭绝。该陨石坑被掩埋在墨西哥希克苏鲁伯村附近的尤卡坦半岛之下。
曼尼古根陨石坑	加拿大	100	约2.12亿年前，由一颗直径5千米的小行星撞击地球形成，现在这里是一片环形湖。
喀拉库尔湖陨石坑	塔吉克斯坦	45	约500万年前的一次陨石撞击，在塔吉克斯坦帕米尔山脉中形成了一个直径45千米的凹陷，凹陷中央有直径25千米的喀拉库尔湖。
清水湖陨石坑	加拿大	32（大） 22（小）	约2.9亿年前，一对小行星坠落在哈得孙海湾，形成了两个陨石坑清水湖，这些湖现在是深受欢迎的旅游胜地。
曼森陨石坑	美国	30	形成于约7400万年，早于白垩纪—第三纪灭绝事件。
米斯塔斯汀湖陨石坑	加拿大	28	形成于3800万年前，湖中有一个弓形小岛。据推测，这个小岛是陨石坑结构的中间凸起部分。
戈斯峭壁陨石坑	澳大利亚	24	约1.42亿年前，澳大利亚中心地区附近的北领地南部发生了一起陨石撞击事件。现在这个巨大的侵蚀结构昭示着这里曾发生过一次重磅事件。
奥隆加陨石坑	乍得	17	形成于200万到3亿年前，陨石坑附近有两个直径36千米的环形结构。
深水湾陨石坑	加拿大	13	大约1亿年前，一颗大陨星撞击了加拿大萨斯喀彻温省驯鹿湖西南端附近，形成了这片水域。
博苏姆推湖陨石坑	加纳	10.5	形成于大约在130万年前，一些人认为这里是神圣之地，人死后的灵魂将在这里向上帝告别。

被厌弃的撞击说

20 世纪 80 年代，灾变论已经过时，均变论占据正统地位。而陨石撞击引发地球物种灭绝的观点无疑违反了当时的科学教义。

路易斯·阿尔瓦雷斯像大多数物理学家一样看不起除物理以外的其他科学，于是在自己的观点不被重视之后，他也公开污蔑古生物学家和他们对于科学知识的贡献。同时，阿尔瓦雷斯理论的反对者们也提出了多种原因来回答铱为什么比例不同的问题。直到 1988 年，美国的古生物学家中仍有半数以上的人认为恐龙灭绝是一个时间相当长的过程，这和小行星或彗星撞击地球没有关系。

艾奥瓦州的地质学

20 世纪 80 年代，艾奥瓦州当地的地质工作者开始了对曼森大坑的研究。这是一项大工程，不仅需要足够的预算，还需要紧密无间的配合。无奈的是，在这个项目中，上述两者都显得明显不够。在勘探过程中，美国地质勘测局匆忙做出结论，认为曼森大坑恰好与恐龙灭绝有关。后来证明，创造曼森大坑的能量还不足以引起那场大灭绝，并且曼森大坑的形成时间比恐龙灭绝时间早了 900 万年。后来，美国地质勘测局不得不对数字进行了修改。

希克苏鲁伯陨石坑

在 1952 年时，该陨石坑被莫斯哥石油公司发现，但该公司顺应当时的主流意见，认为这是由火山喷发形成的。1990 年，亚利桑那大学的考察员艾伦·希尔德布兰德成功找到了希克苏鲁伯陨石坑。据推测，该陨石平均直径 180 千米，形成于 6500 万年前，与白垩纪—第三纪灭绝事件的年代相吻合。

希克苏鲁伯陨石坑

希克苏鲁伯陨石坑遗迹的发现曾伴随着撞击论的观点满足了人们对于白垩纪—第三纪生物大灭绝的想象，但科学永远不可能是一本写完了的书，这种解释也只是众多物种灭绝理论中的一个。

希克苏鲁伯陨石坑想象图

希克苏鲁伯陨石坑是在墨西哥尤卡坦半岛发现的陨石坑撞击遗迹，名字来源于遗迹之上村庄的名称。

爆炸引发了大海啸，产生的灰尘进入大气层，遮天蔽日，植物光合作用中断，食物链断裂，生态系统崩溃。大量二氧化碳进入大气层，产生明显的温室效应，并且在这一过程中产生的森林大火也造成了严重的酸雨。

白垩纪与较年轻的第三纪岩层之间出现了一层薄薄的黏土层。有假说认为，这是由大量因撞击受热蒸发的岩石在冷却后渐渐落回地球形成的。

20世纪90年代以来，人们发现了更多与希克苏鲁伯陨石坑同年代的撞击坑。这种发现催生出的理论认为，小行星撞击只是清除了最后一部分残存的恐龙，而大部分恐龙则在此前就已经消失了。

据推测，造成坑洞的陨石直径约有10千米，撞击后完全蒸发，释放出5.0×10^{23}焦耳的能量，相当于120万亿吨TNT，威力是“沙皇氢弹”的200万倍，约是“小男孩”原子弹的7.7亿倍。

并不安全的宇宙空间

地球潜在的撞击风险

1991 年，一颗小行星在 17 万千米以外的地方与地球擦肩而过，这相当于一颗子弹穿过我们的袖子而没有擦破胳膊。两年后又有一颗小行星以更近的距离——14.5 万千米，飞过天空。

✷ 众多的小行星

19 世纪初，人们开始热衷于寻找小行星，到该世纪末，已知的小行星已经有 1000 多颗。就像同一时期同样混乱的化学物质命名一样，人们对于行星的认知系统非常混乱。即使到了 20 世纪初，大家也往往分不清楚哪颗小行星是最近发现的，哪颗是之前就已经发现的。多亏了天文学家赫拉德·柯伊伯与其他天文学家们的努力，一长串失踪的小行星得以被整理出来，柯伊伯彗星带就是以他的名字命名的。

据估计，在太阳系运行的小行星多达 10 亿颗，即使这些小行星的名字轨道都得到确定，也不能保证他们不会受到其他特殊的影响而朝我们飞过来。据推算，共有 2000 颗左右足以危及地球文明的小行星穿越地球的运行轨道。

✷ 可怕的撞击

1994 年，科学家们通过哈勃望远镜发现苏梅克—列维九号彗星（以发现人的名字命名）正在向木星飞去。大多数天文学家并不觉得该彗星会对木星造成多大的影响，尤其该彗星是由 21 个碎块组成。

7 月 16 日，撞击开始，并持续了一周，威力之大几乎超出所有人的预料。名叫“G”的碎块，约一座小山大。它的撞击威力相当于 6 万亿吨 TNT 炸药（相当于全球核武器储备总和的 750 倍），在木星表面直接造成了地球大小一般的伤口。

太阳系清道夫——木星

木星是太阳系体积和质量均最大的行星，为系内其他行星吸收了伤害。木星上发生陨星撞击的概率是地球的 2000 至 8000 倍。

苏梅克—列维九号彗星

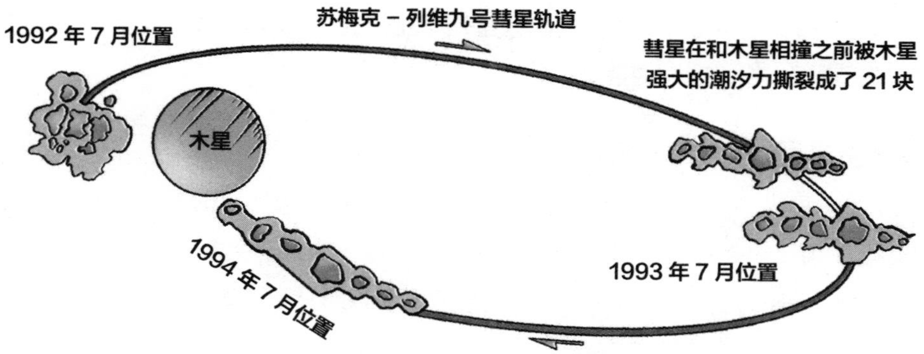

苏梅克—列维九号彗星撞击木星事件是人类首次直接观测到的太阳系内天体撞击事件。木星以强大的引力清理“太空垃圾”，扮演着太阳系内“清道夫”的角色。

太阳系行星对比

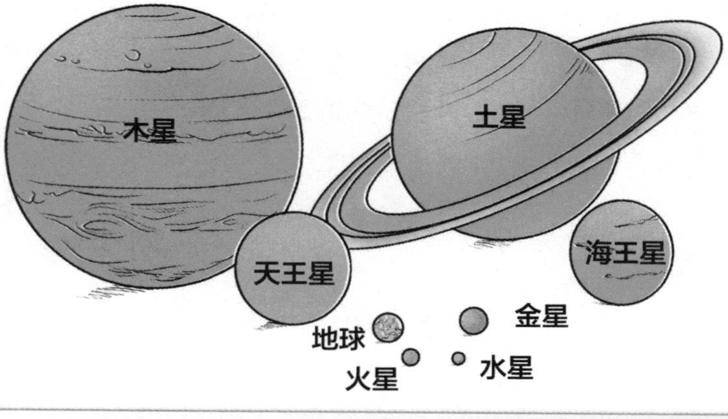

木星质量是地球的 317.8 倍，体积为 1321 倍。太阳系行星按照体积从大到小排序依次为：木星、土星、天王星、海王星、地球、金星、火星、水星；质量从大到小排序为：木星、土星、海王星、天王星、地球、金星、火星、水星。

防不胜防

“假如陨星撞地球的危险真正来临，我们能有多少时间预警和防备？”

“嗯，可能没有时间。”

问题的关键在于，这种撞击事件是难以观测和预知的。要等到陨星接触大气时才能为肉眼所见，而此后再有 1 秒，它便可以到达地表了。而使用天文望远镜，则需要你在浩瀚空宇中恰好将望远镜对准一个房子般大小的星体。关于陨星撞地球，科学家们能做的也就是测量撞击现场和计算释放的能量了。不得不说，这是个令人悲哀的消息。

轰然而至

当一颗以第一宇宙速度飞行的小行星或彗星进入大气层的时候，它的速度非常快，下面的空气来不及让开，会受到压缩而变热，温度上升至 6 万摄氏度，约为太阳表面温度的 10 倍。在抵达大气层的一刹那，小行星或彗星所经过的地方瞬间都会发生坍缩并燃烧。

对于直接在灾区的人来说，小行星或彗星接触地壳的一瞬间，便化为蒸气，发生爆炸。爆炸会将方圆 250 千米之内的所有生命在一瞬间毁于一旦。第一轮冲击波会几乎以光的速度向外辐射，横扫一切。对于灾区之外的人来说，第一感觉是一道炫目的光，随后无声地翻滚着的黑幕迅速遮挡了天际，世界一片混乱。全球的火山开始喷发，海啸、飓风四起。不出一小时，地球会一片漆黑，大部分地区变成了一片火海。有人估计，第一天结束，至少会有 15 亿人失去生命。撞击之后的浓烟、飞灰以及大火可能会持续数月到数年之久。所以即使逃跑，也不过是在快死和慢死之间选择了后者而已。

天外来客——陨星

陨星也称作“陨石”，是地球以外脱离原运行轨道坠落地球而未燃尽的残留物质，成分多石质、铁质或石铁混合。地球上的陨石多来自火星和木星间的小行星带，这一区域的小行星的数量据估算超过 50 万颗。

陨星的分类

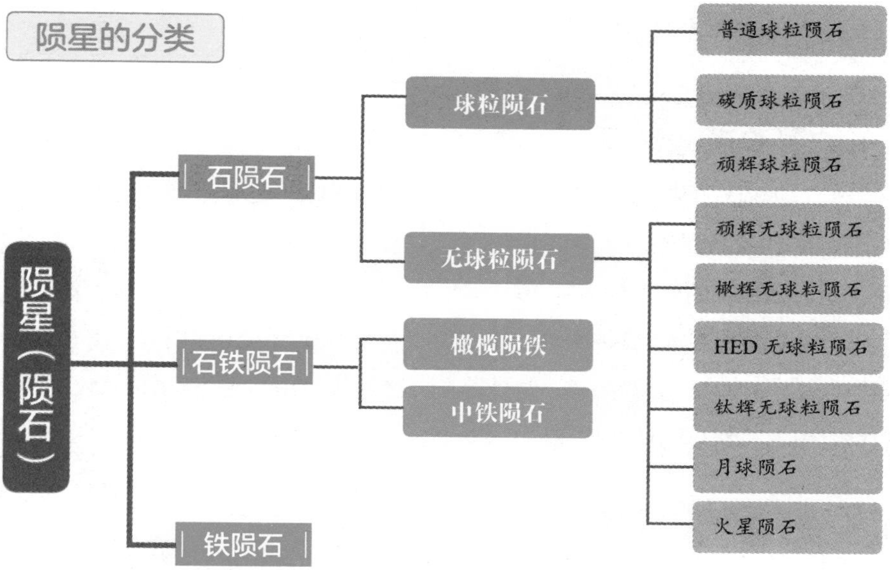

陨星的发现意义

陨星的发现启发了撞击论的形成，该理论认为地球上的物种灭绝源于天外巨大陨星的撞击。

地球上岩石的年龄往往比地球的年龄小，而太阳系形成之初的大量陨星却与地球有着相近的年龄。通过测定太阳系陨石的年龄，进而确定出地球的年龄约为 46 亿年。

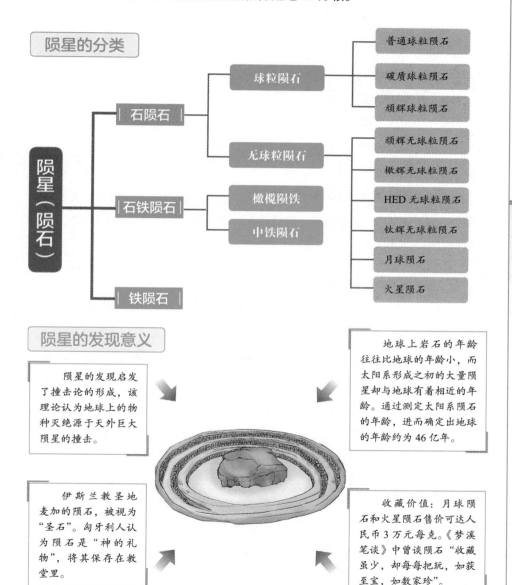

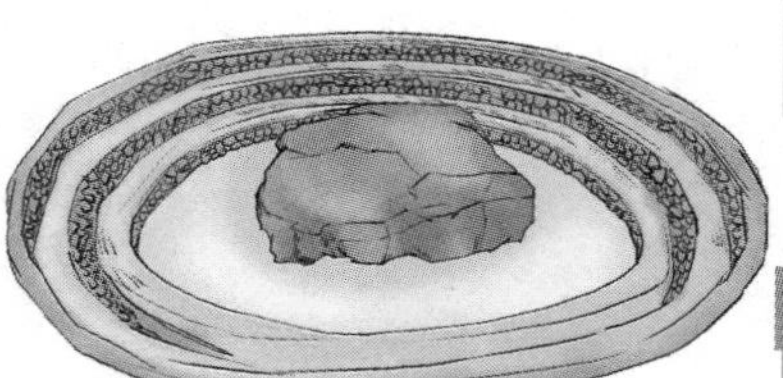

伊斯兰教圣地麦加的陨石，被视为“圣石”。匈牙利人认为陨石是“神的礼物”，将其保存在教堂里。

收藏价值：月球陨石和火星陨石售价可达人民币 3 万元每克。《梦溪笔谈》中曾谈陨石“收藏虽少，却每每把玩，如获至宝，如数家珍”。

霍巴陨铁是目前已知的最大的完好陨石，长 2.7 米，重 60 吨。

在灾难中认识地球

探秘地球内部构造

地震没有上限，震级只是一种测量方法。而地震的破坏程度受多种因素影响，比如房屋构造、人员密集程度、震源深度、地震持续时间以及余震的强度和次数等。

知之甚少的地球观

人们对于地球的探索认知活动一直以一个慢悠悠的速度前进，关于脚底下的东西，我们一直知之甚少。

从地面到地心的距离约为 6370 千米，有人计算过，如果有一口深入地心的井，一块砖头可以在 45 分钟内到达地心（事实上，地球的全部引力集中在上面和四周，并不在地心）。理查德·费曼曾在自己的作品中写道，“不可思议的是，我们对太阳内部物质的认知比我们对地球内部物质的认知要多出许多。”

在地震中认识地球

1906 年，一位爱尔兰地质学家 R.D. 奥尔德姆在审阅地震仪读数时，注意到有些冲击波在渗入地球深处的时候会从某种角度反弹回来。奥尔德姆推断认为地球内部存在着一个核心。1909 年，克罗地亚地震学家安德烈·莫霍洛维契奇在研究地震曲线图时，注意到了类似的发生在较浅层面上的反弹。他发现了地壳与地幔的界限，因此，这一区域后来被称为莫霍洛维契奇不连续面，简称莫霍面。大概在发现地核 20 年之后，丹麦科学家英·莱曼丰富了人们关于地核的认知，他发现地球有一个内核和一个外核。

里氏震级

查尔斯·里克特和贝诺·古滕堡是加州理工学院的两位地质学家，1935 年，他们发明了一种将前一次地震和后一次地震进行比较的方法。这种方法称为里氏震级。里氏震级通过地面测量结果而得出地球震动的幅度，里氏震级每增加 1 个单位，相对应的地震能量大约增加 32 倍。

频繁的地震

世界上平均每天能够发生约1000次2级以上的地震，这种程度的地震足以使人们感受到大地的搏动。但由于地震的强度又往往难以提前预知，所以即使2级的地震也足以使人们心惊肉跳。

20世纪地震列表

7.0～7.9级地震	1923年9月1日，日本关东大地震，7.9级。 1970年5月31日，秘鲁安卡什大地震，7.9级。 1976年7月28日，中国唐山大地震，7.8级。 1906年4月18日，美国旧金山大地震，7.8级。 1948年10月6日，土库曼阿什哈巴特大地震，7.3级。 1995年1月17日，日本阪神大地震，7.3级。 1999年9月21日，中国台湾南投集集大地震，7.3级。 1935年4月21日，中国台湾新竹—台中大地震，7.1级。 1906年3月17日，中国台湾嘉义梅山大地震，7.1级。 1989年10月17日，美国旧金山大地震，7.1级。
8.0～8.9级地震	1920年12月16日，中国甘肃海原县大地震，8.5级。 1931年8月11日，中国新疆富蕴大地震，8.0级。
9.0级及以上的地震	1960年5月22日，智利瓦尔迪维亚大地震，9.5级（为史上规模最大地震）。 1964年3月27日，美国阿拉斯加安克拉治大地震，9.3级。 1952年，俄罗斯某一个地方发生9.0级强烈地震。

世界火山地震带分布示意图

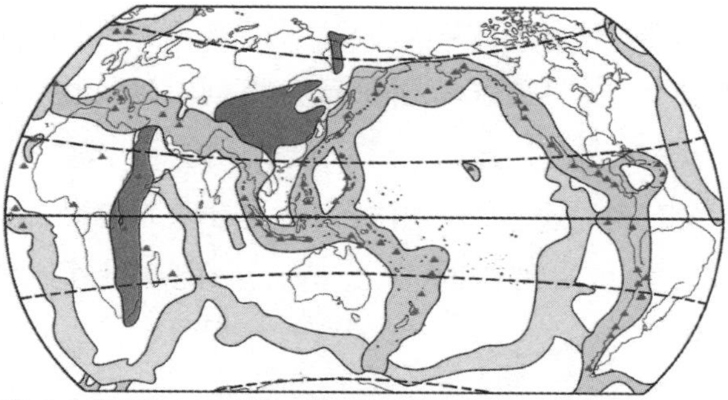

环太平洋地震带和地中海—喜马拉雅山地震带是全球两大地震带，常年活跃着地震与火山运动。而平均每过20年地球上就会发生1次超级地震。这种地震震级在9.0及以上，可以摧毁方圆数千千米的区域。

地震的分类

板块间地震与跨板块地震

如果经常发生地震的地方相对安静了很长时间，其实这并不是一个好事情。总的来说，如果两次地震的相隔时间越长，那么下次地震释放出来的能量可能就越多。

✷ 板块间地震

板块运动是地震发生的主要原因之一，相邻的板块推推搡搡，压力也不断增大，随即发生地震以释放这种挤压所积攒的能量。这种地震通常发生在板块相接之处，如环太平洋火山地震带。

日本处在太平洋板块和亚欧板块的交界处，以多地震闻名于世。比尔·麦圭尔把东京描述成“一个等待死亡的城市”。1995 年，神户发生了一次 7.2 级的地震，造成 6394 人死亡，损失达 990 亿美元。此前 1923 年 9 月 1 日发生在东京的地震使 20 万人丧生，之后东京地底的能量一直悄无声息。当时东京人口大约 300 万，而现在人口则高达 1350 万。据估计，下一次发生在日本的大地震可能造成的经济损失约在 7 万亿美元。

✷ 跨板块地震

相较于板块间地震，跨板块地震的性情则更加古怪和难以捉摸。人们对于跨板块地震了解甚少，这种地震能在任何地方任何时候发生，它并非发生在板块交界的地方，甚至很远，因此完全无法预测。并且由于震中一般较深，所以会波及更为宽广的距离。这种地震在同一个地方不会发生第二次，它们就像闪电一样难以预测。不过可以肯定的是，这类地震的原因就在地球深处，至于其他，我们就知之甚少了。

地震

地震是地壳快速释放能量的一种运动，这种突发性震动以目前的科技水平仍然难以对其进行预测。

地震图示

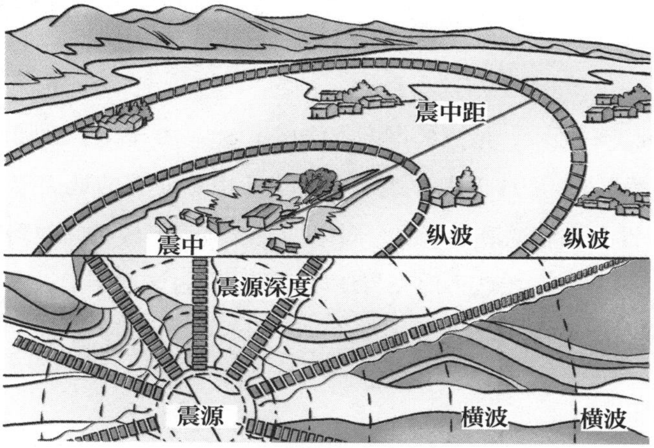

突发性的灾难——地震

地震烈度

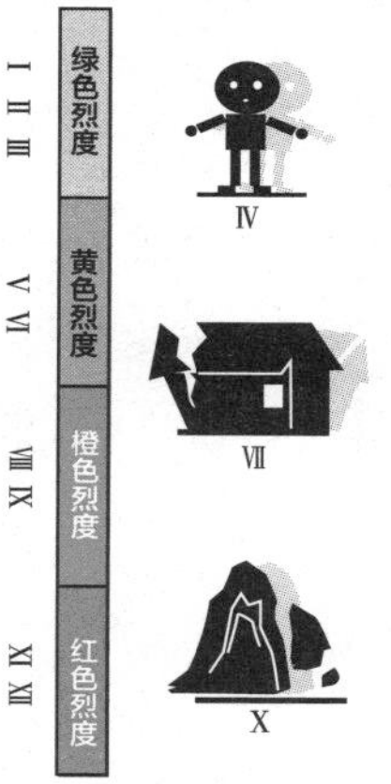

同一次地震，在不同地区造成不同程度的破坏。科学家用地震烈度来衡量地震的破坏程度。

地震监测

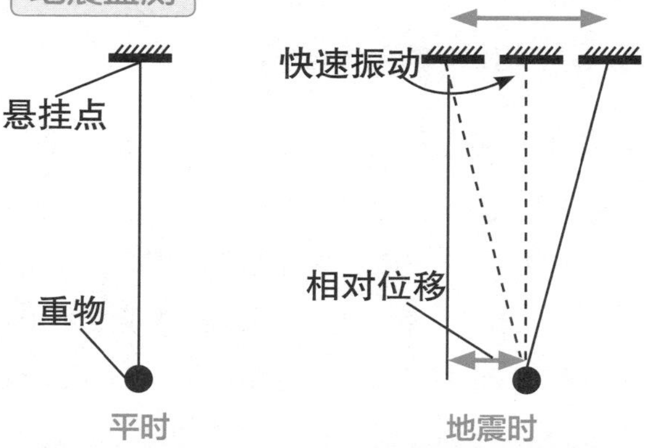

当悬挂物的支点快速振动时，重物因惯性维持不动，二者间的相对位移能够轻易测出。地震测量仪器也正是在这种原理的基础上发展而成的。

地震发生前常常伴随着一定的异常现象，如地下水位的变化、动物的异常反应、电磁变化等。同时，大地震之前通常会有较小的地震出现，也即“小震闹，大震到”。

认识的分歧

深入地球内部

我们对于地球的认知在地质现象面前依旧显得不足，以至于每逢发现一种全新的地质现象，我们总能看到许多各成体系的观点。

✷ 地壳

地质学研究资料显示，地壳的厚度在洋底下 5 ~ 10 千米，大陆底下约 40 千米，大山脉底下 65 ~ 95 千米。然而在内华达山脉底下的地壳厚度却只有 30 ~ 40 千米，没有人能说清楚原因。同样，关于地壳形成时间的问题也将地质学家们分成了两派，一派认为地壳与地球拥有同样古老的年龄，而另一派则认为地壳的形成时间较晚。

✷ 岩石对流

地壳与部分外层地幔合称为岩石圈，漂浮在一层较软的岩石之上，这层岩石称为软流圈。较软的岩石在引力的作用下发生流动，就像老旧玻璃的底部总是会比顶部更厚一样。这是一个缓慢的过程，科学家们对于对流的深度产生了严重分歧。有的认为始于地下 650 千米，有的则认为始于地下 3000 多千米。

✷ 变化的磁场

恐龙时代的磁场强度是现在的 3 倍，地球磁场平均每隔 50 万年左右逆转一次。当然这只是平均数据，不过有证据表明我们现在的磁场正在发生变化。在过去的一个多世纪里，地球的磁场减弱了大约 6% 之多。这并不是一个好消息，因为没有磁场的保护，宇宙射线会大肆伤害我们的身体。

剖开地球

根据化学性质或物理性质可以将地球内部分为若干层，同时在构造上，地球区别于众多类地行星的地方在于地球的内、外核之间具有明显的区别。

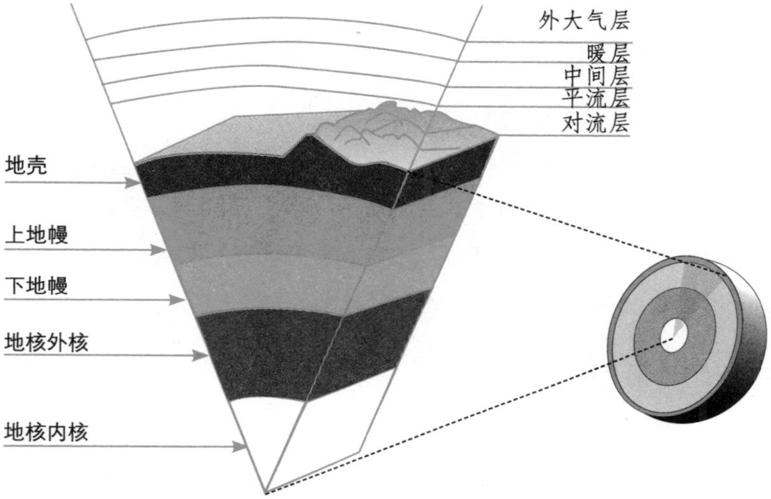

地壳（0 ~ 35）	岩石圈（0 ~ 60）
地幔（35 ~ 2890）	软流圈（100 ~ 700）
地球外核（2890 ~ 5100）	地球内核（5100 ~ 6378）

距地表深度（单位：千米）

地球结构示意图（非正常比例）

地壳的化学构成

化合物		二氧化硅	氧化铝	氧化钙	氧化镁	氧化亚铁	氧化钠	氧化钾	氧化铁	二氧化碳	二氧化钛	五氧化二磷	水	总计
含量	陆地	60.2%	15.2%	5.5%	3.1%	3.8%	3.0%	2.8%	2.5%	1.4%	1.2%	0.7%	0.2%	99.6%
	海洋	48.6%	16.5%	12.3%	6.8%	6.2%	2.6%	0.4%	2.3%	1.1%	1.4%	1.4%	0.3%	99.9%

构成地球的化学元素主要有铁（32.1%）、氧（30.1%）、硅（15.1%）、镁（13.9%）、硫（2.9%）、镍（1.8%）、钙（1.5%）、铝（1.4%）以及微量元素（占比 1.2%，钨、金、汞、氟、硼、氙等）。

不“喷”则已，一“喷”惊人

圣海伦斯火山

不得不说，造成圣海伦斯火山惨剧的原因之一是人类的无知与鲁莽。

不断积累的能量

1980 年，美国西北部华盛顿州的圣海伦斯火山开始显现出即将喷发的迹象。3 月的时候，火山就开始发出轰隆的声音，不久之后，火山开始小规模喷发，每天多达 100 次左右，时常伴有地震。随着轰隆声越来越响，这里也成了旅游热门目的地，直升机和轻型飞机不断在山顶盘旋。4 月 19 日，火山北侧有开始鼓起的迹象，但火山学家们根据有限的观测记录认为火山不会从侧面喷发。

灾难性的爆发

地质学教授杰克·海德意识到北侧的鼓起可能带来灾难性的后果。果然如所有戏剧化的剧情一样，他的结论被沉浸在游玩心情中的人们完全忽略掉了。不幸的事情终于发生了，5 月 18 日 8 时 32 分，火山北侧开始塌陷，尘土和岩石从山上冲了下来，一分钟后，圣伦斯火山开始了大规模喷发，威力相当于 500 枚广岛原子弹。危险来临得如此之快，以至于它迅速夺走了 57 人的性命，火山周围 30 千米的生灵都惨遭荼毒。

爆发的影响

这次爆发夺走了圣海伦斯火山的 400 米山头，600 平方千米森林被焚毁，造成损失达 27 亿美元。烟灰汹涌冲天，爆发 90 分钟以后，火山灰开始飘落到华盛顿州的亚基马。在亚基马积累了 1.5 厘米厚的火山灰，如此少量的火山灰就足以阻塞发动机、发电机等，并且使空气变得难以呼吸，公路封闭，整个城市陷入瘫痪。

火山

火山是地表下的高温岩浆、气体以及碎屑从地壳中喷薄而出形成的一种具有特殊形态的地质结构。火山爆发常常伴随有地震，是一种很严重的地质灾害。

火山构造横切图（层状）

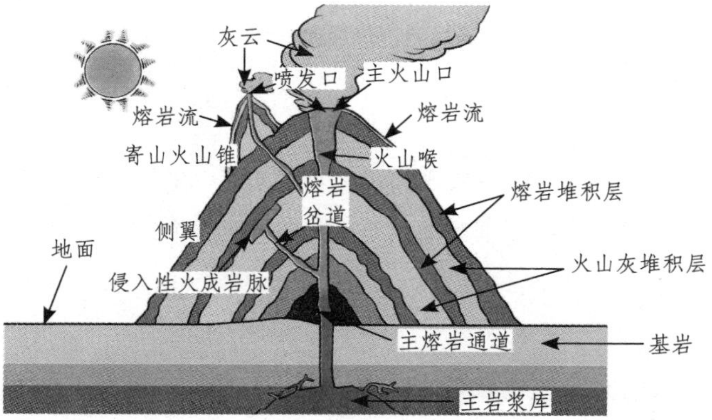

火山喷出物在岩浆通道口堆积行成的锥形山丘称为火山锥。火山锥上有时会形成小型火山锥，通道和主体火山锥的通道相连通但无独立的岩浆源，这种小型锥体称为寄生锥。

火山的外形

火山按照外形的主要特征可以分为两大类：层状火山和盾状火山。此外，具体的火山地形还有火山穹丘、火山渣锥、破火山口、低平火山口、熔岩台地、火山沟、熔岩平原等。

层状火山又称为成层火山，外观优美、对称，多呈锥形。此类代表有日本的富士山、中国台湾的七星山、菲律宾的马荣火山、美国的圣海伦斯火山。

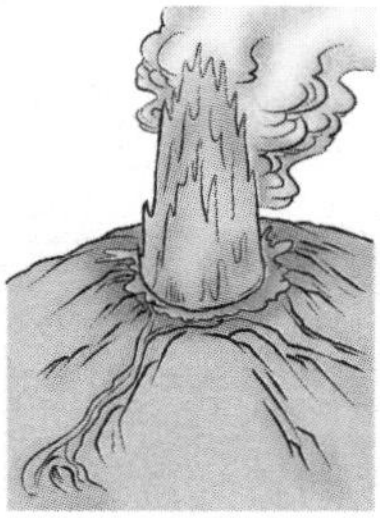

盾状火山具有宽广缓和的斜坡，整体像一个古代的环形盾牌。夏威夷群岛的每个岛屿都是一座巨大的盾状火山。此外，非洲大裂谷的尔塔阿雷火山也是盾状火山的代表。

危险与美丽同在

黄石火山公园

黄石公园是世界上最大的火山口之一，遍布间歇泉、温泉、蒸气池、热水潭、泥地和喷气孔，于1978年被列入世界自然遗产名录，是世界上第一个也是最大的国家公园。

破火山口

很久以来，人们确信黄石公园是由火山形成的，但对绝大多数人来说，找到形成黄石公园的火山口并非易事。事情发生在20世纪60年代，鲍勃·克里斯琴森是美国地质测绘局的工作人员。他也同样难以找到破火山口——一种在火山顶部的较大的圆形凹陷。

最后在美国国家航空航天局拍摄的黄石公园相片的帮助下，克里斯琴森发现整个黄石公园就是一个破火山口。直径65千米的大坑，任谁在里面也难以发现这是一个破火山口。可以想见，黄石公园曾发生过一次具有超级威力的爆发。

火山的不同分类

火山按照喷发的频率可以分为活火山、休眠火山和死火山。而火山的外观也会因为火山的地质构造而形成两种具有代表性的外观，一种是具有明显的对称性结构的火山，如富士山或者乞力马扎罗山这种典型的火山堆。这种一目了然的火山在地球上大约有1万座，其中只有数百座为活火山。另一种火山是不怎么出名的火山，但它们具有非比寻常的能量，一下子从地底冲出，之后会留下一个大坑，形成黄石公园的黄石火山就属于后者。

不同寻常的爆发

黄石火山的爆发并不像其他火山那样持续性小规模地爆发，它是非常凶猛激烈的。据推算，黄石火山的第一次爆发发生在1650万年前，之后又经历了大约100次的喷发。从记录最近三次喷发的文字中可以看出，最后一次相当于圣海伦斯火山喷发的1000倍，前一次大概280倍，再前一次2500 ~ 8000倍之间。

火山的成因

有的火山位于板块交界处，而有的则位于板块内部地区，针对这两类不同地区的火山，火山学家们给出了两类不同的解释。

板块运动引起火山活动

密度大的板块俯冲到密度较小的板块之下。

岩浆中的气体压力积累到一定程度后，喷涌而出。

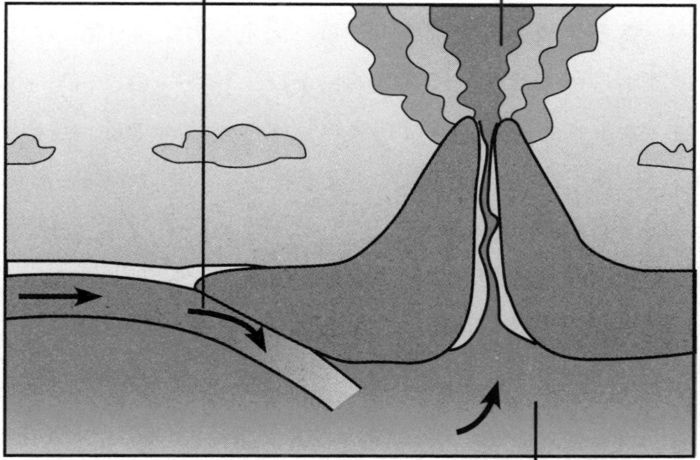

地球内部软流圈的热对流造成板块之间的相对运动，从而形成了火山运动。环太平洋地区的火山多为此类火山。同时在板块相对张裂的区域形成了海底火山山脉，叫作中洋脊。

地底高温将隐没的板块熔融，形成了新的岩浆。

热点移动产生的火山活动

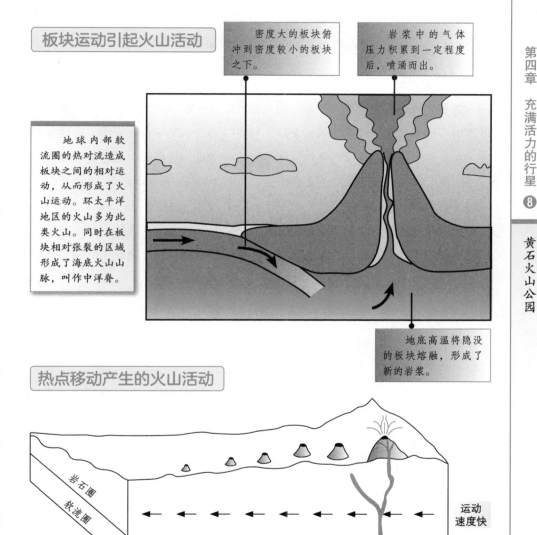

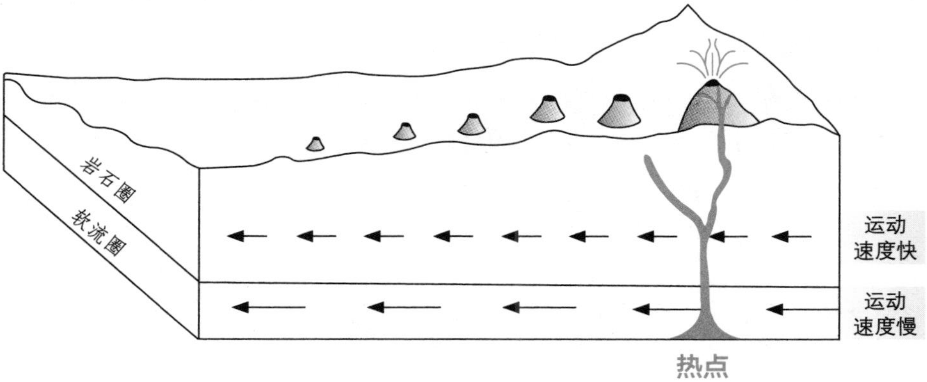

科学家们普遍相信热点由地幔底部上升的“热柱”造成。当板块在热点上水平移动时，便会产生一连串的火山，越靠近热点的火山越年轻。

火山爆发对气候的影响

与火山爆发可能造成的直接经济损失相比，火山运动对于气候的影响则更像是一种对于物种的考验。7.4 万年前，发生在多巴的超级火山爆发造成了至少长达 6 年的“火山冬天”。有观点认为，那次爆发沉重打击了人类，使人类数量降至几千人，而这也是人类缺少基因多样性的原因之一。

超级热柱

黄石公园拥有大量的喷气口、间歇泉、温泉和冒泡的泥坑，而这些能量的来源则是位于黄石公园底下的一个巨大热点。热点相当于公园大小，掩藏在地底 200 千米的深处，通过超级热柱向地表输送热量。这样的一池岩浆已经将黄石公园顶了起来，要是爆发，灾难将会使人难以走到距离黄石公园 1000 千米以内的任何地方。

根据目前的理论，在 6500 万年前，占地 50 万平方千米的超级热柱源源不断喷出的毒气对恐龙的灭绝负有责任。此外，超级热柱也是造成大陆破裂的原因之一。

活跃的岩浆

到 1973 年，黄石公园开始发生一系列变化，公园中央的湖水淹没了湖南端堤岸的一片草地。地质学家们同时发现公园的一大片地区鼓了起来。到 1984 年，公园的中心地区相较于 1924 年抬高了 1 米。第二年后，中心地区又下陷了 20 厘米，等到现在，这个地区又鼓了起来。

地质学家们认为，这是黄石公园地底岩浆运动的结果。他们推算出黄石火山平均每 60 万年大规模喷发一次，而最近一次大规模喷发发生在 63 万年前。

破火山口形成的原因

一些火山顶部会有较大的圆形凹陷，称为破火山口。直径为 8 ~ 16 千米，超过火山口直径 5 ~ 10 倍。破火山口的形成原因有喷发式、沉降式和喷发—沉降复合式三种。

火山锥内压力增大，火山开始喷发。

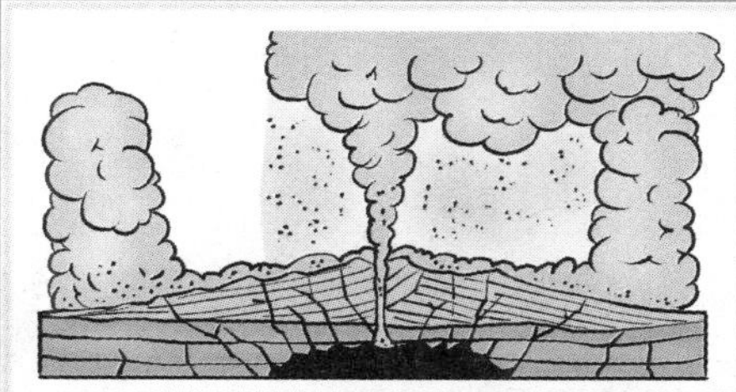

火山口增大，大量熔浆喷涌而出。

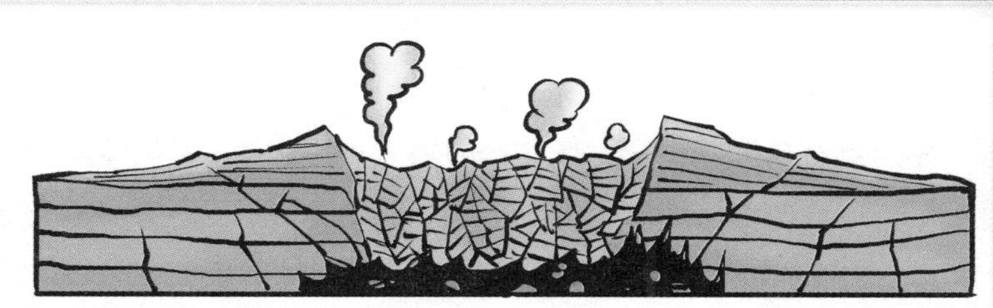

火山锥内空虚，火山口陷落。

岩壁陷落并扩大，形成大型的破火山口。

许多破火山口因喷发、陷落的双重作用而形成，这种说法被称作爆发陷落说。少数破火山口只因为沉降作用而形成，岩浆柱下降导致上层陷落而成，并未伴随有喷发作用。因此，火山口周围常伴有悬崖，崖壁会陷落并扩大，形成大型的破火山口。锅状沉降是沉降式破火山口的一种特殊形式，这种破火山口因为岩浆的特殊作用会形成环状岩墙。

黄石火山的豁口

整个黄石火山都变化多端，实际上，我们很难根据任何动静来对黄石火山的未来活动下定论。

黄石公园是个极其美丽的地方，是地质学家们研究的理想之地。保罗·多斯就是一位在黄石公园工作的地质学家。他注意到在附近山上有个宽约 100 千米的豁口，但谁也不清楚它是怎么来的。克里斯琴森花了 6 年时间来研究这一现象，他认为这是从山里炸出来的，与一个威力巨大的事件有关。

火山预警

多斯认为能成为预警信号的现象在黄石公园已经差不多都出现了——隆起的地面、变化的间歇泉和喷气孔、地震等。

但这些信号往往被认为是靠不住的，如间歇泉的活动本身就捉摸不定，很难从一个间歇泉的喷射活动中预测在未来几天或几年是否会继续喷射。

地震与火山喷发应急计划

首先来说，撤离黄石公园并不是一件容易的事。每年这里会接待 300 万名游客，而且为了保持环境的自然美以及受限于地形因素，这里的道路都修得很窄。在夏季，穿越公园往往需要花费半天时间。

然而黄石公园并没有成型的应急计划，并且一旦黄石火山真的大爆发的话，这个计划解决不了什么大问题。多斯对黄石火山抱有乐观的态度，他认为我们正处于黄石火山的平静时期，目前大部分岩浆房正在冷却，变成晶体。

重要的火山活动

现在的科学发现表明，不仅地球上有着活跃的火山活动，在许多行星和卫星上都有火山活动。

地球火山

为了促进火山相关研究、减轻自然灾害的破坏，国际火山学与地球内部化学协会选出了16座具有代表性的火山作为研究对象。

俄罗斯堪察加半岛 阿瓦恰—科里亚克火山群	**日本鹿儿岛县** 樱岛火山
墨西哥 科利马火山	**危地马拉** 圣地亚古多火山
意大利 埃特纳火山	**希腊** 圣多里尼火山
哥伦比亚 加勒拉斯火山	**菲律宾** 塔阿尔火山
美国夏威夷州 冒纳罗亚火山	**西班牙加那利群岛** 泰德峰
印度尼西亚 默拉皮火山	**巴布亚新几内亚** 乌拉旺火山
刚果民主共和国 尼拉贡戈火山	**日本** 云仙岳
美国华盛顿州 雷尼尔山	**意大利** 维苏威火山

太阳系中的其他火山

月球	月球没有明确发现的火山活动，但许多特征表明月球上曾有过火山活动，如月海、月谷及拱丘等。
金星	科学家们认为是金星上的火山喷发而造成了金星大气层的变化以及闪电现象。但目前人们并不清楚金星的火山是否仍然活跃。
火星	火星上有一些死火山，包括四座巨大的盾状火山：阿尔西亚山、艾斯克雷尔斯山、赫克提斯山、奥林帕斯火山及帕弗尼斯山，这些火山都远大于地球上的火山。
埃欧（木星的卫星）	埃欧与木星、木卫二及木卫三的潮汐力的作用，使得埃欧成为太阳系中火山活动最剧烈的星体。
木卫一（木星的卫星）	木卫一的火山活动造就了木卫一独特的大气成分：钠的氯化物、钾的氯化物及镁和铁的二氯化物。
欧罗巴（木星的卫星）	存在着活跃的“冰火山”活动，喷射出的岩浆的成分完全是水。
崔顿（海王星的卫星）	有冰火山活动迹象。
小行星50000（古伯带天体）	科学家推论其上有冰火山活动。

地球的“裹身布”

大气层

科学上，大气被分成5个层次，从内往外依次是：对流层、平流层、中间层、热层和散逸层。

对流层

与人类以及其他生命的活动最为密切相关。在这个空间里，热量和氧气被不断消耗、产生和运输，对流层的大气质量占地球大气质量总量的80%，绝大部分质量被空气中的水占据。因此所有的气候变化，几乎都包含在又薄又稀的对流层中。

平流层

对流层顶到大约50千米高的大气层。这里的温度上热下冷，与对流层的温度分布恰好相反，在平流层的底部空气温度可低至零下57℃。

中间层

又称中层，是平流层顶以上85千米范围的大气层。这一层主要由氮气和氧气组成，臭氧含量低，温度垂直递减率很大，对流运动强盛。空气分子吸收太阳紫外线辐射后可发生电离，习惯上称为电离层的D层。

热层

热层的气体分子少得可怜了，往往两个分子相隔数千米，分子的动能都很高，昼夜温差可达500℃。

散逸层

延伸至距地球表面1000千米处。这里的温度可达数千摄氏度，大气密度为海平面处的一亿亿分之一。这里也叫磁力层，它是大气层的最外层，是大气层向星际空间过渡的区域，外面没有什么明显的边界。

地球大气层

大气的主要成分是氮气、氧气，此外还有水蒸气、少量的二氧化碳以及稀有气体（氦气、氖气、氩气、氪气、氙气、氡气）等。大气层的厚度大约在1000千米以上。

大气层次	对地高度
散逸层	（800 ~ 2000 km）
热层	（80 至 85 ~ 800 km）
中间层	（50 ~ 80 至 85 km）
平流层	（7 至 11 ~ 50 km）
对流层	（0 ~ 7 至 11 km）

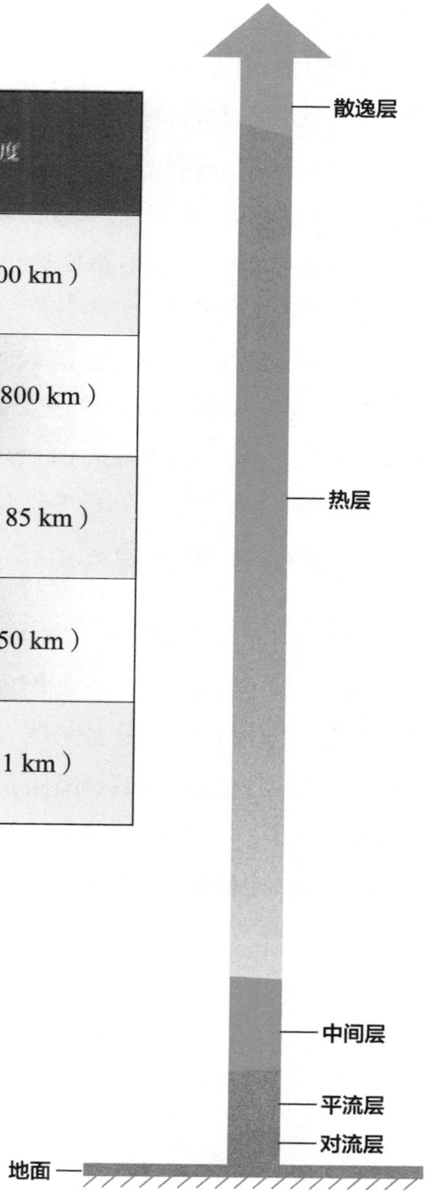

由于地球引力作用，大量气体能够围绕在地球周围。此外，由于地磁的保护，大气层才能在太阳风及宇宙高能射线流的作用下免于被剥夺走的命运。

大气最外层可以延伸到3000千米的高空，甚至有人认为，大气层的上界延伸到了离地面6400千米左右。

10

越靠近太阳为何越冷

在大气层中攀升

宇宙飞船在返回地球时，如果未能选择一个合适的进入角度，只能有两种结局：在熊熊烈火中结束使命或者被大气层反弹回宇宙空间。

高海拔的挑战

居住在不同海拔地区的人们在漫长的时间里适应了当地的气候条件。高海拔地区的人们可以轻易适应富氧温暖的平原环境，但低海拔的人们却在高寒低氧的高原地区显得手足无措。

登山运动员彼得·哈伯勒在描述攀爬珠峰顶部时提到，“在那个高度，每走一步都需要极大的意志力，身体永远有一种疲劳感。”1924年，萨默维尔在随队攀登珠峰时被异物阻塞气管，他拼力咳嗽之后，发现把自己整个喉部的黏膜咳了出来。在5500米以上的高度，常年生活在这里的妇女会在胎儿不足月的时候就将其产下，这是因为母亲难以为此时的胎儿提供充足的氧气供给。

有趣的是，人在极端环境下的表现有时和个人的体质以及年龄无关。有时候老奶奶在高处可以轻松自如地活动，而年轻的后生们却叫苦不迭。

不断降低的温度

18世纪80年代，人们在乘坐热气球上升时吃惊地发现，高度每升高1000米，温度大约下降6℃。这是一件令人匪夷所思的事，温度本应随着靠近热源而增加，可在这里为什么反倒降低了？这是因为空气中气体的密度发生了变化。阳光激活原子，使其相互碰撞产生热量，人感觉到暖暖的。高处的空气密度较少，因此碰撞也就越少，温度越低。

变化的大气

地球的大气层经历过一个从无到有、不断发展变化的过程，它就像一条毯子，覆盖保护着地球，为地球上的生物营造出了宜居空间。

发展阶段

原始大气

在地球诞生之初，地球周围包围了大量的气体。原始大气的主要成分是氢、氦 、二氧化碳和甲烷等。但由于地球内部以及太阳风的原因，原始大气很快就消散了。

次生大气

距今45亿年到20亿年前之间，地球逐渐冷却，形成了以二氧化碳、甲烷、氮、硫化氢和氨等为主要成分的大气。此时的大气成分分子量普遍较重。

现今大气

经过漫长的时间演变，逐渐形成了现今以氮、氧、氩、二氧化碳、水等为主的大气。大气密度不均匀，从海平面往上大气密度逐渐减小，在海拔5.6千米内集中了50%的大气，在海拔13千米内集中了约80%的大气。

空气污染与治理

空气污染主要有化学污染和生物污染两大类。世界卫生组织报告指出，在2012年空气污染曾导致全球700万人死亡。空气污染会减少人预期9个月的寿命，能够导致包含中风、心脏病、慢性阻塞性肺病、肺癌和肺部感染等在内的疾病。

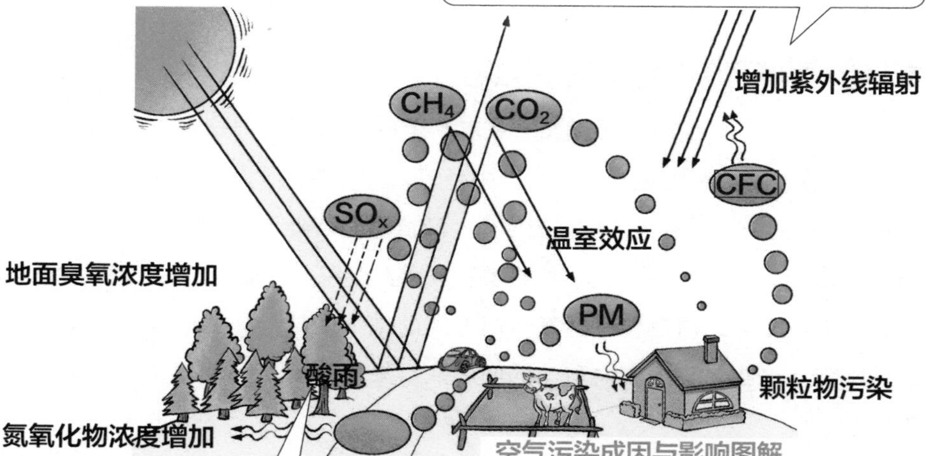

空气污染成因与影响图解

降低环境污染需要国际上的合作，提高能源的利用技术、能源利用效益，开发新能源，减少并逐步禁止消耗臭氧物质的排放，减少人为硫氧化合物和氮氧化合物的排放。于个人来说，绿色出行、节约能源等保护环境的做法都是举手之劳。

流动的空气

风的成因

运动是由能量驱动的，当空气处于流动状态时，会携带能量。这是风力发电机发电的能量来源，也是为什么在不需要多余电量时将风力发电机叶片固定起来的原因。

☀ 空气对流

潮湿的热空气由于密度较小会上升，而冷空气密度大会下降。上升的热空气逐渐变冷继而下降，而新产生的热空气会上升，进而完成了对流。大气环流是指地球表面上大规模的空气流动以及（与较小规模的海洋环流一起）重新分配热量和水汽的途径。

在赤道地区，对流过程稳定，天气也较为稳定。而在温带地区，季节以及气候的地区化差异会变得相当明显。高气压与低气压进行着无休无止的运动，它们总是试图平衡这一种差异，风就是这种运动的产物。顺带一提的是，风是按指数来计量的。每小时 300 千米的风会比每小时 30 千米的风强 100 倍而非 10 倍。

☀ 哈德利环流与科里奥利效应

埃德蒙·哈雷首先注意到大气寻求平衡的动力，并把这一发现告诉了乔治·哈德利。哈德利注意到空气会产生环流，并且提出了环流与地球自转和空气转向之间的关系，解释了信风的产生。环流因此被命名为“哈德利环流”。

1835 年，巴黎高等工科学校的工程教授古斯塔夫—加斯帕尔·德·科里奥利解决了环流与地球自转、空气转向之间的细节问题。他的研究解释了为什么飓风会打着旋向某个方向移动的问题。后来人们称这一种作用为“科里奥利效应”。

大气环流

大气环流是指地球表面大规模的空气流动，是重新分配地球上热量和水汽的一种途径。大范围大气环流有其基本规律，然而小范围如中纬度低压区、热带对流环流等规律不明显。

纬度环流

地球上的风带和湍流由三个对流环流推动：低纬度环流、中纬度环流以及极地环流。低纬度环流可以有数个同时存在，随即移动、互相合并与分裂。一般情况下，为了简单起见，对同一种环流通常当作一个环流处理。

极地环流是影响中高纬度地区气象的主要成因，活动范围限于对流层内，最高到对流层顶。空气到达极地范围，温度大大降低，逐渐下沉，向西偏转，形成极地东风。极地东风与来自低纬度的西风相遇后，暖而轻的西风气流开始上升，分别流向南北，流向高纬的气流在极地下沉形成极地环流。极地环流平衡了低纬度环流地区的热盈余，使整个地球热量收支平衡。

低纬度环流是一个封闭的环流，温暖潮湿的空气从赤道低压地区上升至对流层顶，向极地迈进。在南北纬 30° 左右的高压地区开始下沉，部分空气返回地面后向赤道返回，形成信风，完成低纬度环流。

中纬度环流没有强烈的热源或冷源推动对流，依靠其余两个环流而出现。中纬度环流并不是真正闭合的循环，西风带常常受到过路的气象天气的影响。

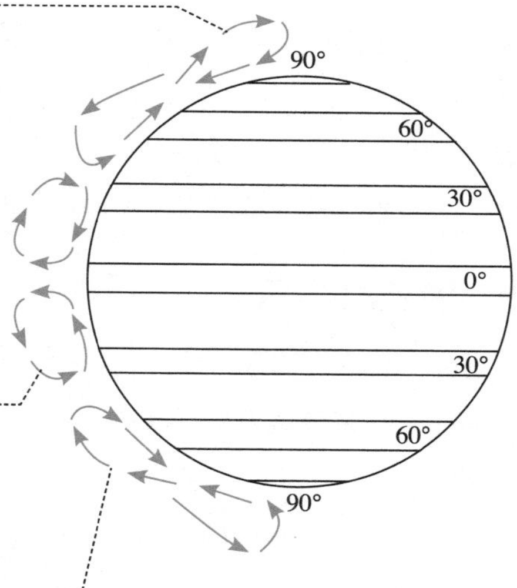

环流动力

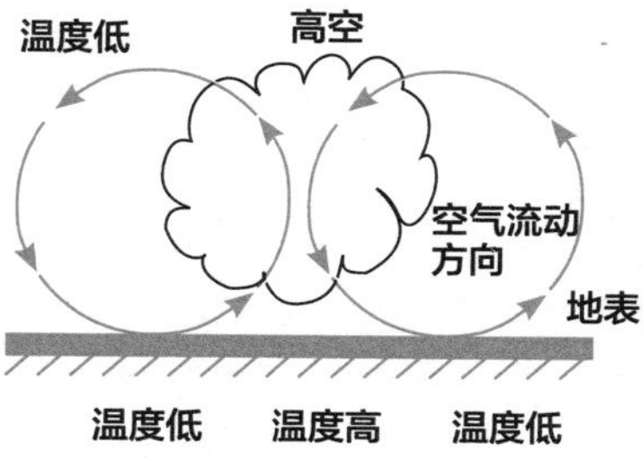

热力环流是由于地面受热不均而形成的空气环流。由于太阳辐射能在不同纬度分布不均，热量存在差异，热而轻的气流上升，冷而重的气流下降。由于海水和陆地的比热容不同，会产生温度上的差异。这使得在陆地和海洋之间形成了气压差，夏季和冬季恰好相反，所以形成了夏季和冬季不同方向的季风，这种环流叫作季风环流。

绝妙的发明

温度计与云层命名

12

雾只不过是一朵没有决心远走高飞的云。——詹姆斯·特雷菲尔

温度计的诞生

1626年，T. 格兰杰在一本逻辑书里创造了“气象学”这一名词。但直到19世纪前夕，气象学才成为一门科学。气象学的诞生在一定程度上与温度计的发明有着分不开的联系，因为成功的气象学需要精确地测量温度。

要制造一个精确的温度计并非易事，这需要温度计的内径非常均匀。1717年，荷兰仪表制造商达尼埃尔·加布里埃尔·华伦海特率先解决了这一问题，不过在他的温度计中：冰点为32度，沸点为212度。1742年，瑞典天文学家安德斯·摄尔西乌斯将冰点和沸点之间等分为100份，冰点为100度，沸点为0度。不过摄尔西乌斯的方法很快被颠倒了过来，形成了现代的温度计。

为云层命名

卢克·霍华德起先是一位英国的药剂师，他的主要贡献在于给各类型的云起名字，经常被认为是“现代气象学之父”。在霍华德的分类体系中，主要有以下四类：

层云，一层一层的云；积云，绒毛状的云；卷云，高空中薄薄的羽毛状的云，一般预示着寒冷的天气；雨云，一种预示着下雨的云。

这种分类法的一个好处是可以将不同的名称结合表达天空中飘过的各种各样的云，如层积云、卷积云等。歌德非常喜爱这种分类法，曾写四首小诗献给霍华德。

云的形态

以英国科学家卢克·霍华德于 1803 年提出的云分类法为基础，国际气象组织按云的形状、组成、形成原因等将云分为十大云属。

积雨云（云体厚重庞大、云底混乱、颜色阴暗，呈滚轴或悬球状，有时可达数千米。通常会产生短暂而强烈的降水，伴有大风、雷暴等天气现象。）

卷积云（白色无暗影，似鳞片，多成群成行出现，排列规则。）

卷层云（白色透明均匀的云雾，日月轮廓可见，一般伴有晕环。）

卷云（对流层中最高的云，正是清晨或傍晚光线照到这些云上，天空才显现出漂亮的霞光。）

高积云（中云的一类，因厚度不同而呈白色或灰色。形状有扁圆形、瓦片状等，以波浪形排列。）

雨层云（中云的一类，覆盖全天，云体厚，呈暗灰色，常伴随持续性的降雨，也叫“雨云”。无法透过云层看到日月的位置，云底形状不定，不会带来雷暴天气现象。）

积云（轮廓分明，顶部凸起，云底平坦，云块之间多不相连，外形类似棉花堆。由水汽凝结或再凝华而形成的云。清晨接近地面，在午后就会上升，傍晚渐渐消散。）

高层云（中云的一类，颜色多为灰白色或灰色，云底没有明显的起伏。明暗程度因云的厚度不同而不同。）

层云（低云中的一类，灰白色或灰色，云体均匀成层，像不接地的雾。由小水滴构成，往往会落下细雨或者细雪。）

层积云（云块一般较大，形状有条、片、团三种，呈灰白色或灰色，薄的云块下可辨太阳的位置，厚的云块比较阴暗。多成群成行出现，波状排列。）

每种云有其大致的特征，但云并不是一成不变的。云可以发展变化成其他云，如本不会带来降水的积云在变成积雨云后就有可能带来阵雨，在正午后形成的云堆和积雨云就表示阵雨有可能到来。

13

大海永不停歇

水、盐、碳的运动

有一点可以肯定的是，只要地球的动力稍稍变化，就可能产生非常严重的后果，而这也往往是难以挽回的。

✷ 水循环

水循环是指地球上不同地方的水，通过吸收太阳的能量，改变状态从一个地方到另一个地方。这种运动方式包括蒸发、降水、渗透、表面的流动和地底流动等，在这个过程中，水的总量不会发生变化。

水分子在海洋里平均能够停留 100 年之久，一场雨后大约 60% 的水重新回到海洋，而蒸发形成的云也大约在停留一个多星期后变成雨水。

✷ 盐热对流

海水是不均匀的，各区域的海水一般来说具有不同的温度、密度和含盐量。盐热对流是地球上热量传递的主要方式。1797 年，伦福德伯爵发现了这一现象。他注意到：上层海水在抵达欧洲之后，密度会增加，继而沉入海底，慢慢返回南半球。这批海水在抵达南极洲之后受南极绕极流的影响，之后进入太平洋。这个过程大约需要 1500 年，但是运送了巨大的热量，并且对气候也产生了重大的影响。

✷ 碳循环

由于地球从太阳能中获得源源不断的能量，我们的地球本应该比现在热得多。然而事实并非如此，这是因为空气中的二氧化碳随雨水落至海洋，被海底不断产生和死亡的生物固化在自己的壳里。这些死去的海洋生物最终形成了石灰岩，一部分石灰岩最终成为火山的原料，碳再次回到天空之后又随雨水落下。

洋流

洋流又称海流，是一种大规模的海水运动，具有相对稳定的流速和流向。按冷暖性质可以分为暖流（本身水温高）、寒流（高纬度海水流向中高纬度，本身水温低）和凉流（中高纬度海水流向低纬度，本身水温低，但比寒流高）。按地理位置又可分为赤道流、大洋流、极地流及沿岸流等。

世界洋流分布

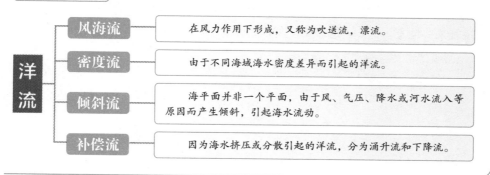

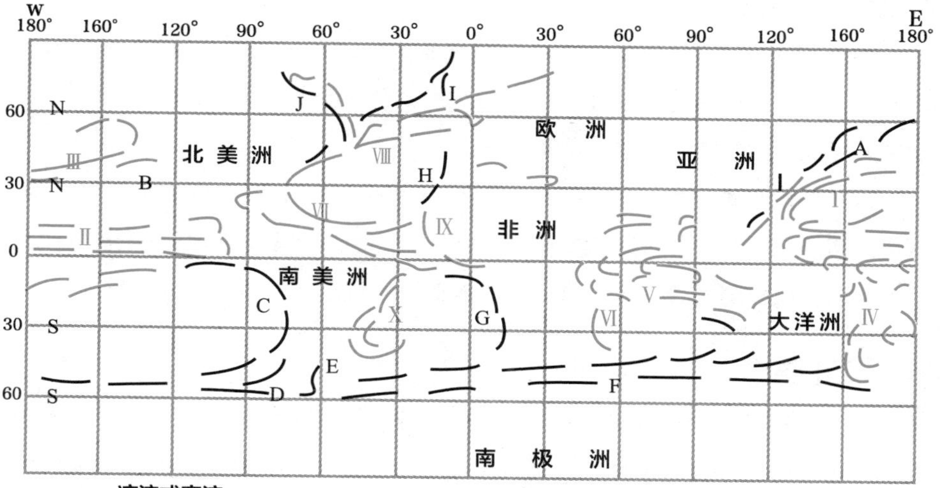

凉流或寒流　　暖流

A —青潮	F —西风漂流	Ⅰ—黑潮	Ⅵ—厄加勒斯暖流
B —加利福尼亚洋流	G —本吉拉洋流	Ⅱ—赤道流	Ⅶ—墨西哥湾暖流
C —秘鲁洋流	H —加那利洋流	Ⅲ—北太平洋流	Ⅷ—北大西洋暖流
D —合恩角寒流	I —东格陵兰寒流	Ⅳ—东澳洋流	Ⅸ—几内亚暖流
E —福克兰寒流	J —拉布拉多寒流	Ⅴ—南印度洋环流	Ⅹ—巴西暖流

世界洋流分布示意图

洋流的成因

洋流

- **风海流**：在风力作用下形成，又称为吹送流，漂流。
- **密度流**：由于不同海域海水密度差异而引起的洋流。
- **倾斜流**：海平面并非一个平面，由于风、气压、降水或河水流入等原因而产生倾斜，引起海水流动。
- **补偿流**：因为海水挤压或分散引起的洋流，分为涌升流和下降流。

14

云梅干与陆桥

大陆漂移

人们对于大陆形成方式的认识经历了一个从朴素到科学的发展过程，随着越来越多证据的发现，这一过程变得越来越清晰。

云梅干理论

奥地利人爱德华·休伊斯关于地球地貌的形成曾提出过“云梅干”理论。该理论认为，随着地球上温度由开始形成时的灼热逐渐冷却下来，地球开始皱缩成云梅干般的模样，创建出了海洋和山脉。

这一理论很难立稳脚跟，按照詹姆斯·赫顿的观点，侵蚀作用会平山填海，将地球塑造成一个没什么特色的球体。此外，卢瑟福和索迪在20世纪初的研究结果表明，地球蕴藏着巨大的热量，根本不会让地球因冷缩而形成褶皱。

陆桥理论

地质学需要新的理论来解释这些难以理解的地质学现象，但他们不愿意把这个任务交给一个气象学家来完成。于是，每当在不同大陆上发现相同物种的化石时，地质学家们便架起一座“大陆桥”来解释。

陆桥理论认为，过去的海洋很浅，在大陆与大陆之间有陆桥连接，物种可以沿着陆桥进行迁移。但随着化石的不断发现，这种理论也随之架起了越来越多的陆桥。这种理论作为地质学正统观念几乎贯穿了20世纪的前半个世纪。

问题的解释有时单靠增加陆桥就够了，只是有时却没有那么简单。有一种三叶虫出现在欧洲和美国西北部的太平洋沿岸，而在中间地带却不曾出现。这对陆桥理论来说是一个挑战，首先三叶虫并不具备如此远距离跋涉的能力而又绕开某些地方，另外“这需要一座立交桥”。

朴素的大陆成因理论

20 世纪初，一些动物的化石在海峡两岸出现，而这些动物并不具备穿越海峡的能力，这让地质学家们感到困惑。人们越来越期待一种完美的理论，然而在这种理论出现之前，有两种有趣的解释常常萦绕在人们心头。

皱缩的地球

爱德华·休伊斯认为灼热的地球冷却后，开始皱缩形成海洋和山脉。

这一理论切近日常，我们很容易就找到类似的实例，比如烤制出来的水果，都会因为水分的流失而形成皱缩的外表面。但这一理论在用来解释地势、地貌的形成时就显得不太好用了。

詹姆斯·赫顿认为侵蚀作用会夷平凸处，填平凹处，使地球成为一个毫无特色的球体。地球蕴藏着巨大的热量，地球不会冷却和皱缩。

烤制过程中充盈的苹果　　冷却后皱缩的苹果

大陆间的“立交桥”

化石为人们了解过去提供了线索，但也同样使人们产生了很多疑问。有些问题至今难以解释，如三叠纪古生物水龙兽在南极洲、非洲和亚洲都有发现，而在南美洲或大洋洲却都没有出现。

地质学家们提出了“陆桥理论”来解释化石分布的问题，然而随着越来越多的化石发现，持这种理论的地质学家不得不建立起越来越多的“陆桥”，而这越来越多的“陆桥”却越来越难以获得人们的信任。

15

"荒唐"的假设
大陆漂移

恕我直言，关于大陆漂移学说，骨子里我觉得是一个荒唐的假设。

——阿瑟·霍姆斯

业余地质学家的猜想

弗兰克·伯斯利·泰勒是一名美国的地质学爱好者。出身富裕的他不受学术束缚，可以按照自己喜欢的方式进行研究。1908年，泰勒发现非洲海岸和南美洲海岸的形状非常相似，于是提出一种新奇的见解：大陆曾经到处滑动，世界上的山脉是由几块大陆碰撞形成的。

气象学家的地质学贡献

德国的一位气象学家阿尔弗雷德·魏格纳接受了泰勒的观点，并且四处寻访证据来证明这一观点。魏格纳发现了许多反常的地质学现象：为什么海洋两岸会发现越来越多的同种动物化石？为什么煤层和其他亚热带残骸会出现在寒带地区？一系列现象迫使魏格纳寻求另一种解释。

魏格纳认为这是大陆漂移的结果，世界上的大陆原本属于同一块大陆，称为"泛大陆"，原始的动植物生活在这里。后来，泛大陆分裂成几块，不断运动形成了现在的模样。1912年，魏格纳在德文版《海陆的起源》一书中阐述了自己的观点，该书在8年后再版时迅速成为人们讨论的话题中心。

物理地质学原理

英国地质学家阿瑟·霍姆斯是知道热辐射会在地球内部产生对流的第一位科学家。从理论上讲，这种能量强大到可以使大陆发生平面移动。1944年，霍姆斯出版了《物理地质学原理》一书，在书中阐述了板块构造学说。这本书一经出版便深受读者喜爱，影响巨大。书中的部分观点即使到现在仍不过时。

大陆漂移学说

1596年，亚伯拉罕·奥特柳斯最先提出大陆漂移学说，1912年，德国科学家阿尔弗雷德·魏格纳对这种理论进行了阐述。这一学说一直被学界忽视，20世纪60年代海洋扩张说的出现，使大陆漂移说得到发展，后来阐述为板块构造理论。

漂移的大陆

大陆漂移假说认为远古时代的地球只有一块大陆，称为“泛大陆”或“盘古大陆”，被称为“泛大洋”的原始水域包围。2亿年以前，“泛大陆”由于地球潮汐力的作用开始破裂、漂移，到距今二三百万年以前，形成了现在七大洲和五大洋的基本地貌。

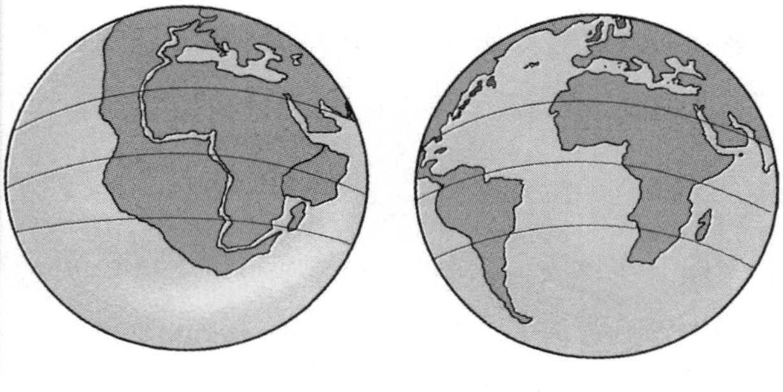

三大洲原貌假想图

漂移证据

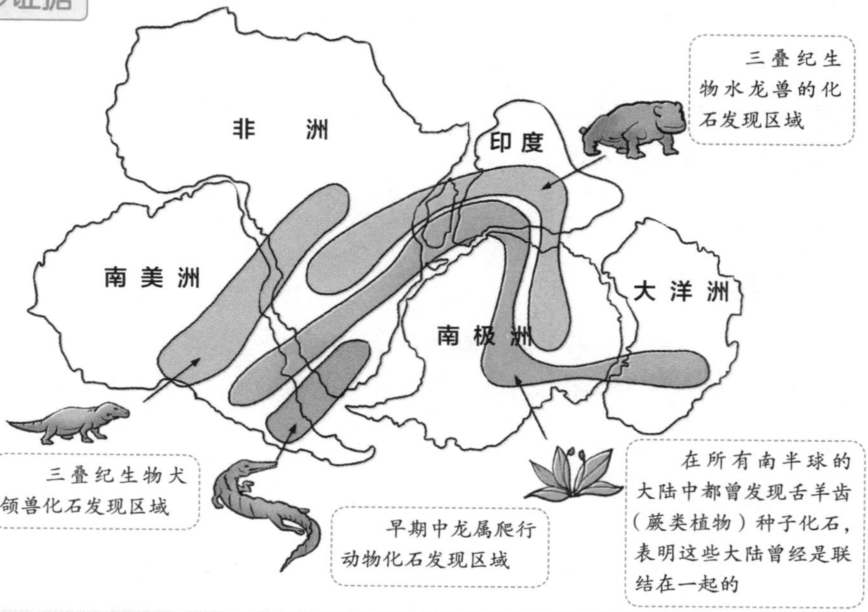

大陆漂移理论的证据主要来自地质构造、大陆边缘、化石样式、气候及古磁场五个方面，此外，海底扩张学说和板块构造学说的创立也大大增加了该学说的知名度。

生生不息的岩石

16 海底扩张与地壳潜没

世界对优秀的观点往往缺乏完全的思想准备。——比尔·布莱森

凭空消失的钙

江河每年都会将陆地上的大量物质冲带到海洋里，每年被冲刷送到海洋中的钙可达5亿吨。如果每年的冲积速度乘以冲积的年数的话，就会发现海底的沉积物远远高出现在的海面，这让科学家们不得不尝试其他的解答思路。

探测海底世界

第二次世界大战期间，矿物学家哈里·赫斯在操纵战舰时发现海底其实并不像大家认为的那么古老，并没有厚厚的沉积物以及古代泥沙。他发现在海底有大量的悬崖、裂缝和火山。

20世纪50年代，海洋学家对海底的考察逐渐增多。在此期间，他们发现了地球上最大的山脉，而这一山脉的主要部分正是在水下。这一山脉沿着石阶的海床不断延伸，偶尔冒出头来形成海岛或群岛，比如太平洋上的夏威夷群岛、大西洋上的亚速尔群岛等。如果把所有支脉加在一起，该山脉总长可达75000千米。目前陆地上最长的山脉安第斯山脉贯通了南美大陆，也只有不到9000千米的长度。

海底扩张

20世纪60年代，两位英国海洋地质学家赫斯和R.S.迪茨提出了“海底扩张”的假说。海底扩张学说是大陆漂移学说的新形式，也是板块构造学说的重要理论支柱。

潜没

地壳抵达与大陆交界的地方后，又折回地球内部，这个过程称为潜没。这种学说解释了为什么陆地的冲积物没有把海床垫高，以及海底岩石普遍较年轻的原因。赫斯在一篇论文中阐述了这种观点，但是并没有引起广泛的重视。

生生不息的地壳

因为运动，所以存在。地球是一个活跃的行星，在海底以及地壳中总是进行着永不停歇的运动，正是这些运动使得地球显得生机勃勃。

海底扩张学说

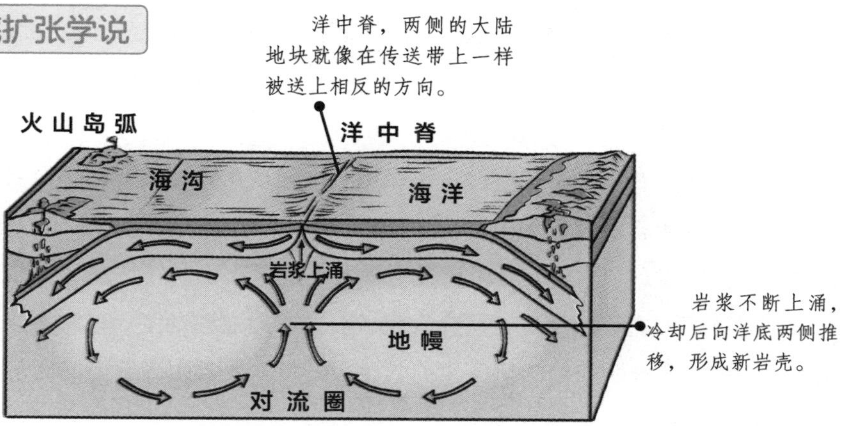

洋中脊，两侧的大陆地块就像在传送带上一样被送上相反的方向。
火山岛弧
洋中脊
海沟
海洋
岩浆上涌
地幔
对流圈
岩浆不断上涌，冷却后向洋底两侧推移，形成新岩壳。

海底扩张学说认为由于月球引力等原因造成了海水的压力不平衡，从而使得板块发生漂移。这一理论是在大陆漂移学说的基础上发展出来的。

潜没

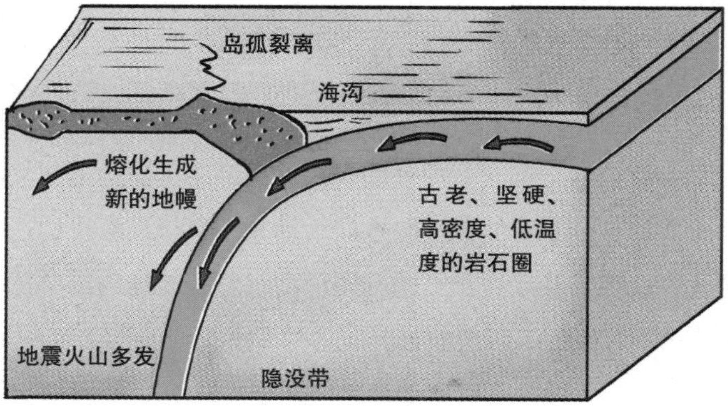

由于地幔引起的物质对流，洋中脊处的板块不断分离、扩大，使旧的古老地壳不断地俯冲、消失。

脚下的土地将去往何处

板块运动的影响

人们发现移动的不光是大陆，还有整个地壳。于是，人们用板块构造学说来解释这种运动。

磁场逆转

铁矿石颗粒在岩石形成时会受磁极影响而呈现出特定的方向，而岩石形成之后，这种方向就会被固定下来。1906年，法国物理学家贝尔纳·布吕纳在研究岩石情况时发现，岩石表征的磁极方向曾发生过多次逆转。20世纪50年代，科学家对英国的古代磁场进行研究发现，英国曾向北移动了一段距离。地质学家德拉蒙德·马修斯和他的研究生弗雷德·瓦因对大西洋海床上的磁场进行分析，证明了赫斯的推断。

未来的走向

地球上大大小小的板块正在以不同的速度朝不同的方向移动。按照目前的趋势来说，大西洋最终会比太平洋大得多，加利福尼亚州的很大一部分也将会漂移，澳大利亚和背面的海岛将连在一起，这些都是未来的结果。如果人类的寿命够长，环境又可以长久地维持生命所需，我们甚至可以乘坐板块从洛杉矶漂到旧金山。

对生命的影响

板块运动与生命息息相关，有观点认为，板块运动至少是地球上某些物种灭绝的原因。此外，不多不少的板块使地球永远充满生机。板块构造不仅解释了在世界不同地方发现同种动物化石的问题，也解释了地球的内部活动。地质学上的很多疑问在板块构造的理论影响下都得到了解决。

板块构造论

板块构造论是为了解释大陆漂移现象以及海底扩张现象的一种地质学理论。该理论将地球内部构造的最外层分为两部分：岩石圈（外层）和软流圈（内层）。该理论认为地幔密度的不同造成了地幔的对流，从而导致了板块的运动。

地球的板块结构

板块包含了地壳以及一小部分的上部地幔，是岩石圈的一部分。因此，板块不存在“大陆板块”与“海洋板块”的分法，不过依其组成成分可以命名为“大陆性的板块”与“海洋性的板块”

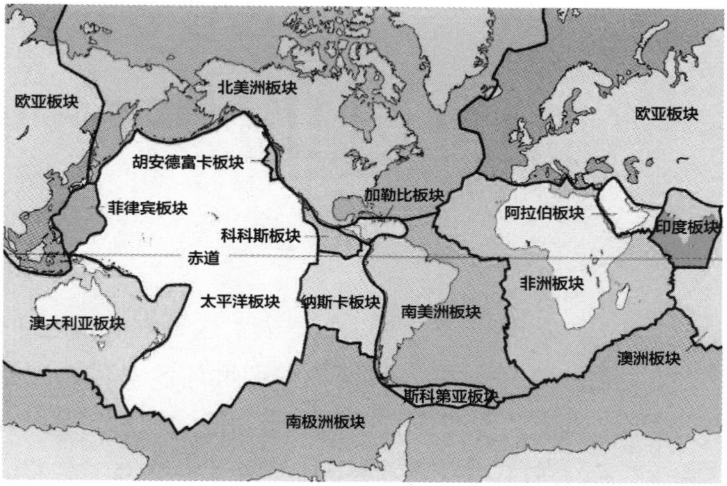

板块边界

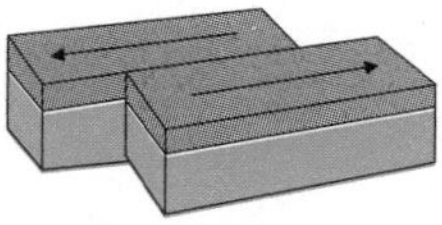

边界平移

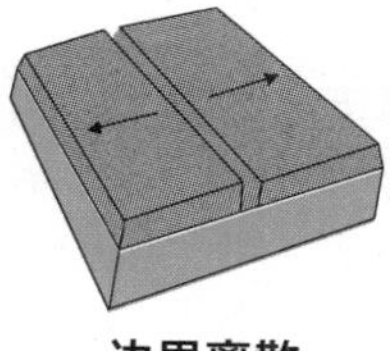

边界离散

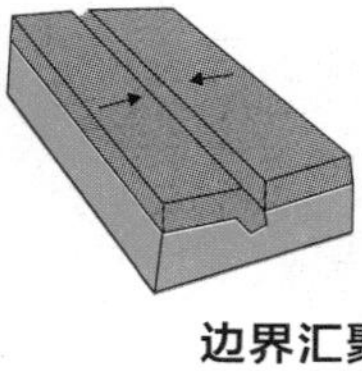

边界汇聚

历史演进

1909年，莫霍洛维契奇发现地壳与地幔的交界（莫霍界面）。

1912年，魏格纳提出大陆漂移学说。

1913年，古滕堡发现了地幔与地核的交界（古滕堡界面）。

1929年，霍姆斯提出大陆聚合与张裂的看法。

1954年，发现班尼奥夫带，板块构造学说的雏形。

1956年，艾尔文等人测量陆地的古地磁发现大陆有着长期漂移的历史。

1959年，布鲁斯·希森与玛丽·萨普绘出第一张海底地形图。

1962年，赫斯指出地幔的热对流与大陆水平移动的关系。板块学说基本成型。

现在，已掌握全球各地海洋地壳年龄、洋中脊扩张速率以及海沟隐没速率等。

第五章

前进的生命

我从哪里来，要到哪里去？这是人类永远在思考的问题。在宗教中人们用各种创世神话解释周遭的一切，而在现代科学中人们从另一个角度为这些问题寻找答案。生命从来不是一成不变的，生命是一个从无到有的过程，而每一个物种也都有自己起源、兴盛以及消亡的过程。我们不得不感叹在生命中相遇的微妙缘分。

本章关键词

生命起源　细胞　细菌　生物分类　化石　进化与变异

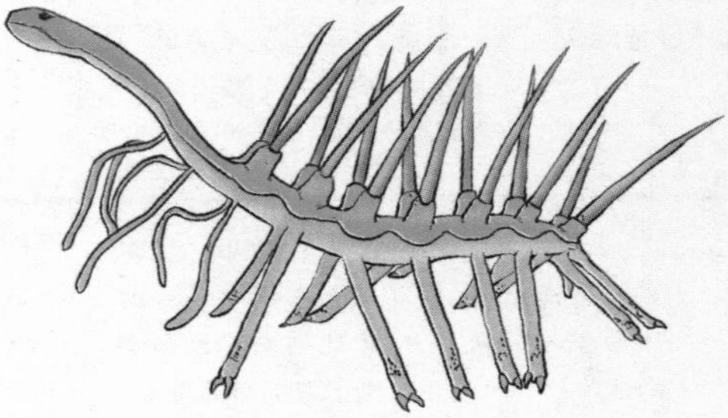

天空未留下痕迹，但鸟儿已经飞过。

——泰戈尔

◇ 图版目录 ◇

我们都是外星人

地球生命的起源

人类很早就开始了对生命起源的探索。最开始，人们将这一种奇迹归结为超自然力量的作用，随着现代科学的不断发展，关于生命起源的科学解释也逐渐深入人心。

☀ 胚种说（生命来自天外）

一直有观点认为，早期的生命来自外太空。1871 年，开尔文勋爵在英国科学促进协会上发表观点：生命的种子可能是陨石带到地球的。

这种说法一直被认为是非常极端的，直到 1969 年，一颗碳质球粒陨石在默奇森上空爆炸为这一观点提供了论据。在对陨石块的一番研究之后，人们发现这颗陨石已经在宇宙中飞行了 45 亿年，并且在陨石块上还分布着 74 种氨基酸，其中 8 种能够组成地球上现有的蛋白质。

胚种说的观点主要存在两个为人诟病的地方：一是这一观点并没有真正回答生命是如何产生的，而只是把这一问题推到了外星球；二是这种观点很轻率地认为外层空间不仅带来了生命，而且带来了流感和腺鼠疫。

☀ 大诞生（地球自发产生生命）

地球上生物的出发点全部可以追溯到最开始的一小堆化学物质的抽动，这一小堆物质开始吸收营养，并且一分为二，产生后代。遗传物质一直传递下去，再也不曾停止，产生了现在纷繁复杂的生物世界。生物学家倾向于将生命开始抽动的这个过程称为“大诞生”。

世界上所有的动物、植物、昆虫以及其他有生命的东西和我们都信奉遗传法则，所有生命本是一家。

创造论

创造论认为生物、地球及宇宙是由神、上帝或造物主创造的，不同的民族往往有自己的不同的关于创造论的描述。

上帝造人与女娲造人

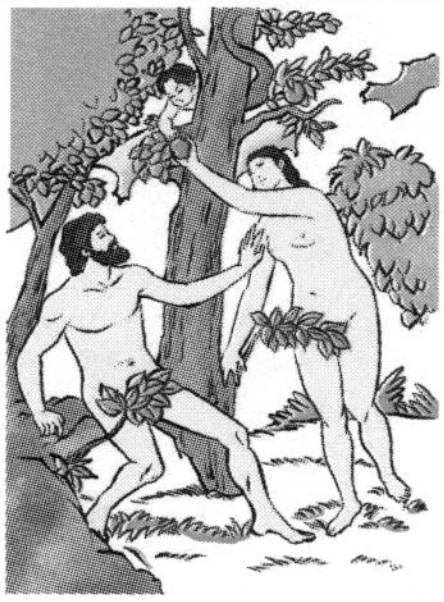

在基督教的观点中，上帝创造了万物，在第六天的时候创造了亚当和夏娃。

盘古开天辟地，人首蛇身的女娲用泥土造人。

著名的创造论（部分）

印度的创造论	梵天创造人，梵天用头造出了婆罗门，用胳膊造出了刹帝利，用腿造出了吠舍，用脚造出了首陀罗。
希腊神话的创造论	神用地球内部的土与火，创造人类，并赋予人类个性和智慧。
美拉尼西亚传说	神用红土和自己的血制成了人。
澳大利亚传说的创造论	创世者在树皮上用泥土造出一个人形，朝他们吹气，这些小人就活了起来。
印第安人传说的创造论	大地开创者在创造了树木鸟兽之后，用暗红色泥土掺水，做成一男一女。
玛雅传说的创造论	造物主特拍和古库马茨用泥土造了一个不完美的人后，不满意又打碎重新造出了可以繁殖、有思想、会说话的人。
达雅克人传说的创造论	天神命令萨拉潘代到地球上造人，他分别用石头和铁造人失败后，用泥土造出了人。
希卢克人传说的创造论	创世者乔奥克用泥土创造人类。
阿拉伯创世神话的创造论	上帝派阿兹列来创造人，他造出泥人后，上帝给了他们生命，并赋予他们理性的灵魂。

☀ 地球上最早的生命

20世纪50年代的时候，人们普遍认为生命存在不超过6亿年。约20年后，这一数据被扩大到了25亿年。现在确定的最早生命出现在38.5亿年前，这是非常让人震惊的，因为地球形成也只有46亿年。

史蒂芬·杰·古尔德曾说，“生命一有可能就会产生，这是化学上势必会发生的事。”

☀ 38.5亿年前的生命

维多利亚·贝内特是一位地球化学家。1997年，她在研究格陵兰的阿基利亚岛时发现了一种极其古老的岩石，这种岩石年代达38.5亿年之久，代表了目前发现的最早的海洋沉积物。

在海底沉积物变成石头的过程中，里面的微生物会被高温烘烤到消失。但是在显微镜下可以发现一些端倪，微生物的残留化学物质以及一种磷酸盐可以证明这里曾经存在过生物。

☀ 灵敏高清晰离子显微探测器

20世纪70年代，比尔·康普斯顿建立了世界上第一台灵敏高清晰离子显微探测器（首字母缩写为SHRIMP，小虾），这种仪器可以用来测定锆石中铀的衰变率。康普斯顿的仪器能够以无与伦比的精确度测量出含锆石的矿石的年龄。这种仪器的原理简单说来，就是用带电粒子轰击岩石样品，然后通过测算岩石中铅和铀含量的细微差别来得出岩石的年龄。

1982年，在使用小虾对从澳大利亚西部获得的一块岩石进行测量中发现，该岩石存在了43亿年。贝内特也正是用这种仪器测算岩石的年龄，从而得出最早生命的年龄。

我们是外星人僵尸

有些科学家们认为地球上的所有生命都可能源自外星僵尸，这种说法的理论化观点是泛种论和外源论。泛种论是一种物种起源的假说，这种假说认为全宇宙存在着各种生命形态，借助流星与小行星进行散播、繁衍。而外源论是一种较为极端的理论，该理论认为生命来源于外星生命。这两种理论都没能解释生命的起源，只是说明生命的存续。

泛种论

在泛种论观点中，生命可以在宇宙中移动、存活。一些行星遭到撞击后，携带着类似嗜极生物的细菌之类的生命体残骸弹射到宇宙之中。这些生命在遇到适宜的环境前进入类似休眠的状态。当这些生命进入适合生存的行星，它们便会开始活动并进化。

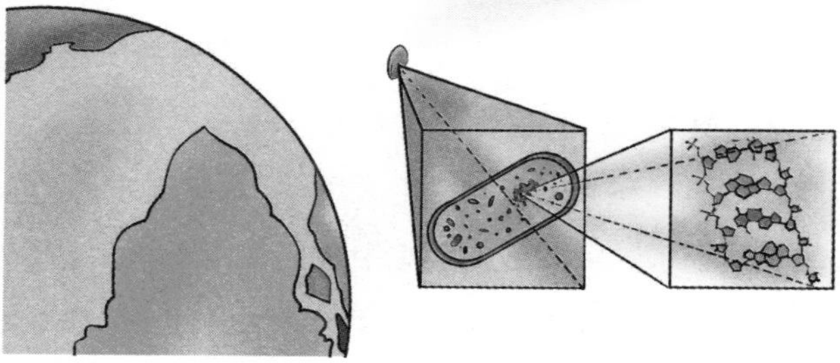

2004年由美国国家航空航天局发射升空的"星尘"号太空探测器，从彗星尾部取得的样本，第一次从彗星中找到氨基乙酸与其他有机物质等生命结构物质。

嗜极生物与孢子

天文学家们对嗜极生物相当感兴趣。嗜极生物是指一些在极端环境中能够生存的微生物，这种生物为生命的空间旅行提供了可能。研究表明，如果细菌不受辐射破坏（藏在流星、彗星里），它们可以存活上百万年。孢子是另一种可能穿梭宇宙的生命形态。这种生命形式可以在紫外线、伽马射线、干燥、溶菌酶、饥饿、温度等的刺激下恢复活动。能在严苛的环境中存活，直到环境变得适合。

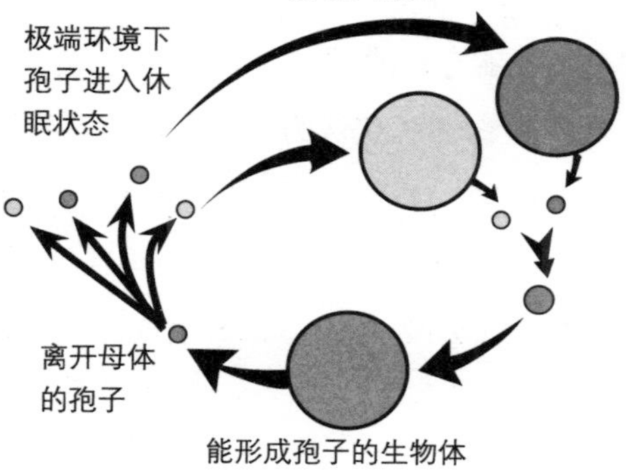

用无机物创造有机物
生命的物质基础

只要哪里条件合适，物质的自发聚合就势必发生。

——克里斯蒂安·德迪夫

☀ 米勒—尤列实验

1953年，芝加哥大学的研究生斯坦利·米勒和自己的导师、诺贝尔奖获得者哈罗德·尤列进行了一个模拟地球早期生命诞生的实验。他们用两个烧瓶，其中一个盛一点水，另一个烧瓶中装有甲烷、氨和硫化氢，然后用玻璃管将两个烧瓶开口连接。第一个烧瓶代表原始海洋，第二个代表原始大气，然后给装置进行了几次放电。几星期之后，他们发现瓶子中的水呈黄绿色，并且里面含有丰富的氨基酸、脂肪酸等有机化合物。

这个消息在当时引起了巨大轰动，但现在的科学家们相当确信早期的地球大气不同于米勒和尤列在实验中所使用的气体。早期的大气主要由氮气和二氧化碳组成，然而即使在这种极度限制的条件下，有人仍然制造出了非常原始的氨基酸。

☀ 蛋白质的形成

氨基酸还远不足以形成生命，蛋白质才是主角。人体中含有100多万种蛋白质，然而每一种蛋白质的形成都是一个相当碰巧的事情。组成一个胶原蛋白分子需要1055个氨基酸分子按照特定的顺序排列，而这种组合的形成按照概率法则是不可能存在的。

现代生物学观点认为，蛋白质需借助DNA（脱氧核糖核酸）来进行复制，而没有蛋白质，DNA会无所事事。此外，膜将DNA、蛋白质和别的生命要素包裹起来，我们称之为细胞。没有细胞，它们只是有意思的化学物质。重要的是，这些东西还会分裂，一生二,二生四，我们称之为生命的奇迹。

无生源论

无生源论又称为自然发生或化学进化论，该理论以米勒—尤列实验为起源，认为地球生命起源于无机物。顺带一提的是生源论，这种观点认为生物只能由先于其的生物产生，也即是母鸡生蛋，蛋发育成小鸡。

米勒—尤列实验

米勒—尤列实验通过模拟假设性早期地球环境来测试化学演化的发生情况，这一实验证明在早期地球环境下，无机物完全有可能合成小分子有机物。

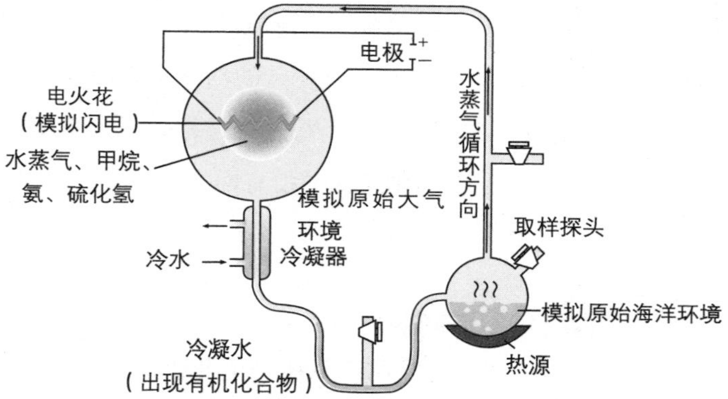

实验中，将水、甲烷、氨和硫化氢密封在无菌的玻璃管与烧瓶中，连接成一个回路。一个烧瓶装着半满的液态水，另一个则装有电极。加热产生水蒸气并经过电火花后凝结成水滴，实验循环进行。

实验进行一段时间后，实验装置内出现了有机化合物，其中包括氨基酸、糖类、脂质等一些可构成核酸的物质；核酸本身则未出现。

除了上述实验之外，米勒还进行过模拟火山爆发情景的实验，在实验中，他得到了 22 种氨基酸，5 种胺，以及很多羟基化的化合物。

无生源论不同于进化论

无生源论与进化论有相似之处，但二者并不等同。无生源论的研究客体是地球上最早生命体的出现和形成过程，而进化论研究的客体则是以群体为单位的生命在某个时间跨度上的演化。

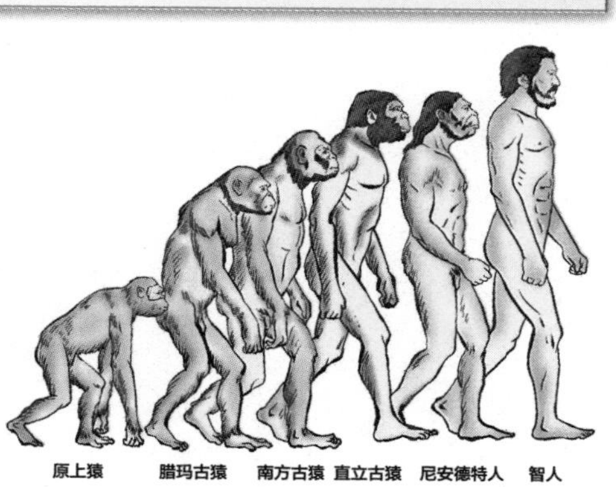

自然界中的聚合

大自然非常善于聚合，以此来呈现新的事物。大自然里许多分子聚合形成长长的链子，名叫聚合物，晶体在环境的影响下聚合形成丰富的图案。这些虽然都不是生命，但可以为形成生命的基础物质的聚合提供佐证——复杂的结构是一种自然、自发且相对稳定的存在。这种聚合存在于一切东西之中，包括漂亮的雪花以及土星的光环。

不断复杂的蛋白质

特创论者认为，将生命所需的元素整合在一起，然后发生反应，生命就此产生了。他们认为蛋白质是一下子自发形成的。然而事实并非如此，也不可能这样。理查德·道金斯认为在时间的积累以及环境的选择过程中，氨基酸由少至多不断聚合成为相对稳定的小群体。道金斯将这一过程看得很平淡，他认为有生命的东西都是分子的组合，这与其他东西并没有两样。

脱水反应

当氨基酸结合形成大分子蛋白质的时候，一个必要的过程是脱水，这是因为这些单体只有断裂一定的化学键才能结合形成新的化学键，产生新的物质。但这个过程能够在原始大海里发生是一件不可思议的事。一般来说，只要弄湿了单体，这些单体便很难结合形成聚合体。关于这个问题，目前生物学还没能给出令人信服的答案。

生物学难题——核酸的产生

关于地球上生命起源的问题最后归结到第一批核酸是如何产生的，与这一问题紧密相关的起源理论是 RNA 世界学说和铁硫世界学说。但这一问题目前仍然是未能攻克的一个世界难题。

铁硫世界学说

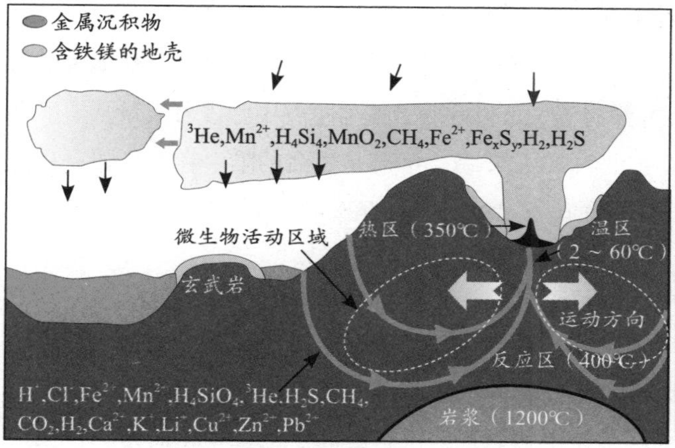

海底热泉模型

这种学说首先由根特·维奇特萧瑟提出，该理论认为早期生命形成于铁的硫化物矿物质表面。水流在被火山气体（如一氧化碳、氨、硫化氢）加热加压至100℃后，从具有催化性能的金属化合物（如硫化铁、硫化镍）表面流过，合成有机分子。深海热泉附近出现的新物种为这种学说提供了支持性依据。

RNA 世界学说

这种学说认为地球上早期的生命分子首先以 RNA 形式出现，随后出现了蛋白质和 DNA。早期的 RNA 分子拥有遗传信息储存功能和催化能力，支持了早期的细胞生命运作。值得一提的是，在原始大气之下由于地球上没有臭氧层，强烈的紫外线会破坏 DNA、RNA 及蛋白质，所以构成生命的复杂物质只有在海中才有机会生成。

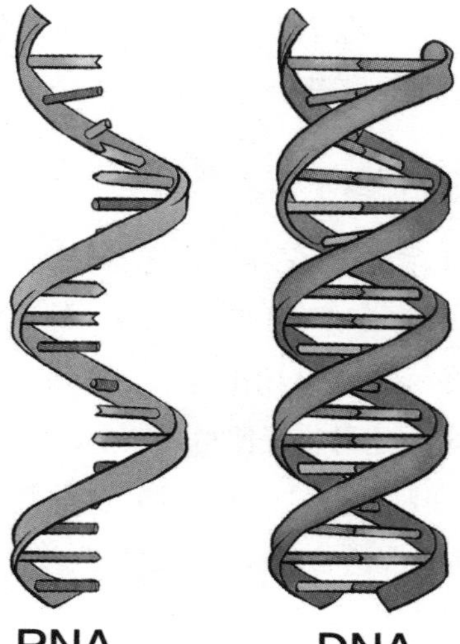

RNA 与 DNA 结构示意图

寻找一个摇篮

地球上形成了适宜生命的环境

光合作用并不是绿色植物的首创，相反这是由低等的细菌所创造的。

✷ 空气的演变与简单的生命形式

生命开始产生于太古代宇宙，这个时期的空气绝不是现代高等生命能够应付得了的。当时的地球空气并没有氧气可供呼吸，而且空气中弥漫着大量从盐酸和硫酸中挥发出来的毒气。在大约 20 亿年里，细菌是生命的唯一存在形式，它们不断繁殖增加数量。在生命的前 10 亿年里，蓝绿菌吸收水中的氢，释放出氧。

✷ 生锈的地球与叠层石

随着蓝绿菌的增加，地球上的氧气不断增多，这对地球上的一些物质来说并不是一件好事情。拿细菌来说，就有厌氧类细菌和好氧类细菌。对厌氧类细菌来说，氧气是致命的。起初产生的氧气并没有游离于空气中，而是与铁反应生成氧化铁，一时之间全世界都生锈了，条形铁矿生动地记录了这一现象。

大约在 35 亿年前，蓝绿菌开始与微小的灰尘、沙粒黏结沉积，形成了浅水里的叠层石。叠层石是一个有生命的系统，里里外外都生活着原始生物，它们互相协作，构成了第一个生态系统。

✷ 漫长的等待

在花了大约 20 亿年，大气里的氧浓度达到了现在的水准，这不是一个小的时间段，超过了地球年龄的 40%。外部条件成熟之后，细胞器（含有一个核和其他简单的东西）开始出现了。据估计，线粒体开始可能是被别的细菌所俘获的一种细菌，这种入侵使得复杂生命成为可能。

新的细胞叫作“真核细胞”，此前的细胞叫作“原核细胞”（没有核的细胞），已知最古老的真核细胞是卷曲藻；单细胞的真核细胞被称作“原生生物”。

氧气的产生与变化

大气中的氧气约占 21%，这对生物的生存至关重要。地球上的氧气却不是天生就有的，而且含量也不是一成不变的。氧气的出现及其含量的变化是生命发展进程中的一个重要事件。

最早的光合放氧生物

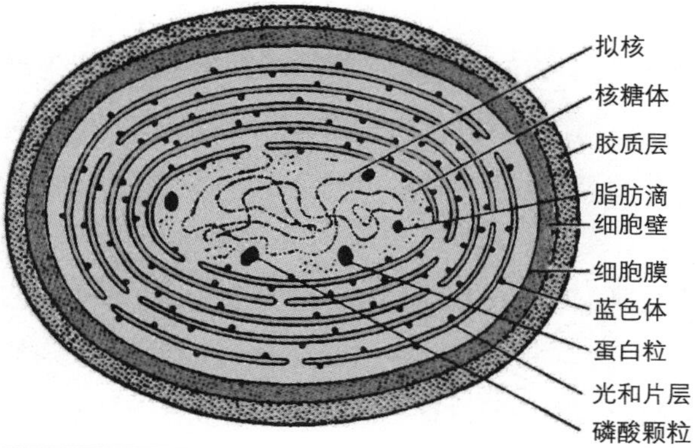

蓝绿菌又称蓝绿藻、蓝细菌、蓝藻或蓝菌，传统意义上归于藻类，但近期发现蓝绿菌没有核膜等结构，因此被归入细菌域。蓝绿菌在地球上存在约 35 亿年之久，是最早的光合放氧生物，为有氧环境的创造起到了巨大的作用。

大氧化事件

不同时期大气中氧气分压变化图

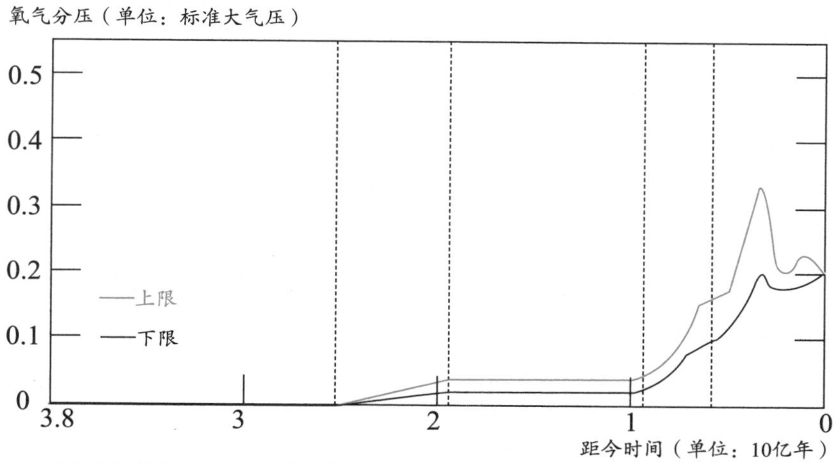

注：气体分压是指混合气体中的某单一气体在相同温度下、相同空间内所产生的压强大小。

大氧化事件又称氧化灾变，是指约 26 亿年前，大气中的游离氧含量突然增加的事件。目前，虽有若干种假说加以解释，但变化发生的具体原因并不清楚。氧气的突然增多使得地球上矿物的成分发生了变化，也为日后动物的出现提供了可能。

我们赖上了地球

生命对环境的适应

地球看似奇迹般的给人以方便，但其实更深层次的原因是我们适应了地球的环境。

各种各样的元素

到2012年为止，人们总共发现了118种元素，其中94种天然存在于地球上。有趣的是，虽然有些元素已经列在了周期表上，可我们对于它的诸多性质却并不了解。比如砹、钋、钫等元素都由于自然界中含量过少而难以为人们熟知。有人估计，在地球上钫的原子数总量不足20个。

元素丰度是指研究体系中被研究元素的相对含量，用质量百分比表示，地壳元素的丰度又称为克拉克值。元素丰度与我们对该元素的熟悉程度、发现的难易程度、重要程度等并无关系。如我们所熟悉的铜的丰度却落后于并不大知名的铈；铝的丰度排名第三，可它的发现时间却落后于含量较少的金、银；构成生命的必要元素碳也只占到地壳元素总量的0.048%。

元素耐受度

许多元素虽然不直接参与创造生命，但对于维持生命具有非比寻常的作用。铁是制造血红蛋白必不可少的元素，钴对于制造B_{12}不可或缺，钾和钠可以传递神经系统的刺激等。

对于每种元素我们都有不同的耐受度，这个普遍与该元素在地壳中的含量成正比，这是我们在漫长的进化中所获得的能力。我们所吃的食物中含有少量的稀有元素，但是这种比例若稍微加大一点，我们可能就呜呼哀哉了。

元素往往以分子形式发挥作用，所以有时不受人类欢迎的元素构成的单质在与其他元素化合之后会变成人类必需的物质。如，即使少量的氯气也会使人不舒服，但氯化钠又几乎是所有动物体内必需的物质。

地球上化学元素的丰度与中文命名

原子核内一般包括质子和中子，质子带正电，核电荷数相同的一类原子被称为一种元素。每一种原子中的核子都具有同样数量的质子，化学反应不能使之分解。目前发现的元素总共有 118 种，其中地球上本就存在的有 94 种。

地壳与海洋中元素丰度对比

海洋中元素丰度排名（前十位）									
氧	氢	氯	钠	镁	硫	钙	钾	溴	碳
85.7%	10.8%	1.9%	1.05%	0.135%	0.0885%	0.04%	0.038%	0.0065%	0.0026%

地壳中元素丰度排名（前十位）									
氧	硅	铝	铁	钙	钠	钾	镁	钛	氢
46.6%	27.72%	8.13%	5%	3.63%	2.83%	2.59%	2.09%	0.44%	0.14%

元素丰度是所有元素相比较所得到的比值。丰度可以是质量、摩尔数或容积上的比值。

元素的中文命名法

1868 年起，徐寿在江南制造总局“翻译馆”从事翻译西方化学、蒸汽机方面的书籍的工作。在翻译工作中，他发明了音译的化学元素命名方法，首创了一套化学元素的中文名称。在这种命名法中，化学元素英文读音中的第一音节被译成汉字，如对固体金属元素的命名中，一律用“金”做偏旁，再配一个与该元素第一音节近似的汉字，创造出了“锌”“锰”“镁”等元素的中文名称。徐寿是我国近代化学发展的先驱，他的命名法沿用至今，影响深远。1998 年中国大陆和台湾共同确定了 101—109 号元素的名称。两岸化学专家经研讨对中文定名达成一致，截至 2014 年，100 号之后的两岸化学元素名称是完全一致的。

徐寿

拓展生存空间

古怪的发明家父子

多亏了霍尔丹父子的研究，我们才能更懂得一些在极端环境下生存的技巧，他们俩都是相当古怪的人。

在海中的暂歇

约翰·斯科特·霍尔丹于1860出生在一个苏格兰贵族家庭，他一生的大部分时间都在牛津大学担任生理学教授。他是有名的注意力不集中者，甚至有可能在出席晚宴前换衣服时在房间倒头睡觉。因为可能在脱衣服时，他以为睡觉时间到了。

老霍尔丹兴趣广泛，研究问题几乎涵盖生理学整个领域。他的主要贡献在于，他计算出了海底工作人员从海底上升时为避免得减压病所必需的休息时间间距。

氮中毒

J.B.S. 霍尔丹是一个了不起的奇才，小小年纪便成为父亲研究工作的得力帮手。小霍尔丹在牛津大学修习完成了古典学的课程，但他凭借自己的努力成为一名杰出的科学家。

小霍尔丹在第一次世界大战中曾负过两次伤，战争结束后，他成为一名科普工作者，写过23本书以及400多篇论文。小霍尔丹热衷于研究潜艇乘员和潜水员预防职业病的措施。他也常亲身参与实验，在实验中，经常以有人痉挛、流血和呕吐而结束。有一次，小霍尔丹吸入高浓度氧气而发生痉挛，并摔断了几根肋骨。

霍尔丹的研究问题之一是氮中毒。氮气在水下30米时会变成一种毒性很强的气体，会造成潜水员情绪不稳定，将空气管拔掉扔向一边。总之，从水底上升时一定得小心翼翼，否则有可能在上岸后惹上麻烦。

J.B.S. 霍尔丹与生命起源

J.B.S. 霍尔丹通常又称为约翰·伯顿·桑德森·霍尔丹，霍尔丹有时也被译作荷顿，是一名遗传学家和进化生物学家。霍尔丹、罗纳德·费雪和休厄尔·赖特被认为是种群遗传学的奠基人。

1892 年，J.B.S. 霍尔丹出生于英国牛津。

1929 年，发表《生命起源》，提出无机物形成有机物的假说。

1952 年，霍尔丹获得了英国皇家科学院的达尔文奖。

1958 年，他被伦敦林奈学会授予达尔文—华莱士奖

1961 年，他对英国政策不满，成为印度公民。

1964 年，霍尔丹逝世于印度奥里萨邦布巴内什瓦尔。

J.B.S. 霍尔丹

早期的地球大气中缺少氧气，紫外线可以轻易照射到地球表面。单分子在受到紫外线或者闪电等强能量刺激之后，会形成复杂的有机物分子。地球早期的海洋就是这些有机分子构成的“原生汤”。

在全宇宙与你相遇

几近完美的地球

除了那些过高、过陡、过干、过热、过冷的地方，我们能够生存的陆地只占到陆地总面积的 12%；要是将海洋计算在内，那我们能居住的地方约是地球表面积的 4%。然而要是将宇宙考虑进来，我们就忽然发现，这一切真是一件非常幸运的事。

☀ 优越的地理位置

太阳与地球的相对位置以及太阳的大小于地球上的生命来说都是恰到好处的。假如太阳比现在大 10 倍，它会在 1000 万年之后而非 100 亿年之后消耗殆尽，而我们也就不会在这里谈天说地了。迈克尔·哈特是一位天体物理学家，他认为假如地球要是离太阳再远 1% 或再近 5%，地球将不再适宜居住。后来这一数据被扩展到了再远 5% 和再近 15%，但仍旧是一个狭窄的空间。

金星和火星的出现很好地说明了地球合适的轨道对于生命的重要性。前者的地表温度高达 470℃，生命难以承受这样的温度，而后者则是一个冰冷的荒凉之地。

☀ 本身良好的构造

脚底下的岩浆虽然危险，但却是地球形成大气所必要的条件之一。地球活跃的内部构造使大量气体喷出形成了大气层，还为我们提供了磁场，保护我们不受宇宙射线的侵扰。此外，由活跃的板块所铸造起的高山壁垒使得地球不致全被海水覆盖。否则，完全平坦的地面之上会有 4 千米厚的水层，这里会形成生命，但高级智慧生命就不一定能出现了。

恒星的一生

恒星的总质量是决定恒星演化和其最终命运的主要因素，恒星的直径、温度和其他特征在恒星的不同生命阶段都会变化，恒星周围的环境也会影响其运动。

恒星的演化

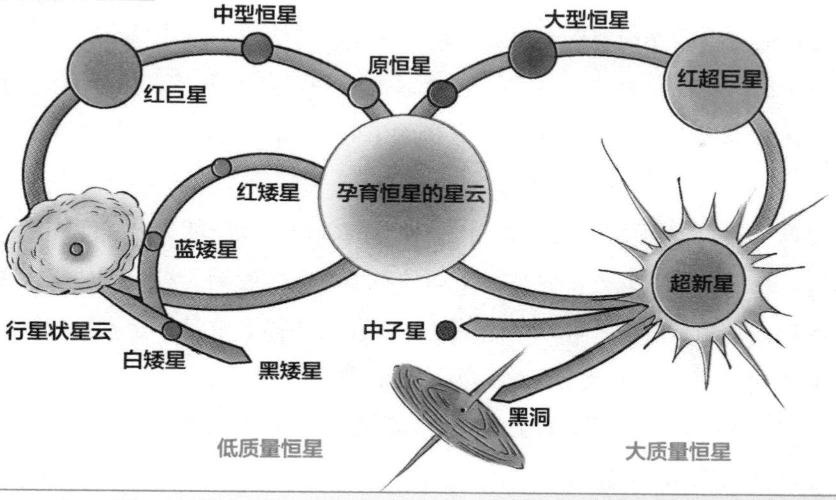

天文学家以质量为标准将恒星分成不同的群组，质量少于 0.5 太阳质量恒星，直接成为白矮星；低质量恒星（质量超过 0.5 太阳质量，但未超过 1.8 ~ 2.2 太阳质量）会演化进入渐近巨星分支（依据它们的组成），演化出简并的氦核；中等质量恒星经历氦聚变，会演化出简并的碳—氧核；大质量恒星的质量（7 ~ 10 太阳质量及以上，有时为 5 ~ 6 太阳质量）后期经过碳融合，以核心坍缩爆炸结束一生。

赫罗图（H-R 图）

赫罗图是描绘众多光谱类型与光度之间关系的图，通过这张图可以让我们得知一颗恒星的年龄和演化的状态。赫罗图的纵轴是光度和绝对星等，横轴是光谱类型（通常大致分为 O、B、A、F、G、K、M 七种）和恒星的表面温度，从左向右递减。大约 90% 的恒星位于左上角至右下角的带状上，这条带称为主序带。

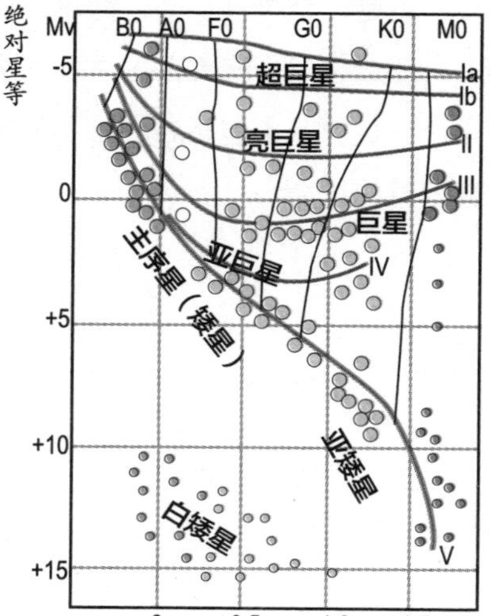

注：色指数用颜色来显示恒星表面温度的一个纯量。使用两种不同的滤镜（U — B 或 B — V），依序测出目标物的光度。光度差数值越小，恒星的颜色越接近蓝色；色指数越大，颜色越红。

月球的引力

长久以来，天文学家们关于月球的形成持有两种观点：地球和月球同时形成以及月球在靠近地球时被地球的引力所俘获。我们现在认为，大约45亿年前，一块像火星般大小的陨星撞击了地球，炸飞了一部分地球物质，而这部分物质形成了月球。

月球通常被看作地球的卫星，不得不说这种说法有一点儿局限。一般情况下，卫星的大小是远远小于主星，像火星的两颗卫星的直径也只有10千米左右。然而月球的直径却相当于地球直径的1/4，因此产生的引力对地球的影响巨大。

月球从各个方面影响了地球，比如地球的气候、夜空能见度、海洋潮汐等容易观察到的变化。此外，月球对地球的磁场也产生影响。最重要的是，由于月球的持久影响，地球才能以合适的速度和角度不停息地自转，为生命提供了稳定的生存环境。这也就不难理解万物生长靠月亮的说法了。值得一提的是，月球正在以每年大约4厘米的速度离我们而去。等到20亿年之后，它将正式退役，难以再维持地球环境的稳定状态。

恰当的时间

宇宙诞生有137亿年之久，太阳系形成于大约46亿年前，而地球也差不多在这个时间形成。在漫长的岁月长河中有太多的不确定事件，而最终生命能够进化到文明社会不得不说是一个奇迹。举个简单的例子，假如6500万年前恐龙并没有遇到陨石撞击，那么它们可能现在还活蹦乱跳地生活在地球上。

一连串的随机事件之后（其中包括各种必要的灾难以及稳定时期），最终演化成了一个先进并且智慧的社会。

地球的未来

所有的相遇都是恰逢其会，如今地球上欣欣向荣的场景都得益于地球相对安稳的外部环境，然而这种安稳并不是永恒的。古生物学者常用彗星撞击地球这一原因来解释恐龙的灭绝，并且指出这种撞击是周期性的。

变化的北斗七星

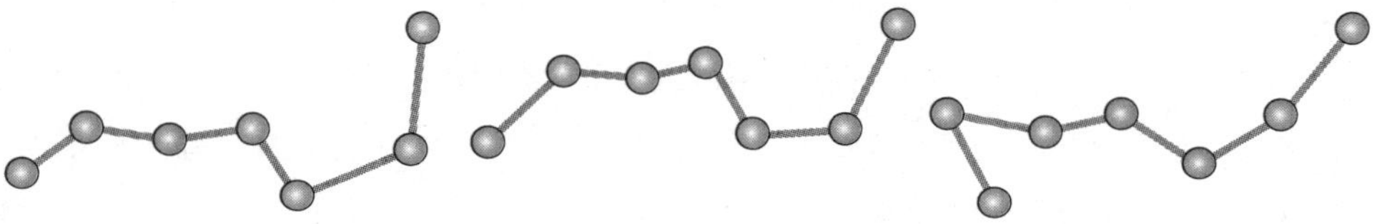

星系中的恒星在围绕星系中心做有规律的运动之外，也会受到附近恒星的影响。北斗七星的形状在几万年之后和现在也是完全不同的。

彗星撞地球

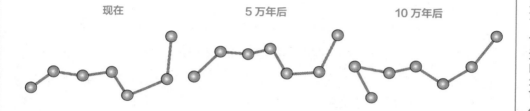

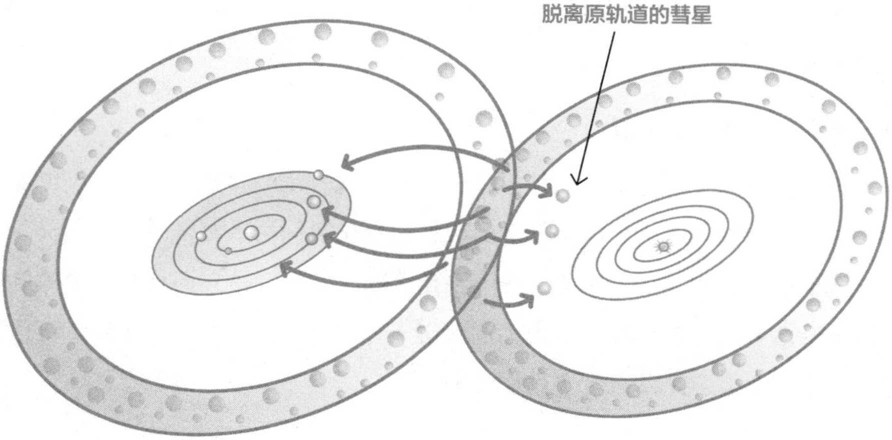

太阳系与半人马座 α 外层的彗星带重叠之后，大量彗星脱离原来轨道。

目前来说，距离太阳最近的恒星是半人马座 α 星，距太阳系 4.22 光年。它和太阳的距离正在缓慢减小，约在 2.8 万年后二者的距离将变为 3.1 光年，此时，它们的彗星带就会相互重叠。大量的彗星改变轨道，彗星撞地球将变成现实。

我们难道不是地球的主人

鲜为人知的细菌

从遗传角度来看，细菌是一种小而分散、不可战胜、难以毁灭的超级生物，它们几乎可以在任何环境下生存。

细菌无处不在

你难以想象在人的皮肤上寄居着大约1万亿个细菌，而每平方厘米的皮肤也正供养着约10万的细菌。这些细菌以人体脱落的皮屑为食，并吮吸从体表渗透出来的油脂以及矿物质。它们在人体表攫取生命所需的能源，并且作为回报，它们为每个人带来独特的体味。

在人的消化系统中活跃着大约100万亿个细菌，品种不少于400种。好在它们中除了吃干饭的，其他多是对人体有益的：它们有的分解糖，有的向外来的细菌发起挑战，维护人体健康。

细菌拥有超强的繁殖力，产气荚膜梭菌可以在9分钟里产生下一代，接着后代又开始进行分裂。从理论上说，按照这样的速度，一个细菌可以在两天之内产生出比宇宙中质子还多的后代。

功勋卓著的细菌

细菌比我们在地球上早出现了几十亿年，它们才更像是这个星球上负责任的主人。它们处理我们生活中产生的废料，净化我们的水源，使土壤肥沃。它们在我们的肠胃中合成维生素、分解消化食物等。并且是它们将空气中的氮转化为核苷酸和氨基酸，这种能力远远高出人类工业制法的效率。此外，包括蓝绿菌在内的细菌，提供了地球上大部分的氧气。

极强的生存能力

在细菌的分裂繁殖中，每分裂100万次就可以产生一个突变体。而令人吃惊的是，细菌之间可以分享这种突变信息，任何细菌都能从别的细菌中获得几条遗传密码。这种能力使它们能够适应极端环境，包括与抗生素的对抗。

细菌的形态与结构

细菌是生物的主要类群之一，也是所有生物中数量最多的一类。细菌的个体非常小，最小的细菌只有 0.2 微米，大多只能在显微镜下看到，而世界上最大的细菌纳米比亚嗜硫珠菌有 0.2 ~ 0.6 毫米大，可以用肉眼直接看见。

形态各异的细菌

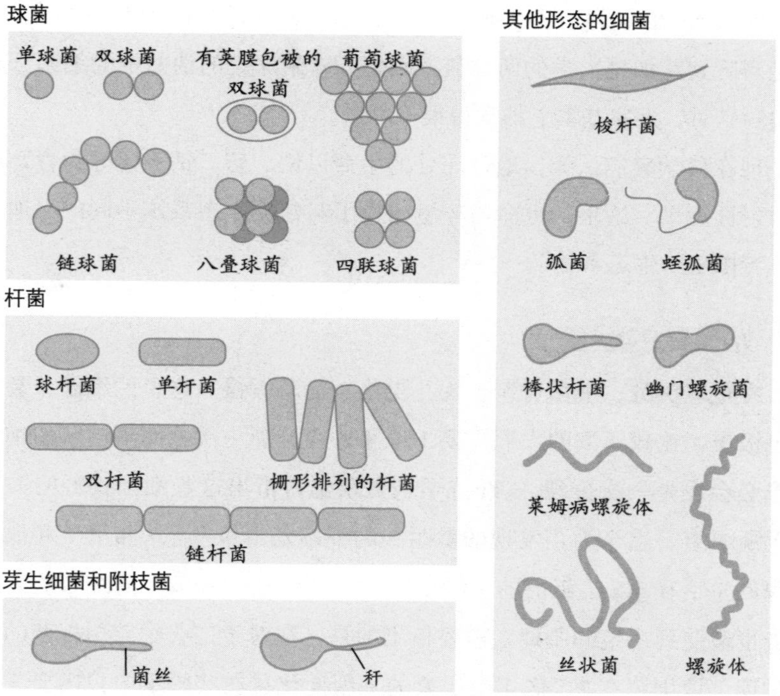

以形态和聚集方式划分的细菌

细菌结构简单，几乎所有细菌都可以被归入球菌、杆菌、螺旋菌或弧菌之列。在所有细菌中，杆菌最为常见，球菌次之。

细菌的结构

目前人们只完全认识了大约 1% 的细菌结构，还远不能完全代表所有细菌。一般来说，细菌的细胞结构相对简单，最外层的结构为细胞壁。继续往内，则依次为细胞膜、细胞质及拟核。部分细菌还有荚膜、芽孢、鞭毛以及膜内折形成的间体结构等。一般来说，细菌没有核膜包被的细胞核以及复杂的内膜系统。

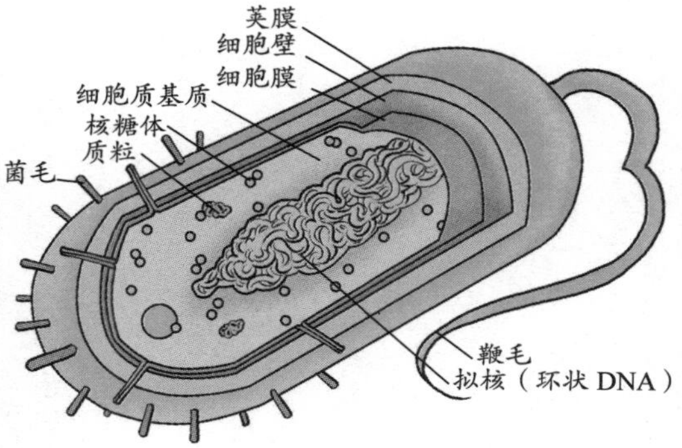

革兰氏阳性菌的结构图

细菌能够生活在沸腾的泥潭或烧碱池中、岩石深处以及大海底部。蚀固硫杆菌更是适应了在高浓度硫酸里的生活，没有硫酸它反倒难以存活。嗜放射微球菌几乎不受放射作用的影响，在用放射线轰碎它的 DNA 时，那些碎片会立即重新组合。细菌简直是一个个活生生的超级英雄。

✷ 地球深处的细菌

20 世纪 20 年代，人们普遍认为在水下 600 米的深处没有生命可以存活，于是当听到芝加哥大学的两位科学家将 600 米深处的油井中的细菌分离出来这样的消息时，大家基本上都觉得很不可信。

现在科学家们认为，地球深处的生命以铁、硫、钴、锰等为食，甚至是铀等放射性元素。这里的生命与环境构成了与常见生态系统不同的“地表下的岩石自养微生物生态系统”。

✷ 慢节奏的细菌

在地球深处，细菌普遍个头儿更小，活动缓慢。这里的细菌分裂繁殖的速度也极慢，比较活泼的大概需要 100 年才会分裂一次，而不活跃的细菌 500 年也未必会发生一次分裂。《经济学人》杂志曾指出这些细菌长寿的关键在于它们无所事事。迄今为止发现的最耐久的细菌是由拉塞尔·弗里兰和他的同事们发现的生活在 2.5 亿年前的一种名叫“二叠纪芽孢杆菌”的细菌。当然，这份报告也遭受到一定的质疑。需要指出的是，在对于二叠纪芽孢杆菌的研究中人们发现，该细菌在 2.5 亿年中积累的基因变化量在实验室中只需要 3 ~ 7 天就可以完成。

细菌的演化学意义与三域系统

细菌分布广泛，存在于土壤、水或其他生物体内。据估计，人体内及体表的细菌总数约是人体细胞总数的10倍。此外，有些分布在极端的环境中的嗜极生物，其中海栖热袍菌甚至可以在航天飞机上生存。

细菌与生命演化

基于日益成熟的基因定序技术，我们建立了演化的树状图，我们知道：细菌演化的第一次大分歧是在真核及原核之间，之后，细菌进行了第二次剧烈演化，有一部分在其他细菌内共生，成了现今真核生物的祖先。真核生物的祖先吞下了一种特殊的细菌，形成了线粒体，或是氢酶体。有些已经拥有线粒体的生物，吞下了类似蓝菌类的细菌，形成了叶绿体，后来成了藻类和植物。

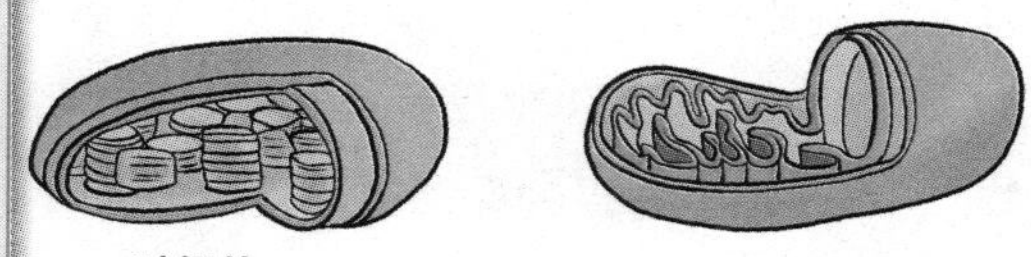

叶绿体　　线粒体

生命发生树

1977年，美国微生物学家和生物物理学家卡尔·乌斯等人率先提出了对细胞生命形式进行分类的三域系统理论。乌斯认为真细菌、古细菌和真核生物都从同一个具有原始遗传机制的祖先演化而来，因此将三者各置为一个“域”，分别命名为细菌域、古菌域和真核域。

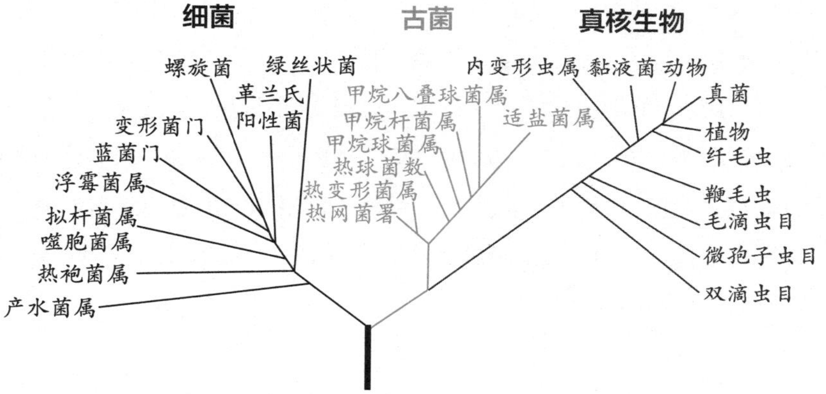

基于16S核糖体RNA序列的生命发生树

把它们放到哪里去

微生物的分类

微生物通常是难以用肉眼直接看到或看清楚的一切微小生物的总称，包括有细胞结构的微生物以及无完整细胞结构的微生物。

无处安放的新发现

直到 20 世纪 50 年代，人类已经开始进入太空时代，此时，人们对于生物分类也只有动物和植物，这对微生物来说相当尴尬。早在 19 世纪末，德国博物学家恩斯特·海克尔就已经提出将细菌归为单独的一个界，他取名为“原核生物”。然而微生物很少受到重视，变形虫等单细胞生物被看作原始动物，而蓝绿菌则被当作原始植物。

真菌

真菌涵盖蘑菇、霉、霉菌、酵母等，几乎是最容易被误解为植物的了。但真菌在繁殖方式、呼吸方式和生长方式等都与植物界显得格格不入。真菌没有叶绿素，不能像绝大多数植物那样进行光合作用。从结构上来说，它们用几丁质来构建自己的细胞，这倒与动物颇为相似，因为哺乳动物的爪子都是用这种材料构成的。

黏性杆菌

黏性杆菌无疑是最有意思的微生物，它们有另一个更富于活力的名字——流动自我激活原生质。这种微生物有多重完全不同的表现，在周围条件良好的时候，它们往往以单细胞形式独立存在，而当周围环境变差的时候，它们会聚集成一条像蚯蚓一样的东西。这种生命集合体可以从一棵树的底部爬到树的顶梢，占据有利位置，然后再一次变换面目呈现出植物的形态顶部形成一个名叫“子实体”的花蕾，并通过梗与树枝相连。之后等到合适的时候打开子实体，让孢子随风而去，成为单细胞生物。

微生物的分类与发现

微生物个体微小、种类繁多、分布广泛，与人类关系密切，微生物目前已广泛应用于食品、医药、环保等领域。

微生物的主要分类

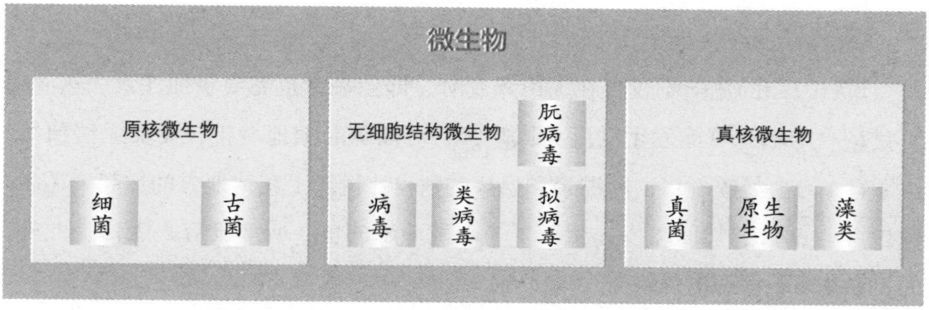

微生物分类主要依据微生物的形态特征、生理生化特征、DNA 杂合率、生态习性、血清学反应、红外吸收光谱、GC 含量、噬菌反应、细胞壁成分、rRNA 相关度、rRNA 碱基顺序等。

微生物的发现历程

约 8000 年前—1676 年，人类凭借实践经验利用微生物，如酿酒、酿醋、发面等。→ **史前期**

1676—1861 年，列文虎克用显微镜观察到了细菌等微生物的个体，并进行了简单的形态描述。→ **初创期**

1861—1897 年，微生物学的奠基人巴斯德首创巴氏消毒法，科赫率先发现并描述了多种细菌。→ **奠基期**

1897—1953 年，发现青霉素以及微生物的代谢统一性，普通微生物学开始逐步形成。→ **发展期**

1953 年至今，运用分子生物学理论和现代研究方法以及基因工程方法等，大量分支学科连同整个生命科学飞速发展。→ **成熟期**

极限环境中的生命

嗜极生物

在地球上，我们无论走到哪里，只要这些地方有液态水以及某种化学能，我们就能发现生命。——杰伊·伯格斯特拉尔

热液喷发

黄石公园的危险不仅仅在火山爆发时，即使平时也需要多加注意。热液喷发就是一个随时可能发生的巨大风险，它可以随时随地发生，而又无法预测。这里有 1 万多处喷气口，间歇泉和温泉的数目比世界上其他地方的加起来还多。1989 年，就曾忽然间喷发，留下了一个宽 5 米的坑，所幸没有人受伤。此外，崩岩也是一种潜在的风险。

探索生命极限

因误入高温温泉而丧命的动物不在少数，就连人有时也会因此丧命。可是有一些神奇的微生物却能够在高温环境中存活。1965 年，托马斯·布罗克和妻子路易丝·布罗克在一次考察中，发现在这些高温、高酸性或含硫过高的水中存活着一些微生物。这是人类发现的第一批极端微生物。

此前，人们总认为，没有任何东西能够在 50 摄氏度以上的温度里存活。这一发现刷新了人类的认识，目前科学家们发现延胡索酸热球蛋白菌可以在 120 摄氏度的高温中存活。卡里·B. 穆利斯是加利福尼亚的一位科学家，他通过研究嗜热水生叶菌发现了一种聚合酶链式反应。这一发现使科学家们可以利用极少量的 DNA 来复制产生大量的 DNA，这种方法后来成为遗传科学的基础。穆利斯也因此获得了 1993 年的诺贝尔化学奖。

极端环境下的生命

嗜极生物又称嗜极端菌，是指在极端环境中生长繁殖的生物，多为单细胞生物。极端环境是相对于人类居住的较为温和的环境而言的，这种环境对人类来说是难以到达的极端，但对这些生物本身来说却很普通。嗜极生物的发现为人类探索生命的起源提供了新的视角。

氧气含量	好氧生物（专性需氧生物 兼性需氧生物 微需氧微生物 耐氧生物）	
	厌氧生物（专性厌氧生物 兼性厌氧生物 耐氧厌氧生物）	
营养类型	无机自养生物（化能自养生物 光能自养生物）	
	无机异养生物（化能异养生物 光能异养生物）	
	混合营养生物	
温度	高温生物（超嗜热生物 极端嗜热生物 专性嗜热生物 兼性嗜热生物 耐热生物）	
	中温生物（可以在 15 ~ 60℃生活的生物）	
	低温生物（耐冷生物 兼性嗜冷生物 专性嗜冷生物 极端嗜冷生物 嗜冰生物）	
pH 值	嗜酸生物（嗜硫酸生物 专性嗜酸生物 嗜酸生物 兼性嗜酸生物 耐酸生物）	
	中性生物（最适生长 pH 值 5 ~ 9）	
	嗜碱生物（耐碱生物 兼性嗜碱生物 嗜碱生物 专性嗜碱生物 极端嗜碱生物）	
盐度	非嗜盐生物（耐盐生物 极端耐盐生物）	
	嗜盐生物（兼性嗜盐生物 低度嗜盐生物 中度嗜盐生物 边缘极端嗜盐生物 极端嗜盐生物）	
渗透压	耐高渗生物 嗜高渗生物	
营养物浓度	富营养生物 兼性贫营养生物 专性贫营养生物	
辐射	耐辐射生物	
真空	耐真空生物	
脱水	耐脱水生物	
极端化学环境	耐毒性生物 耐二氧化碳生物 耐甲烷生物 耐金属生物 耐有机溶剂生物	
多种极端环境	兼性嗜极生物（嗜热嗜酸生物 嗜热嗜碱生物 嗜冷嗜碱生物 嗜盐嗜碱生物）	
	聚—嗜极生物（生命体能在多种极端环境条件下生存）	

嗜极生物的分类方法中，各种分类并不互相排斥，一种生物可以既是嗜热生物，也是嗜压生物。

10

胜负难定的物种战争

微生物致病

大部分微生物对人体是无害的，总的来说，大约在1000种微生物当中，只有一种会使人类患病。但微生物是一个庞大的家族，它们在西方世界被称为第三杀手。

✷ 身体的卫士

常有人会问，为什么病原菌没有进化出让人类不起反应的能力呢。这样的话，即使被感染了也不会感觉不适。其实这并不是病原菌不想进化，只是我们的防御系统在正常作业。如果病原菌躲过了防御系统，这是非常可怕的——HIV病毒就是其中之一。

人体内有多种白细胞来应对各种各样的入侵者——约有1000万种。每种白细胞平时只有不多的数量。只有在紧急情况时，特定的白细胞会迅速增多以消灭病原菌。

✷ 古怪的感染

病原菌要想躲过白细胞的反击有两种做法，一种是像引起感冒的病菌一样，能够迅速从一个寄主转移到另一个寄主；另一种是像导致艾滋病的人体免疫缺陷病毒一样，潜伏在细胞核里数年之后突然行动。

感染还有其他一些奇怪的特征。有时人体内无害的细菌在身体受到损伤时会进入到别的区域，从而引发严重的后果。细菌本身也会受到病原菌的攻击，噬菌体可以消灭特定种类的细菌。此外有些由病原菌引起的疾病会突然爆发，然后又神秘消失，嗜睡性脑炎（1916—1926）就是其中之一。

✷ 人类与细菌的拉锯战

1952年，在用青霉素对付各种葡萄球菌并获得胜利后，人们几乎在各种用品中添加抗生素。毫无疑问，细菌也进化出了各种抗药性。目前，抗生素种类已达几千类，而且已经出现了许多副作用。在这场赛跑中，人类一直在努力，但前景并不乐观。

对抗病原菌

病原菌是指一类能入侵宿主引起疾病的微生物，包含有细菌、真菌、病毒等微生物。当我们手足伤口比较深或者有锈铁钉扎到肉中，就必须注射预防针避免由梭状芽孢杆菌引起的破伤风。

人体免疫系统

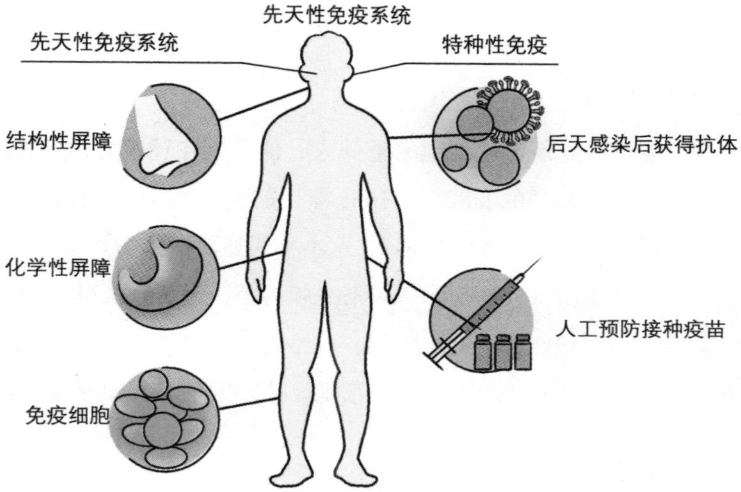

免疫系统是生物体内的疾病防御系统，由多种蛋白质、细胞、器官和组织所组成，这些组成部分相互作用，共同配合构成了一个精细的动态网络。

病原菌的耐药性

20世纪40年代以前，如果某人患了肺结核，那么就意味着此人不久会离开人世。青霉素的出现改变了这一现状，人类面对细菌性感染不再束手无策。然而随着抗生素等的乱用和滥用，病原菌逐渐对药物敏感性降低，产生了耐药性甚至抗药性，药物的效果大大降低。产生抗药性病原菌的过程就像人类因自身偏好而选择产生不同的宠物狗一样，这是一种长期的选择，符合预期的变异品种被保留了下来。

因人类选择产生的玩赏犬（马尔济斯犬）与猎犬（腊肠犬）

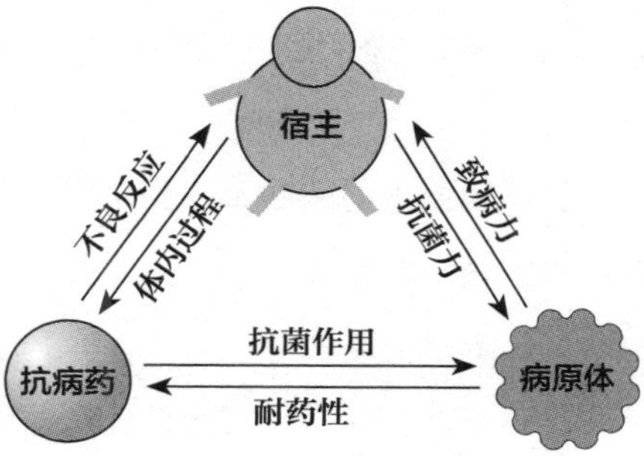

药物、病原体、机体相互作用

深入微观世界

细胞的发现

一位荷兰研究员宣称用显微镜在精子中看到了"预先成型的小人"，并称之为"侏儒小人"。一时之间，人们认为所有生物都是母体的一个放大版本。

描述细胞

罗伯特·胡克是描述细胞的第一人，他不仅在理论方面建树颇丰，而且也是一个动手能力极强的实践者。1665年，胡克出版了《显微图谱：或关于使用放大镜对微小实体做生理学描述》，这本书描述了一个纷繁复杂、熙熙攘攘的微观世界，超越了所有人的想象。该书一版再版，为胡克赢得了广泛的名誉。

胡克发现了植物身上的小空洞，并给它们命名为"细胞"。胡克发现在1平方厘米的木片上约有195255750个细胞，这个数字着实让所有人吃了一惊。

显微勘误

安东尼·范·列文虎克本来是一位荷兰的布料商人，在好友画家简·费美尔的启发下设计出了当时具有跨越式倍率的显微镜。列文虎克虽无任何学科背景，没有受过正规教育，但却是一个技术天才。

列文虎克40岁之后开始学术研究，在之后长达50年的时间里，他向皇家学会提交了200份报告，并配以细致的绘图。他将显微镜对准了几乎所有可以用来观测的事物，其中包括霉菌、蜜蜂刺、血细胞、头发、人精液以及排泄物等。1677年，在列文虎克的影响下，皇家学会动用资本制造出了更高倍率的显微镜，他们发现在一滴水中生存着8280000只原虫，这种生存方式大大超出了人们的想象。

由于显微镜技术的限制，直到19世纪60年代，"细胞学说"才得以被真正确立为现代生物学的基础。

细胞的发现与研究历史

细胞是除了病毒之外所有生命体结构和功能的基本单位，经常被称作生命的积木（病毒由蛋白质和脂肪包裹内部的 DNA/RNA 组成）。1665 年，罗伯特·胡克透过显微镜看到了软木塞上一格一格的细胞壁，并将其命名为细胞。值得注意的是，罗伯特·胡克所看到的细胞只是细胞壁，并不是现在所定义的细胞。

21 世纪初期，细胞学说的大致观点：细胞是一切生物的构造单位，细胞是一切生物的生理单位，细胞由原已存在的细胞分裂而来。

1858 年，中国自然科学家李善兰在《植物学》中使用“细胞”作为 cell 的中文译名。而作为医生的孙文把 cell 译作“生元”。

19 世纪 50 年代，科学家证明细胞都是从原来就存在的细胞中分裂而来的。

19 世纪 40 年代末，德国动物学家施旺与植物学家施莱登进一步发现细胞的主要部分是细胞核而非外圈的细胞壁，创立了细胞学说的基础。这一理论到 1858 年逐渐完善。

1834 年，日本西洋学术学家宇田川榕庵在他的著作《植学启原》中，第一次提到了“细胞”一词（细胞为和制汉语）。

1824 年，法国植物学家杜托息认为细胞是生物体的基本构造，并且植物细胞拥有细胞壁，而动物细胞没有细胞壁结构，因此植物细胞更容易观察到。

1809 年，法国博物学家拉马克认为所有生物体都是由细胞组成的，细胞中含有会流动的“液体”。

1674 年，列文虎克通过自制的镜片发现了细胞，同时他也是第一个发现细菌的业余科学家。

12

奇妙的小东西

认识细胞

在生物的一生中，许多细胞不断中途离去，因此人们对于生物体的细胞数量都只能停留在估计的层面之上。也正是由于这个原因，不同的生物学家对于生命所含细胞的估值往往有很大的不同。

人体细胞的特征

一个人无论如何都不可能比自己的细胞更了解自己，因为每一个细胞中都含有一整套遗传密码。它们不需统一指挥，却能够让发生在体内的几百万件事情井然有序地运作，维持正常的生命活动。

在人体1亿亿多的细胞中，每一个体细胞中都有23对染色体，其中23条来自父亲，23条来自母亲。这些细胞使我们能够进行各种生命活动，让我们感到饥饿，并且让我们在吃饱饭时感到满足。它们使我们的头发生长，大脑运转，并且在生命遭遇危险的时候勇于牺牲，保护我们。

令人吃惊的细胞

关于细胞，我们目前的了解还是远远不够的。一氧化二氮（俗称笑气）能造成温室效应，对人体有一定的麻醉作用，会造成血液中氧气的携带量下降，过量吸入会导致死亡。让人不能理解的是，我们的身体中几乎无处不存在着这种物质。

比利时生物化学家克里斯蒂安·德迪夫统计过人体内上百种细胞，他发现人的神经细胞可以伸展到1米多长，细胞的形状各有不同。尽管细胞都很小，但是卵子细胞仍旧比精子细胞大85000倍。

人体内肝脏细胞可以存活几年，而大脑细胞几乎和人的寿命一样长。除此之外，其他的细胞大都存活不过1个月，据估计，我们每小时就会失去500个细胞。在细胞内部没有上下之分，因为此时的引力对细胞级别的物质基本发挥不了作用。并且细胞都是带电的，我们平时不太容易觉察得到，这是因为带电都是非常小规模的，传输距离以纳米计。

细胞的分类

一般来说，细胞因其内部组成的不同，可以分为原核细胞和真核细胞两大类。通常情况下，细胞难以用肉眼看见，而在显微镜下，则可以看到细胞内形态各异的组成成分。

原核细胞

原核细胞没有以核膜为界的细胞核、核仁，只有拟核，进化地位较低。由原核细胞构成的生物称为原核生物，这类生物主要有细菌、衣原体、支原体、蓝藻、古细菌等。多数的原核生物都有细胞壁，但支原体和古细菌例外。

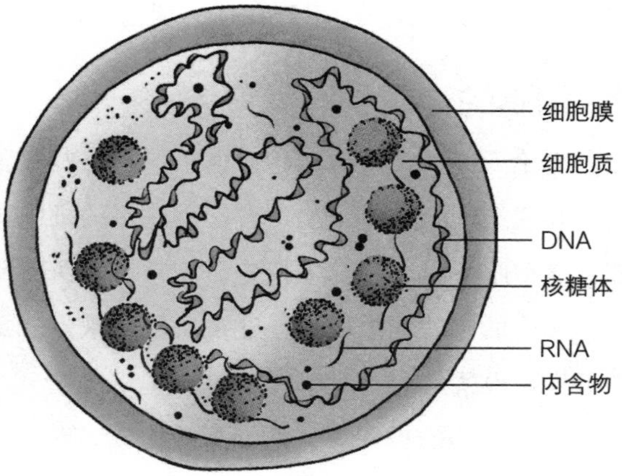

支原体模型

真核细胞

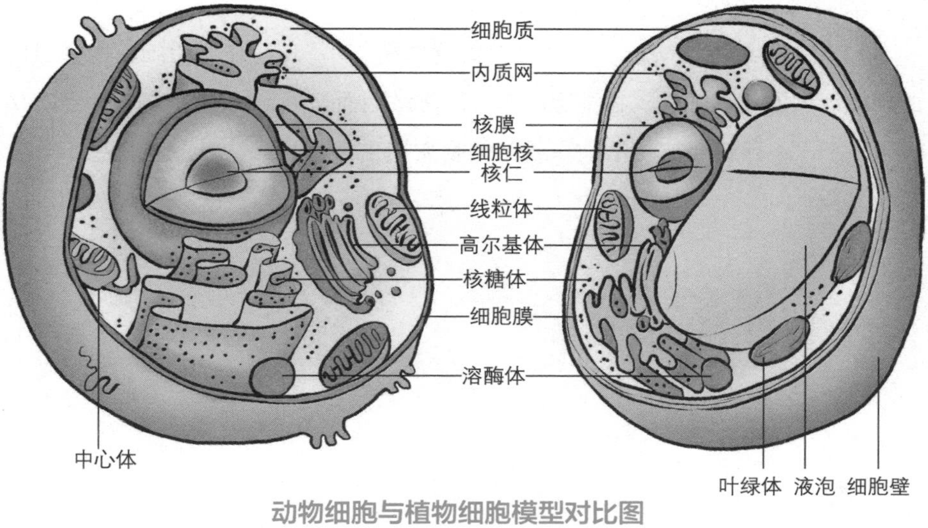

动物细胞与植物细胞模型对比图

真核细胞含有被核膜包围的真核，能进行有丝分裂、原生质的流动和变形运动等。凡是真核细胞构成的有机体现在统称为真核生物。植物、动物、真菌、黏菌、原生动物及藻类均是由真核细胞构成的，属于真核生物。

✷ 对细胞认识的发展

1831年，人类第一次看到了细胞核，这是由苏格兰罗伯特·布朗发现的。1838—1839年间，德国植物学家施莱登和动物学家施旺最早提出细胞学说，人类认识到细胞是一切生命的基质。19世纪60年代，法国人路易·巴斯德证明了生命的产生必须有一个事先存在的细胞，并不能够自发产生。

✷ 细胞的构成

无论人体内细胞的形状有何不同，这些细胞都具有大体相同的构造。在一层外壳或细胞膜的包裹之下有作用众多的细胞质，而在细胞质之中有一个细胞核，在细胞核里储存着维持生命正常运转所需要的基因信息。细胞膜是由一种叫作脂质的脂肪物质构成，这在我们看来可能觉得很不坚固，可对于显微镜下的世界来说就是铜墙铁壁。

植物细胞的构成与动物细胞的构成略有差别，植物细胞一般在细胞膜外面都有一层细胞壁，成熟的植物细胞往往都有液泡和叶绿体，这些都是动物细胞中所没有的。

✷ 活跃的细胞

曾有人将细胞比喻成“一个复杂的化学精炼厂”，旨在说明细胞内部进行的规模巨大的化学活动。在细胞内部充斥着激烈而又频繁的碰撞，每一段DNA链平均每8.4秒就会被化学物质或其他物质撞击和撕扯一次，好在这些损伤会很快复原。

细胞的内部构造及其功能

细胞是生物体的构造和生理功能的基本单位，但生物体的细胞却各有不同。同一个生物体内，细胞也会分化产生外观与功能各不相同的细胞，即使同类细胞，也会存在差异。

细胞膜：由磷脂质双层分子构成，镶嵌有多种膜蛋白以及与膜蛋白结合的糖和糖脂；细胞与环境之间以及细胞器与细胞质之间的分界，能够调节物质的进出，传递信息以及发挥免疫系统功能。

细胞核：具有双层膜，是整个细胞的控制站，携带遗传物质，核膜上有许多小孔（核孔）。细胞核中包含核仁、柯浩体、PML 体等细胞器。核仁的主要功能是核糖体的合成与组装。

细胞质

- **细胞质基质**：细胞质基质包含有水、无机离子、脂类、糖类、氨基酸、核苷酸、蛋白质、脂蛋白、RNA 等多类物质。细胞质基质对细胞骨架有支持作用，对修饰蛋白质、对蛋白质进行选择性降解，是多数中间代谢过程发生的场所。
- **细胞器**
  - **内质网**：由细胞核核膜向细胞质延伸形成的许多相通的小管与囊袋构成，分为粗面内质网和滑面内质网两部分。
  - **核糖体**：负责合成蛋白质。
  - **高尔基体**：由扁平囊袋相叠而成，具有固定的方向性，彼此不通连，负责蛋白质的修饰、分类与输送工作。
  - **溶酶体**：单层膜囊状细胞器，内部含有数十种水解酶。对细胞吞噬的物质进行消化，也对老旧、损坏的细胞器和细胞质进行分解。
  - **液泡**：单层膜囊状细胞器，在不同的细胞中扮演不同角色，形状大小可变。
  - **线粒体**：协助细胞呼吸，产生三磷酸腺苷；有自己的遗传物质，能够分裂增殖。线粒体基因遗传不遵守孟德尔遗传定律，有助于研究人类演化。
  - **叶绿体**：双层膜状的胞器，有自己的遗传物质，能够分裂增殖，自制本身所需的一些蛋白质。通过光合作用合成糖分和氧气。

细胞壁：细胞壁由细胞质的分泌物构成，可以减少细胞受到的伤害，维持细胞形状。

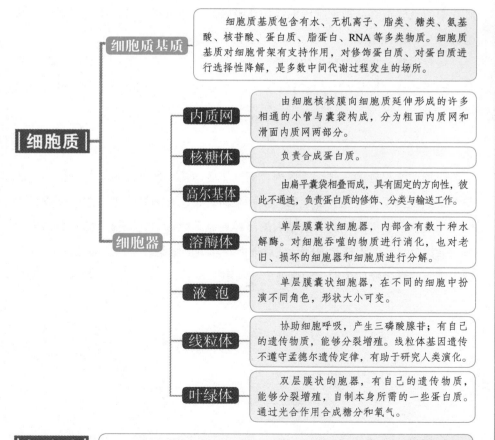

✷ 细胞内蛋白质及功能

细胞分子里面的一切都不可思议地高速运转，这是我们平时难以想象的。蛋白质极其活跃，它们总是处于不停的运动之中，每秒钟都会彼此撞击10亿多次。酶是一种效率极高的蛋白质，它们平均一秒钟可以完成1000件任务。其中包括不断建立和重建分子，一些酶随时监控其他蛋白质，将有缺陷的蛋白质标记出来，蛋白酶将这些蛋白质水解已形成新的蛋白质。

✷ 活跃的能量

细胞内进行的各种反应都是需要花费大量能量的，这需要我们的心脏片刻不可停歇地输出血液将氧气送至全身。我们的心脏每小时约输出340升血液，每天则要输出8000升，每年输出的血液足以装满4个标准的奥林匹克游泳场。血液中的氧气最终会被细胞内的线粒体吸收，这些线粒体是人体内的小型“发电机”，一个细胞里面大约有1000个这样的发电机。

线粒体将从食物中获得的能量与氧气加工，进而形成直接供能的三磷酸腺苷——ATP。人体的每个细胞内约有10亿个ATP分子，这些分子是最直接的能量供应者。

✷ 细胞的凋亡

正如前文提到的一样，人体内普通细胞的寿命一般不超过1个月，可是这些细胞最终去了哪里呢？细胞的一生光荣而短暂，在为机体正常工作一段时间后，细胞就会在细胞核内多组基因的严格控制下死去。它们自己的使命结束之后，会拆掉自己的支柱和薄膜，然后逐渐被邻近的细胞或体内吞噬细胞所吞噬，凋亡细胞的残余物质被消化后会被重新利用。

细胞的基因表达

细胞内的基因可以分为两大类，一类基因控制着细胞最基本的活动，如细胞分裂、能量代谢、细胞基本构件等，此类基因称为管家基因；而另一类基因则控制细胞分化成各种类型的细胞，这类基因称为组织特异性基因或奢侈基因。

细胞分化

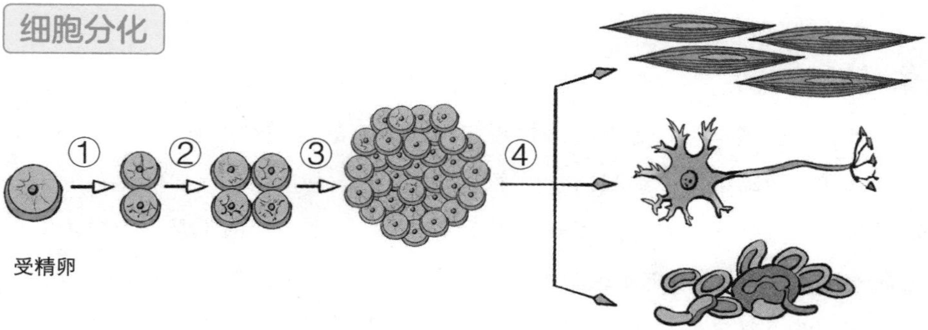

分化后的细胞

细胞分化是指在多细胞生物中，干细胞分裂产生的子细胞在基因表达受到调控的现象。如受精卵在分裂到一定程度后，其子细胞就会向特定的方向分化，形成胎儿的肌肉、骨骼、毛发等器官。分化后的细胞在结构和功能上都会出现差异，而且分化后的细胞只能分裂出同等类型的子细胞。在这一过程中，细胞的遗传基因组并没有发生改变。

细胞的程序化死亡

细胞凋亡是由基因决定的细胞自动结束生命的过程，也常称为程序化细胞死亡。凋亡的细胞将会被吞噬细胞吞噬。细胞在发育到一定阶段后会出现正常的自然死亡，这与细胞的病理死亡有根本的区别。例如：蝌蚪尾巴的消失、骨髓细胞的凋亡、脊椎动物神经系统的发育等。

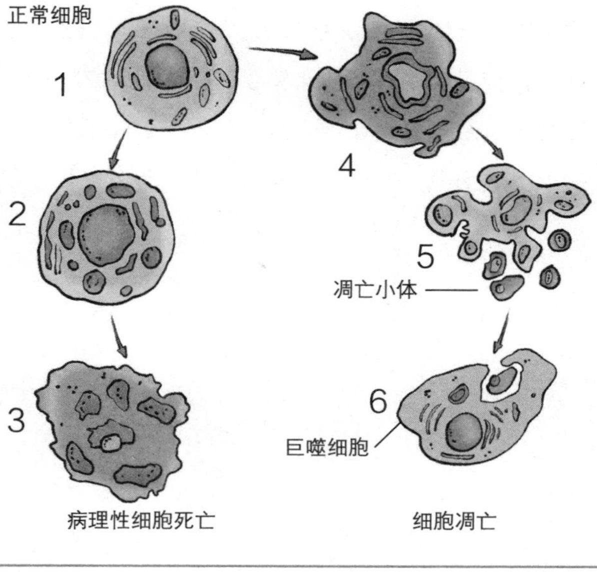

病理性细胞死亡　　细胞凋亡

13

不受控制的细胞

癌细胞

海绵的细胞被打碎之后倒入溶液，它们可以神奇地重新愈合。所有的生命都一样，包括你我，都有一种不可抗拒的冲动：活下去。

信息控制

细胞的任何运动都是毫无理性可言的，所有的运动都重复可靠地发生着。正是这样的运动维持了细胞内的秩序以及有机体的和谐状态。要知道，一个金龟子是由几万亿个反射性的物理化学反应构成的，每个生命都是一个原子工程方面的奇迹。而正是DNA决定了这些反应的不同，也即是物种之间的差异。

细胞的奇妙之处在于它们能够在几十年的时间里使人体内的一切活动正常运转。为此，身体需要时常发出一些信号以调节细胞节奏。这其中的信息包括指令、修正、救助、更新、分裂以及死亡通告。这些信息的传递大多数是通过激素来实现的，如胰岛素、甲状腺激素、孕激素、睾丸素等。而这些激素有些来自腺体，有些则来自大脑或区域中心。

癌症

如果出征在外的军队不服从调遣、反戈一击，这种情况我们称为兵变。倘若细胞没有按照指令进行凋亡，反而不断分裂扩张，这种情况就是癌症了。细胞经常会犯一些类似的小错误，但人类身体可以通过一种复杂的机制将这种情况纠正过来。只是在极少数的情况下，细胞的活动会失去控制。平均来说，每10亿亿次分裂中，会有一次使人患上极其难以解决的疾病。

癌症的发生与预防

癌症又称为恶性肿瘤，是指细胞的不正常增生，增生的细胞有可能侵犯身体上的其他部分，是一种控制机制失常导致的疾病。癌细胞有时会经由体内循环系统或淋巴系统进行转移。如果细胞增生后并没有侵犯身体其他部分，则称为良性肿瘤。

细胞的不正常增生

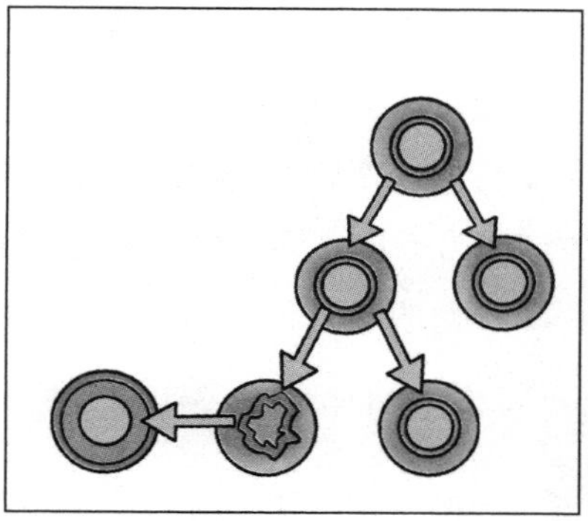

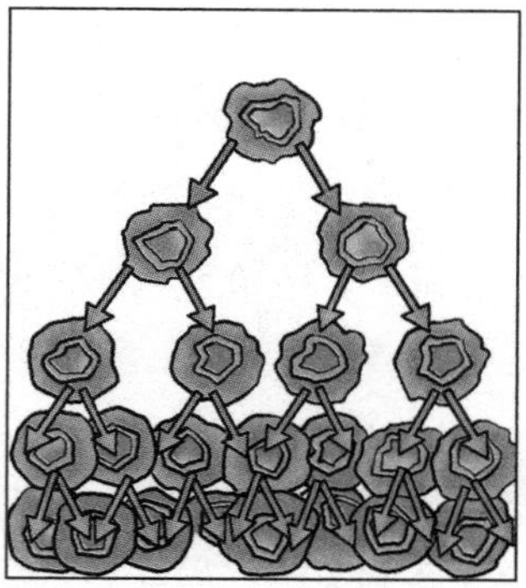

正常细胞在发生无法修复的损伤时，会发生程序性死亡，而癌细胞不受控制，会持续进行生长复制。2012 年，大约有 1410 万新增癌症患者，其中 820 万人身亡，相当于当年总死亡人数的 14.6%。由于生活方式以及环境的不断变化，全球罹癌率整体处于上升趋势。

预防癌症

恶性肿瘤细胞的出现通常需要许多次基因突变发生，或是基因转录为蛋白质的过程受到干扰。致癌物质是指容易引起基因突变的物质，通常包含化学性致癌物与物理性致癌物。通常，合理的生活方式在一定程度上可以起到预防癌症的作用。

生活习惯

少吸烟或戒烟，多吃蔬菜水果及全谷类食品、减少肉类食物与精制碳水化合物的摄取，维持健康体重、多运动，减少阳光曝晒，减少与致癌物质接触机会。

基因检测

对于癌症高风险群以及环境污染地区居民的基因进行检测分析，服用相关药物，进行预防。或借助预防性的手术，降低癌症发生概率。

预癌药物

它莫昔芬、顺视黄酸、非那甾胺、COX-2 抑制剂等药物可针对特定癌症发挥预防作用。

14

荒唐的荣誉之战

美洲物种很低等

新大陆的生物几乎在哪一方面都比旧大陆的生物低一等。

——布丰

美洲没有大型动物?

伟大的博物学家布丰曾经断言美洲的生物在诸多方面都不如旧大陆生物，“身体虚弱、体表无毛”都曾是他对新大陆土著印第安人的描述。重要的是，他这种观点得到了众多缺乏实际经验者的支持。科梅耶·波夫在《关于美洲人的哲学研究》中宣称，印第安人在生育方面能力不佳，男性的乳房甚至会分泌出乳汁。而这一观点也因为无人深究而在19世纪的欧洲文献中被多次引用。

证明给他们看看

这类观点传到美国之后立即引起了巨大的反对。托马斯·杰斐逊让他新罕布什尔州的贵族朋友派士兵猎杀一头麋鹿送给法国人看看，以此来打压他们的无理诽谤。猎杀成功后，为了让麋鹿更加威风，他们还给它加了一对驼鹿角。

同样在费城，一帮博物学家也在装配着一头被称为“不知名的美洲大动物”的化石骨架。他们使用在肯塔基州大骨地发现的化石组装了这头大型动物，以此来驳斥布丰的观点。为了使证据更加有力，他们把化石的个头拔高了6倍，并且给它加上了树懒般的爪子、剑齿虎般的牙齿，把它描述成一只凶猛而又灵活的动物。

值得一提的是，在美洲人费心竭力组装这些不存在的动物的时候，他们却因为大意而丢失了真正的庞然大物——一根可能属于鸭嘴龙的恐龙骨头。

“不知名的美洲大动物”与鸭嘴龙

被布丰轻率的言论所害惨的美洲人，气急败坏地想要寻找到证据来为自己证明。在寻找化石的过程中，他们却因为粗心而没有注意到本该发现的鸭嘴龙的骨骼化石。

不知名的美洲大动物

费城的博物学家们花费大力气组装出了一头庞然大物，然而他们却错估了它的大小、凶猛以及灵活程度。

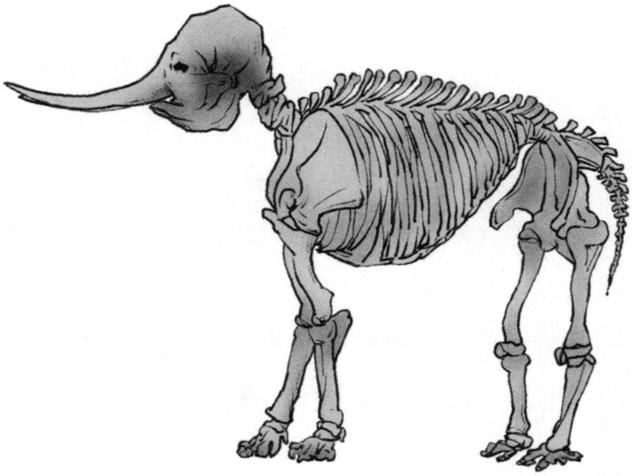

鸭嘴龙

鸭嘴龙生活在1亿年前的白垩纪晚期，正是恐龙发展的鼎盛时期。鸭嘴龙因为吻部前上颌骨和前齿骨延伸并向横向发展，形同鸭嘴，因此得名鸭嘴龙。

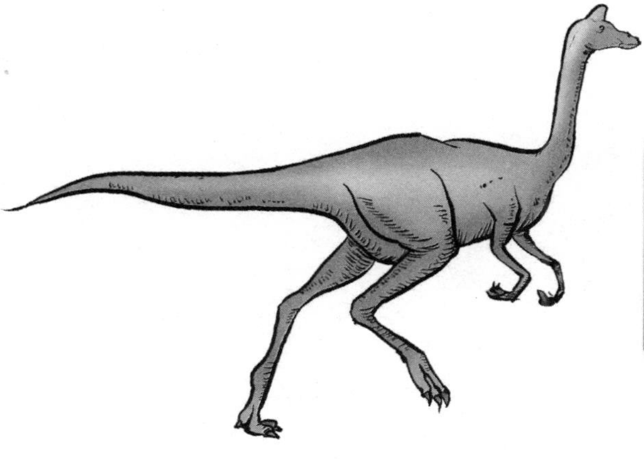

分布区域：北美、北极、中国
身高：约5米
身长：约10米，最长22米
体重：约4吨
时期：白垩纪

难以停歇的争论

在博物学家的“猛犸象”被送到法国之后，布丰固执地坚持自己的看法，实际上他也的确不应该相信这些博物学家。因为美洲人夸张地形容了一个并不存在的庞然大物，而布丰也抓住这一点，把它作为物种已经退化了的证据。

1795年，才华出众的古生物学界新秀乔治·居维叶对这一批骨头进行了研究，之后把它命名为“乳齿象”。这一场时人导演的古生物闹剧促使他于1796年写下了具有划时代意义的《关于活着的象和变成化石的象》。

争论的积极意义

在居维叶的论文中，他首次提出了关于物种灭绝的理论。这对于当时信仰基督教的人来说是相当难以接受的，因为这意味着上帝在创造了物种之后又无情地将它们毁灭。当时的宗教信仰认为世界上的物种都是有自己的地位的，从一开始到最后审判都会一直存在。而物种灭绝理论却与之唱了反调，这连居维叶也不愿意相信。于是他们派出科考队希望能够发现活着的“乳齿象”。

手绘层岩图

在与居维叶发表划时代论文的同一时期，住在英吉利海峡对岸的威廉·史密斯也有了惊人的发现。威廉·史密斯认为岩层中化石的相继出现可以表征该物种存续的时间，借此可以计算出岩石的年龄。威廉·史密斯凭借自己作为测量员所获得的知识，绘制出了英国的岩层图，这些图于1815年出版，成为近代地质学发展的基石。

威廉·史密斯与第一幅现代地质图

威廉·史密斯（1769年3月23日—1839年8月28日），杰出的英国地质学家，为地层学的发展做出了重要贡献。1815年，他编绘了最早的现代地质图——《英格兰和威尔士地质图》。

人物大事记——威廉·史密斯

威廉·史密斯

1769年，出生于牛津郡一个农民家庭。1776年，进入一个乡村学校接受教育，自学测量学基本原理，同时收集化石。

1787年，他成为测量员爱德华·韦布的助手。

1793—1799年，参与萨默塞特煤运河修建工程，对岩层进行考察。

1804年，他将自己的办公地点搬至伦敦。

1815年，他完成了具有跨时代意义的现代地质图——英格兰、威尔士和南苏格兰地质图。

1819年，其债权人罚没了他在伦敦的财产，他因此入狱10周。

1831年，他成为伦敦地质学会首届沃拉斯顿奖得主。1839年，他在北安普顿病逝。

第一幅现代地质图

1815年，威廉·史密斯完成了英格兰、威尔士和南苏格兰的地质图，这是最早的国家级地质图以及那个时代最精确的地质图。而且，这幅地图也是世界上第一幅现代意义的地质图。

威廉·史密斯将地层、岩体、矿床以及地质现象（断层、褶皱等）的分布及其相互关系，按一定比例，垂直倒影制成了这幅图。

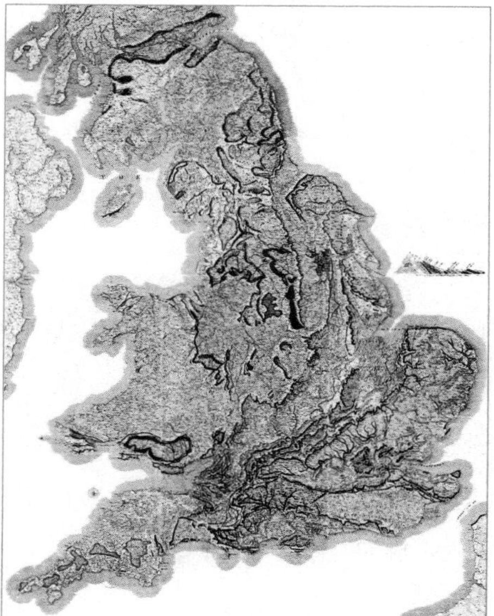

伟大的事业总是充满磨难

悲催的恐龙化石寻找者

15

居维叶的发现把物种灭绝理论推上了风口浪尖，因此19世纪初，寻找更多化石的重要性就凸显了出来。

☀ 点儿背的美国人

自从1787年错失第一根恐龙化石之后，美国人寻找恐龙化石时的坏运气就一直难以消散。1806年，刘易斯和克拉克在蒙大拿的黑尔沟岩组进行考察，他们脚下的土地埋藏着大量的恐龙化石，他们甚至发现了嵌在岩石里的某种东西，但就是没有把它当回事。除此之外，美国人还错失了几个宣布发现恐龙化石的机会。

☀ 玛丽·安宁

生活在多塞特郡的莱姆里吉斯姑娘玛丽·安宁是一个天才般的化石发掘者。1812年，她只有十二三岁，小小年龄的她在悬崖边上发现了一块5米长的“鱼龙”的海洋生物化石。

安宁没有受过专业培训，但她在发现化石以及挖掘化石方面的才能无可比拟。安宁是一个细致且富有耐心的人，她花费10年时间完整地挖掘出了蛇颈龙化石，是第一个发现了这种恐龙化石以及一块翼龙化石的人。

☀ 失意的曼特尔

吉迪恩·阿尔杰农·曼特尔是一位发烧级业余古生物爱好者，他有一位全力支持自己“事业”的夫人。1822年曼特尔因偶然的机遇发现了一块牙齿化石，他断定那是生活在白垩纪的体型庞大的草食性爬行动物的牙齿。这是一个颠覆性的结论，威廉·巴克兰劝他努力寻找证据，慎重发表。他找到给“乳齿象”命名的居维叶征求意见，并没有得到理想的结果。经过一番周折之后，巴克兰在帕金森的建议下先于曼特尔发表了关于一块恐龙化石的文章，并给这个古生物取名为“斑龙”。

玛丽·安宁与蛇颈龙化石

玛丽·安宁（1799 年 5 月 21 日—1847 年 3 月 9 日）是英国早期的化石收集者与古生物学家，同时也是历史上第一个发现蛇颈龙亚目化石的人。尽管玛丽取得过很多成就，但她的一生中大部分时间都是在贫困中度过的。

人物大事记——玛丽·安宁

1799 年，玛丽·安宁出生。她在 15 个月大时，在一场雷击事件中幸存。

1810 年，玛丽的父亲去世，她与哥哥开始将收集化石变卖当成全职工作。

1811 年，发现了鱼龙的化石，成为历史上第一个发现整鱼龙化石的人。

1821 年，玛丽发现历史上第一个蛇颈龙亚目的化石，这具化石被当作标本。

1828 年，玛丽发现双型齿翼龙化石，这具化石被认为是第一个完整的翼龙化石。

1847 年，因乳癌去世，不久前，她成为伦敦地质学会的荣誉会员。

蛇颈龙目

蛇颈龙目是中生代爬行动物。首次出现在三叠纪中期，繁荣于侏罗纪，于约 6550 万年前灭绝。蛇颈龙有两个不同的意思，即蛇颈龙目和单指长颈的蛇颈龙亚目（常称为尼斯湖水怪）。

分布区域：欧洲、北美、南美、大洋洲和亚洲
身长：2 ~ 23 米
时期：三叠纪中期—约 6550 万年前。

丢失了荣誉的曼特尔继续开始寻找恐龙化石。1833 年他发现了雨蛙龙，并且更加热衷于寻找化石。由于荒废了自己的主职——医生，他陷入了经济困难。于是他把自己的家变成了一个展览馆，以展出恐龙化石来获得微薄的收入。来往的人流打断了曼特尔的研究，同时也拆散了他的家庭，为了偿还债务，他不得不卖掉了大部分藏品。

之后在曼特尔的学术道路上更是出现了一座大山——理查德 · 欧文……

理查德 · 欧文

理查德 · 欧文具有极好的解剖天赋，痴迷于研究。1825 年，欧文被英国皇家外科学院聘用，极强的复原才能使他几乎和同时期的居维叶相提并论。欧文因在 1841 年创造了“恐龙”这一名词，而被人们铭记。

欧文是一个冷漠而又傲慢的人，为实现自己的抱负无所不用其极，甚至因为有人在解剖方面具有天赋而对其加以迫害。欧文利用自己在古生物学的影响力系统地逐步抹杀曼特尔的贡献，害得曼特尔苦不堪言。他重新命名曼特尔发现的物种，将功劳占为己有。同时又从中阻挠，让曼特尔的绝大部分论文难已发表。

在欧文意欲抢夺德博拉 · 卡德伯里关于箭石的研究成果时，他的计划败露，名声扫地。之后赫胥黎通过投票的方式取代了欧文的地位。名声衰败后的欧文将注意力转向了博物馆，改变了人们对博物馆的看法，最终使得人人都可以亲近大英博物馆。

理查德·欧文的罪与罚

理查德·欧文（1804 年 7 月 20 日—1892 年 12 月 18 日）是一位英国动物学家和古生物学家，皇家学会成员，曾经对许多脊椎动物进行分类与命名。

成就斐然

理查德·欧文以其在古生物学与动物学的贡献闻名，于 1855 年至 1884 年间在大英博物馆任职，大力发掘生物标本及化石，促成了大英博物馆自然史分馆的创立。

开馆迎众

1856 年，欧文任大英博物学部主任，致力于将博物馆向普通群众开放。虽然这一举动受到了赫胥黎的极力反对，但欧文的努力使博物馆向公众开放成为可能。

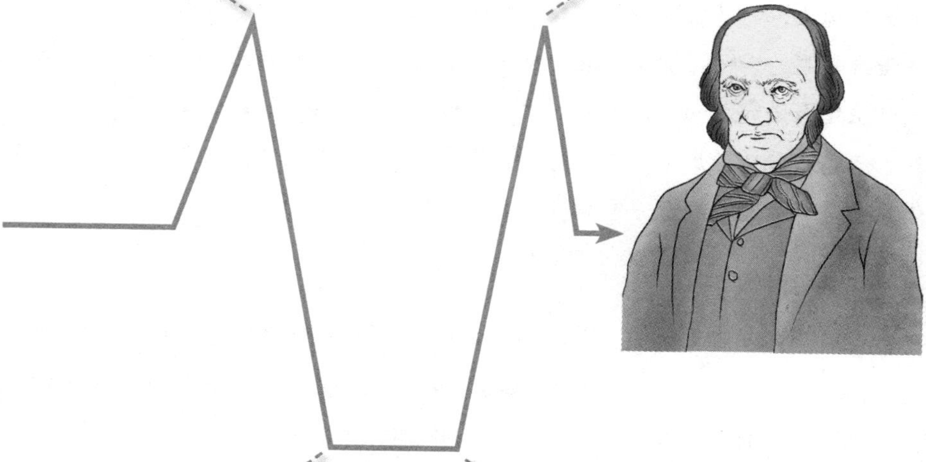

巧取豪夺

欧文恶意窃占恐龙发现者吉迪恩·阿尔杰农·曼特尔的学术成就与发现，在其葬礼上贬其为“二流的地质学家”，此后更是以学术名义掘出曼特尔的骨骸。

恶意抵制

欧文本身是虔诚的天主教徒，对达尔文提出的进化论深恶痛绝，对这一学说进行了长达 30 年的论战与抵制，他甚至写匿名文章攻击达尔文。最终由于多件窃取他人成果等的恶行曝光，欧文失去了作为皇家学会成员的荣耀。

16

来自遥远年代的讯息

三叶虫化石

形成化石并不容易，需要的条件极其苛刻。据估计，约在1万种生物当中，能够形成化石的物种不足1种。

三叶虫化石的发现

化石样品是动植物死后的一种修行。要形成化石首先需要失去生命的生物倒在沉积物里，留下印记。或者在不与空气接触的情况下，让矿物质逐渐取代骨头或其他坚硬的部分，形成石化版本。接下来，化石需要有足够好的运气挺过地质运动，并被伯乐发现。

从对现有“三叶虫”化石的研究中，科学家们发现三叶虫由头、尾和胸三个部分构成，三叶虫这一名字就是由此而来。理查德·福泰在幼年攀爬威尔士圣戴维海湾的岩壁时发现了第一块三叶虫化石。后来福泰将毕生的时间献给了三叶虫化石研究。福泰认为，三叶虫大概出现在5.4亿年前，曾经在地球上存活了3亿年，是恐龙存在时间的2倍。然而寻找一块完整的三叶虫化石对于古生物学家来说，仍然是一件大事。

三叶虫化石之谜

三叶虫曾经异常繁荣，它们的个头有的小得像甲壳虫，有的则有盘子那么大。品类上约有5000属6万种之多。三叶虫几乎是已知的最早的复杂生命形式，然而它们的突然出现却一直是古生物家难以解释的问题。三叶虫有肢、鳃、触角、神经系统、眼睛甚至大脑，它们是一种高等级的生物。但是按照进化论的观点，生物进化是一个相当缓慢的过程，然而人们在岩石中难以发现更原始、更基础的生命。它们似乎就是突然出现的，古生物学家们一时之间难以找出合理的解释。

三叶虫纲

三叶虫指已经灭绝的是节肢动物门下三叶虫纲中的所有动物。三叶虫出现于寒武纪，在古生代早期达到顶峰，二叠纪结束时的生物集群灭绝事件抹去了这些小东西的最后一点生命迹象。

三叶虫形态特征

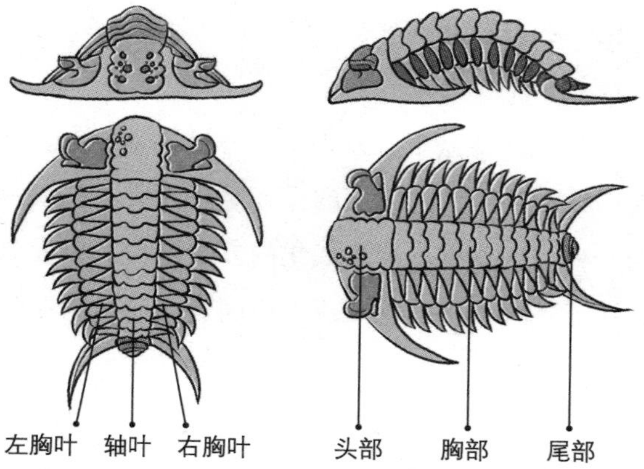

三叶虫身体纵向上可分为三个部分：头部（有眼、口器、触角等）、胸部（多环构造）和尾部；又因为这种古生物横向上由中叶和两个对称的侧叶构成，因此得名为三叶虫。

三叶虫头部不同部位的有无、大小和形状是描述三叶虫不同种类的主要依据。目前发现的三叶虫化石数量可观，这一方面与这种古生物的繁荣有关，另一方面也与这种生物独特的生活习性有关。三叶虫背部有盔甲，在蜕皮前不会重新吸收外骨骼中的矿物，而是将所有盔甲中的矿物全部抛弃，这与绝大多数节肢动物不同。因此一个三叶虫一生中可以留下多个良好的外骨骼，增多了三叶虫化石的数量。

灭绝原因

目前来说，三叶虫灭绝的具体原因仍然不能确定，只有部分较合理的推测。

天敌增多

志留纪和泥盆纪时期鲨鱼和其他早期鱼类的出现与叶虫数量的减少不无联系，三叶虫很可能成了这些新物种的食物。

灭绝事件

奥陶纪—志留纪灭绝事件，发生在4.4亿年前，造成约85%的物种灭绝。

二叠纪—三叠纪灭绝事件，发生在2.51亿年前，造成了98%的海洋生物以及96%的陆地生物的灭绝。

17

勘破疑云密布的过往
揭秘化石

在数亿年以前，当时的世界完全是另一副模样。——比尔·布莱森

沃尔科特

查尔斯·杜利特尔·沃尔科特是一位古生物学家，出生于1850年的他在很小的时候就已经擅长寻找三叶虫化石。他家境贫寒，但凭借自己的天赋与努力在事业上成绩斐然。

1909年，沃尔科特在加拿大境内的落基山脉发现了一大批古生物化石。关于化石的发现过程存在着不同的说法，但这次发现的重大意义却无人撼动——沃尔科特的发现是古生物学的圣杯。这一批来自寒武纪的复杂生命大爆发，向我们展示了现代生命最开始的样子。那片化石床最后以山冈名字命名为布尔吉斯页岩。

发现布尔吉斯化石

如果以一秒时间代表一年，人一生不到两分钟，耶稣的诞生时间也只差不多在三星期之前。但是沃尔科特发现的却是将近20年前的事情——寒武纪初期。

生活在海底的生物形成化石的可能性会大一些，并且由于地壳运动的原因，数亿年前海底的生物往往会出现在现在的高山上，布尔吉斯页岩就是这样一个案例。1910－1925年，沃尔科特每年都会出门考察，带回岩石样品进行研究，他收藏的化石品类达140种之多。在古尔德看来，沃尔科特未能对这些化石做出正确的分类，他受现代生物分类的影响，将这些化石看成今天的蠕虫、水母等的祖先。

布尔吉斯化石

布尔吉斯化石又译作伯吉斯页岩，发现于加拿大西北部不列颠哥伦比亚境内的落基山脉。在这里发现的约 119 属 140 种海洋动物改变了之前科学界对寒武纪海洋生物的认知，为寒武纪生命大爆发提供了证据。

发现历程

1989 年，史蒂芬·古尔德发表了《奇妙的生命》，伯吉斯页岩开始进入大众视野。化石证据显示出当时的生命形式更大的分化幅度，产生了许多独特的后裔。目前来说，这一研究仍处于争论之中。

20 世纪 70 年代中期，加拿大公园管理局以及联合国教科文组织确认了伯吉斯页岩的历史价值，采集化石一时变得很困难。采集工作由皇家安大略博物馆全面承担，该馆馆长德斯蒙德·柯林斯确定了许多新增的露头，发现了大量的新化石。

1962 年，阿尔贝托·西蒙内塔再次调查伯吉斯页岩。科学家们认识到，这些重大发现并不能明确归类到现存生物群中。

1909 年，古生物学家查尔斯·杜利特尔·沃尔科特首先发现了伯吉斯页岩。直到 1924 年，他总共发掘了 65000 件化石标本，穷尽一生对化石进行描述。

欧巴宾海蝎

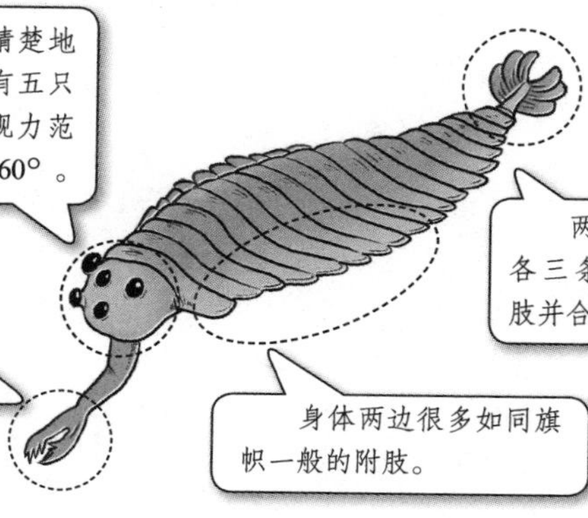

头部没有清楚地与体节分开，有五只突出的眼睛，视力范围很可能到达 360° 。
两边最后的各三条旗帜状附肢并合形成尾部。
头部下方有真空软管一般的吻部，吻末端具有刺状物，用来抓取食物，这种吻部结构可以向后折叠，将食物送入头部下方的口中。
身体两边很多如同旗帜一般的附肢。

欧巴宾海蝎是布尔吉斯化石中一种古生物化石，这种神奇的生物具有环节结构，以及未矿化的外骨骼，身体总长度为 4 ~ 7 厘米，和现代生物相比结构迥异。

化石分类

1973年，西蒙·康韦·莫里斯在参观了布尔吉斯化石的藏品之后，深深地被这些化石的形象震撼到了。这些化石的壮观程度以及种类的丰富都远远超过了沃尔科特之前在他著作中的描述。

莫里斯和他的导师、以及同学合作，共同对这些化石进行重新分类工作。他们惊奇地发现了许多从来没见过的形象。比如，一种名叫欧巴宾海蝎的古生物有着五只眼睛和一个鼻子似的喙，末端有爪子。再如，怪诞虫有着高跷似的腿，样子十分古怪。

寒武纪生命大爆发

莫里斯小组的分类表明，寒武纪在动物体型方面进行了无与伦比的尝试与创新，三叶虫也正是出现在这一时期的复杂生命。可以这么说，在差不多40亿年的漫长时间里，生命总是以一种慢腾腾的状态前行，然后在500万到1000万年里，生命的形式突然急剧多了起来。这被称作“寒武纪生命大爆发”。基本上现在所存的所有生命都能在这一时期的生命中找到影子。

被淘汰的生命

能够成功进化的概率丝毫不亚于买彩票中头彩的概率。在生命大爆发时期，有非常多样的体型和生物种类，但绝大多数缺乏适应力，被环境淘汰。根据著名的进化论科学家斯蒂芬·杰·古尔德的说法，在布尔吉斯动物群中总共有15 ~ 20种不属于现在确认的任何门，后来这一数字增加到了100种。

寒武纪大爆发

寒武纪大爆发又称为寒武纪生命大爆发，在距今约 5.42 亿年前，化石记录显示在 2000 万－2500 万年内出现了绝大多数的动物“门”，这也是显生宙的开始。

突然增多的生命

加拿大的伯吉斯页岩和在中国云南省澄江等地出土的古生物化石，都为寒武纪生命大爆发提供了证据。值得一提的是，寒武纪大爆发的事实曾被作为反对进化论的依据，这让达尔文非常苦恼。即使时至今日，我们仍然对这一现象缺乏合理而客观的解释。

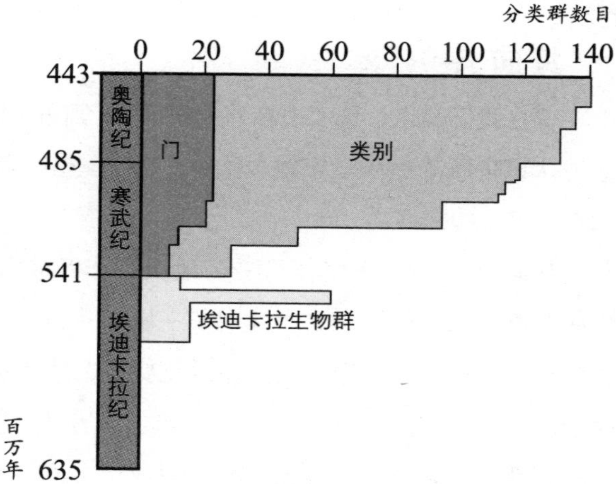

可能的原因

地壳岩层变化：该猜想认为，地球在寒武纪之后开始出现了可以保存化石的稳定岩层，而寒武纪之前的沉积物由于地热和压力无法形成化石。

生物形态变化：寒武纪的时候，生物演化出了能够形成化石的坚硬躯体。

大气成分变化：由于大气中累积足够的氧气量，使得大量动物在短时间内演化，并且形成了臭氧层，保护生物。

生态栖位变化：由于掠食性动物侵入物种稳定平衡的地区，减少了原先占优势的物种，为其余物种释放出了生态栖位，促进了大量物种歧异度的增加。

探秘生命大爆发以前的图景

最早的生命形式

生命史是一个大规模的淘汰史，接着是少数幸存的品种的分化，而不是人们通常认为的不断优化、不断复杂化、不断多样化的故事。

——斯蒂芬·杰·古尔德

✸ 埃迪卡拉标本

现在我们知道，事实上在寒武纪前 1 亿年的时间就已经出现了复杂的生物。这种认识来源于地质学家雷金纳德·斯普里格在澳大利亚发现的一种更为古老和不可思议的东西。

1946 年，斯普里格作为一名地质工作者被派往弗林德斯山脉的埃迪卡拉山区调查矿区。他无意之中发现了一块布满细纹的化石，很像叶子留在泥土中的印记。这些岩石比寒武纪大爆发还要早，斯普里格认为这是起步阶段的可见生命。

斯普里格曾尝试将自己的发现写成论文进行发表，但经历了几次拒绝。最后，他的研究成果得以在《南澳大利亚皇家学会学报》上发表。

✸ 梅森查恩海笔

1957 年，罗杰·梅森还在上小学，他可真是一位年轻的小英雄。小小年纪的他在一次穿越查恩伍德森林时在岩石堆里发现了一块奇怪的化石，样子很像现代的海笔。这种化石正是与斯普里格想要告诉大家的化石一样。梅森把化石交给了莱斯特大学的一位古生物学家，他马上认出这块化石应该开始形成于寒武纪之前。小梅森一下子成了名人，他的相片被刊登在杂志上，他的故事也被写进许多书里。为了纪念梅森，这个标本也被命名为“梅森查恩海笔”。

埃迪卡拉纪生物及其灭绝

埃迪卡拉纪又称艾迪卡拉纪、文德纪和震旦纪，距今约6.35亿—5.41亿年，是地球上动物化石所能追溯到的最古老的时期。

埃迪卡拉生物群

埃迪卡拉生物群，1946年首次发现于澳大利亚南部埃迪卡拉山地，目前这类化石群已在全球30多个地点被发掘出。埃迪卡拉动物没有头、尾、四肢、嘴巴以及消化器官，据推测，它们大多固着在海底，能从水中摄取养分，和植物十分相近，而其余的则在浅海区，等待富养水流送上门来。

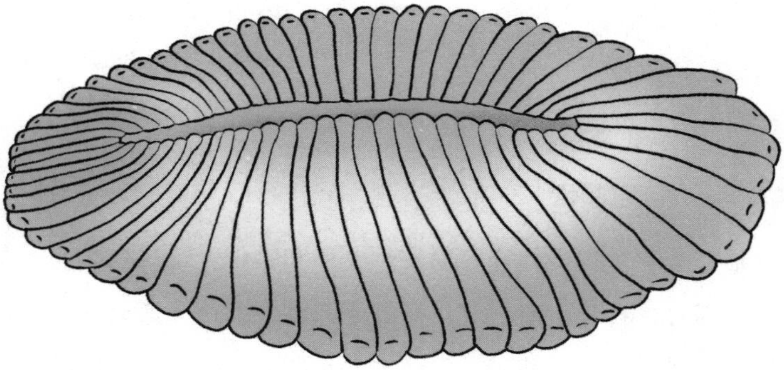

埃迪卡拉纪动物的一种——狄更逊水母

埃迪卡拉纪末期灭绝事件

埃迪卡拉生物群出现在冰川期之后，此时地球上广大冰川逐渐融化、地球回暖，但在寒武纪大爆发之前这些生物又迅速消失了。

幸存物种

可以确信有一部分生物在这次大灭绝中存活了下来，否则地球上的生命可能难以存续至今，但是只有极少部分的生物种类在埃迪卡拉纪和寒武纪交界带的两侧被同时发现。

灭绝证据

在埃迪卡拉纪末期地层中，出现了一个时常伴随着大灭绝事件的地质化学讯号——负的 $\delta^{13}C$（一种碳同位素）偏差讯号。有黑色页岩沉积的增加表明了全球性的缺氧环境，导致生物灭绝。

19

那个遥远而陌生的地质时代

对化石的解释有待改进

寒武纪大爆发，如果可以这么称呼的话，更可能是个头变大，而不是新体形的突然出现，这种情况可能发生得很快，因此在那个意义上可以说是一次爆发。

——理查德·福泰

对分类的质疑

史蒂芬·杰·古尔德并不赞同沃尔科特的分类方法，他在自己的作品《八只小猪》中写道，“沃尔科特对了不起的化石做了最错误的解释”。这一观点遭到来自四面八方的攻击，其中也包括古尔德非常器重的西蒙·康韦·莫里斯。西蒙曾经与古尔德持同一观点，但他最后背弃了这一联盟。这于西蒙来说是一个尴尬的境地，因为观点可以改变，但因观点而发表的作品却并不会。

化石——见怪不怪

化石在地质变化过程中往往容易发生变形和错位，这往往是化石复原的一个重要问题。随着化石的不断发现，科学家们觉察到这些遥远的古生物化石并不是太奇怪。怪诞虫在之前的复原中被完全弄错了，那些高跷似的部件并不是腿，而是怪诞虫背部的刺，许多布尔吉斯的标本已经可以归到现在活着的动物门里了。

不过关于为什么忽然之间出现了那么多复杂的动物，这仍是一个难以回答的问题。不过科学家们现在认为寒武纪的动物可能很早就存在了，只是太小而难以发现，大爆发被证明爆发的程度并没有那么强烈。一些在世界各地突然几乎同时出现的高等级动物化石，或许表明在很久以前，它们的老祖宗就出现了。

怪诞虫

怪诞虫是一种生活在大约5.3亿年前的海洋之中的动物，头小，背部有7对刺，最早发现于加拿大。在中国云南发现的澄江动物化石群中，也存在这种奇怪的古生物。

错误的诞虫模型

1977年，英国古生物学家莫瑞斯看到这种化石身体上规则分布的两排刺时，将其误当成了用来走路的腿，而将腿误以为是装饰品，并将它命名为怪诞虫，这个名字的本意为“离奇的白日梦”。之所以会有这样的结论，主要是由于最初的化石保存得并不太好，以及有限的化石数量。

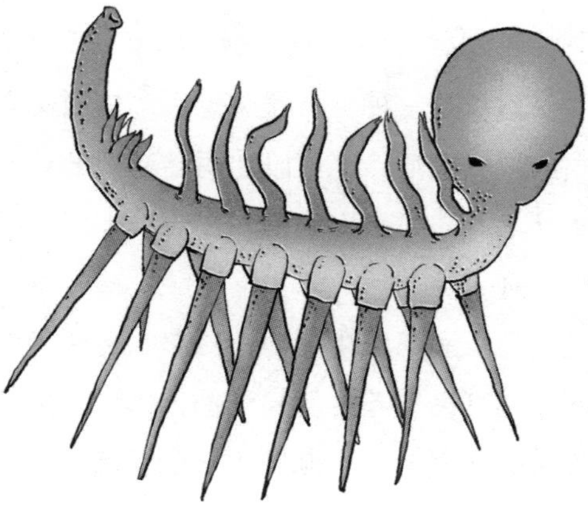

科学的诞虫模型

1991年，关于原来怪诞虫的认识得到了更新。事实上，我们弄错了它的上下，还颠倒了左右，我们此前认为是头的东西其实只是一块沉积物。怪诞虫曾经是地球上数量非常庞大的动物，有一对单眼，可以感光，但视觉非常差，通过环状分布的带刺牙齿进食浮游生物。

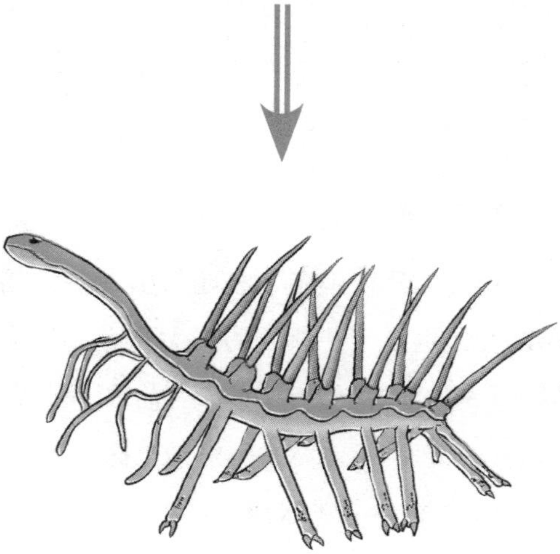

通过研究怪诞虫等过渡性物种的化石，我们可以确定不同的动物类群形成现代身体结构的过程，对于了解生命的历程具有非凡的意义。但同时，从对怪诞虫认识的反转中，我们会发现，认识总是在一步一步接近真理的，既要了解已知，又不能迷信已知。

生命的意义何在

拼尽全力活下去

从生命史上来说，地衣像所有生物一样，它们忍受屈辱与磨难只为让自己能够活得更久一些。从这个角度上来说，生命想要的是存在，而非大有作为。

地衣——真菌与藻类的合作

地衣是一种极有侵略意识，然而又委屈求全的生命存在。它可以在阳光明媚的地方生活，也可以在阴暗潮湿的地方安家。即使在北极荒原，它们也能安然处之。需要指出的是，在北极荒原除了岩石、风雨和严寒外，几乎别的什么都没有。

地衣顽强的生命力让许多人无法理解，其实仔细观察之后你便会发现地衣其实是真菌和藻类的一种结合体。真菌分泌出酸，腐蚀岩石释放矿物质，藻类吸收矿物质，产生真菌需要的食物。二者成功地组合，使得地衣目前已经有 2 万多种品种。地衣在恶劣的情况下生长极其缓慢，要想拥有餐盘般的大小，可能会花费一百年甚至几千年。这让许多人看到了生命本身的努力，他们为此感动不已。

短暂的生命

约翰·迈克菲在《盆地与山岭》中用人两臂的伸展长度表示地球的年龄。在这种比例下，一只手的指尖到另一只手的手腕代表了寒武纪之前的时间，一只手掌便可以托住整个复杂生命历程。人类存在的时间相当短暂，有时一次一不小心的磨损，人类的历史就被抹去了。

如果把整个地球存在的时间算作一天的话，恐龙大致出现在 23:00 刚过，统治地球也只不过 45 分钟左右，这段时间确实不算太长。而人类存在的时间却只有 1 分 17 秒，真可谓弹指一挥间。

共生

共生是两生物体生活在一起的行为，包含生物体之间的吞噬行为。共生关系中较大的成员称为“宿主”，较小者称为“共生体”。

共生依照相互位置可以分为外共生、内共生。外共生不仅包含生活在宿主表面的共生类型，还包括附着在消化道的内表面或是外分泌腺体的导管上的共生类型。内共生有两种可能：共生体在宿主的细胞内或在个体身体内部的细胞外。共生按照对双方生物体的利弊形式，可以分为六种不同的类型。

竞争共生：双方为了争夺某一种有限的资源，而形成的一种共生方式，双方利益都会受损。如在田地中处于竞争关系的杂草和庄稼。

寄生共生：一种生物依附在另一种生物身体内部或表面，利用宿主的养分生存。一方获利，一方受损。如动物以及人身体内的寄生物，主要有寄生虫、细菌、病毒和真菌等。

互利共生：共生的生物体成员在这一关系中都得到好处，如松树与外生菌根、地衣（藻类与真菌）、豆科植物与根瘤菌、清洁虾与海洋生物、海葵与小丑鱼等。

偏利共生：只对其中一方有益，对另一方没有影响。如吸盘鱼本身由于游泳能力不好，而进化出可以吸附在别的物体上的头部吸盘，便于自身运动，但对宿主没有影响。

偏害共生：对其中一方有害，而本身却不直接获得益处。如青霉菌分泌产生的青霉素会对其他细菌产生抑制作用。

无关共生：这种共生关系对双方都无益无损。

21

生命从摇篮中爬了出来

离开海洋，走向陆地

生命能够在进化时勇敢地迈出一步，最终都往往成为决定整个物种去留的关键。离开海洋，迈向陆地就是这样一种勇敢的举动。物种可能因此获益，但也有可能迎来灭顶之灾。

迈向陆地

陆地并不是一个太好的地方，炎热、干燥、紫外线等对生物来说都是一种考验，就像前面章节提到的一样，人类迈向了陆地，但为此失去了地球上 99.5% 的宜居空间。可以想见，生命离开海洋绝对是有它们不得不这么做的理由。

海洋环境已经变得越来越不安全，大陆在逐渐合并成一个大陆块——泛大陆，这意味着在越来越少的海岸线上难以栖息过多的生物。于是一部分物种开始选择转向陆地。甲壳纲的小虫子就是开始转向大陆的第一批可见的能四处活动的小动物。剩余陆地环境对水生动物来说并非易事，首先是浮力的改变需要它们在身体结构上做出相应的改变。另外，它们也需要进化出在空气中获取氧的能力。做出这些改变显然不是易事，而是挑战。

氧气变化带来的影响

大约 4.5 亿年前，植物开始在陆地上生根发芽，伴随它们一齐奔向陆地的还有小螨虫等其他动物。科学家们通过同位素测量法得出结论：在泥盆纪和石炭纪，空气中的氧浓度高达 35%。高浓度的氧让动物们能够轻易地长出一个大高个，而之所以形成如此高的氧浓度，主要是因为早期陆地上有着大量的树蕨和大片沼泽地，而这也形成了厚厚的煤层。

新物种的形成

关于新物种形成问题的研究，称为物种形成，又称为种化。生物学的物种是指无法和其他种类生物交配产生具有生殖力后代的族群，生物种化的过程也同样是生物之间形成生殖隔离的过程。

地理因素影响

依照地理条件可以将物种形成方式分为 4 种模型：异域性物种形成模型、同域性物种形成模型、边域性物种形成模型与临域性物种形成模型。

	异域性	边域性	临域性	同域性
原始种族				
物种形成的开始	阻隔形成	新的生态位进入	新的生态位进入	基因突变
生殖隔离的演化	被阻隔	不同的生态位	相邻的生态位	在原来的族群
新的族群				
备注	物种由于地理隔离，两个族群独自演化，长期累积变异成为不同的物种。	小族群和原来的大族群隔离后，小族群的基因经历剧烈变化，形成不同的物种。	族群约略分开，但相邻部分有基因交流，从一极端到另一极端之间的各族群有不同。	物种在相同的环境中，由于基因突变以及再加强的机制形成的不同物种。

生殖隔离种类

交配前隔离：两个族群由于构造或生活习性不同而无法交配，如不同纹路方向的螺往往无法交配。

交配后、配子前隔离：交配后无法形成健康的受精卵，无法产生后代。

配子后隔离：杂交后代无法存活或杂交后代不能再产生子代。如驴和马的杂交后代骡无法产生后代，这说明驴和马是不同的物种。

22

生命在前进

物种的进化与变异

在环境的种种挑战面前，有些物种倒了下去，而幸存下来的物种通过对有利于适应环境的基因的不断累积和变异成了更加具有竞争力的物种。

飞行的昆虫

昆虫为了躲避其他动物的觅食，逐渐进化出了飞行的能力，这让它们可以方便地躲避突然飞出来的舌头。一些昆虫将这项技艺练习到了绝佳的地步，蜻蜓就是其中之一。蜻蜓能够以每小时 50 千米左右的速度飞行，并且能够快停、悬停、倒飞等。值得一提的是，科学家们估计在石炭纪森林里的蜻蜓可以长到乌鸦般大小。

我们从哪里来

由于化石资料的缺少，我们对于第一批登上陆地的脊椎动物的研究一直以来处于一种相当匮乏的状态。埃里克·贾维克虽最早开始这类研究，但着实拖了后腿。20 世纪 30 年代，贾维克和自己的小组成员一起在格陵兰岛寻找鱼化石。他们目的明确，即找一种总鳍鱼。按照他们的期待，这种鱼是最早的四足动物，也即是我们的祖先。

恐龙、鲸、鸟、人和鱼有一个共同点：都是四足动物，这表明人和它们来自同一个祖先。据认为，在 4 亿年以前的泥盆纪可以找到需要的线索。贾维克小组发现了一种名叫鱼甲龙的动物化石，他从 1948 年着手研究该化石，一共持续了 48 年。他在自己的研究论文中指出这种动物是四足动物，并且有五个指头，认定它是所有四足动物的祖先。

1998 年，贾维克离开人世后，古生物学家对鱼甲龙化石进行了重新研究，发现这种鱼可能支撑不起自身的重量，并且每肢有八个指头。这也就意味着鱼甲龙并不具备祖先地位。

群体演化动力

生物群体总是处于不断的演化之中，一般来说，演化的动力主要有 5 种：自然选择、性选择、遗传漂变、突变以及基因流动。

自然选择

在加拉帕戈斯群岛各种特征的鸟喙形状，显示出了鸟的不同食性。达尔文认为，这是自然选择造成的演化后果。

性选择

拥有可遗传的较好性状的个体通常会在争夺配偶权时取得胜利，将自己的基因遗传下去。如蝴蝶的斑纹、天堂鸟的求偶舞等都有助于获得交配权。

遗传漂变

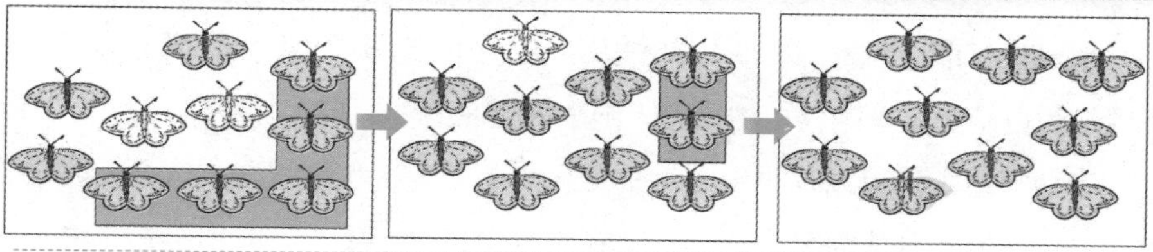

遗传漂变是指当一个族群中的生物个体的数量较少时，由于某些原因而使得下一代的个体和上一代个体有着不同的等位基因频率。如图中所示，由于只有框线内的物种产生了下一代，最终造成了等位基因频率的差异。

突变

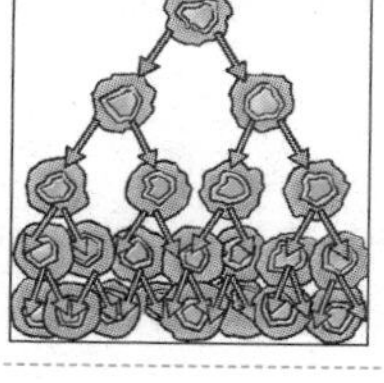

突变是物种多样性的来源，可分为中性突变、有益突变和有害突变。突变通常会导致细胞不正常运作或死亡，在较高等生物中还可以引发癌症。

基因流动

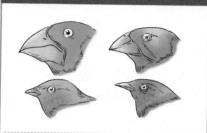

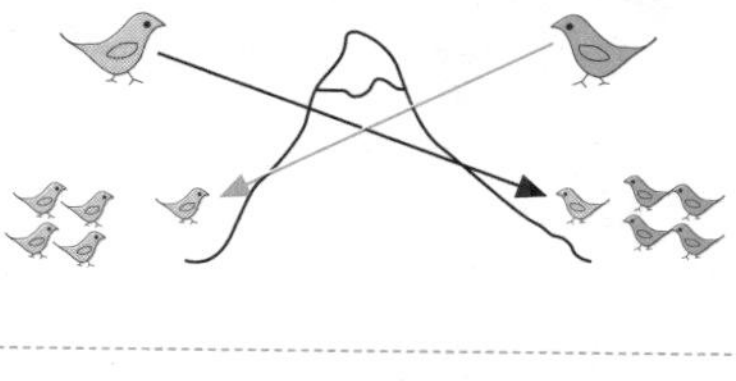

基因流动是指一个种群的基因或等位基因转移到另一个种群的现象，具体形式包括动物种群的迁徙以及植物花粉的飘散过程等。

23

强弱易位，变异长存

物种的毁灭与延续

在生命的进程中存在过多种制霸者，但在突发灾害中能够挺过去的往往并不是当时占据统治地位的物种。

鳖与恐龙

早期爬行动物分为四个主要部分：下孔亚纲、缺孔亚纲、调孔亚纲和双孔亚纲。这些名字来源于它们颅骨化石侧面小孔的数量和位置。鳖属于缺孔亚纲，由于基因突变，曾经差点主宰了地球，成为最先进的物种。它们生存了很久，其中有一支成功闯过了二叠纪，进化成了原始哺乳动物。

恐龙属于双孔亚纲，拥有强繁殖能力，逐渐占据了世界。兽孔目爬行动物无法与恐龙竞逐，逐渐退出，其中一小部分进化成了有毛发的小型哺乳动物。

物种灭绝

地球上目前已经发生的 5 次物种大屠杀. 分别在奥陶纪、泥盆纪、二叠纪、三叠纪和白垩纪。夹杂其中的小型灭绝事件更是有 10 余次。

物种灭绝事件可以称得上是生物进化史上的一次次大洗牌，这是生物进化的动力。人们经常认为只有小型动物在灾难中存活了下来，其实挺过来的还有大型动物，比如鳄鱼。这些鳄鱼约有今天鳄鱼的 3 倍大。一般来说，地球上存在过 300 亿种生物，但也有人认为这个数字应该扩展到 4 万亿。然而目前看来有超过 99.9% 的物种已经灭绝了。对于复杂动物来说，一个物种的存在时间只有 400 万年，这个时间大致相当于人类已经存在的时间。

物种灭绝

灭绝又称为绝灭或绝种，是指一个或一族物种的消失。该物种最后一个个体的死亡时刻往往又叫作灭绝的瞬间。

海洋生物集群灭绝比例变化表

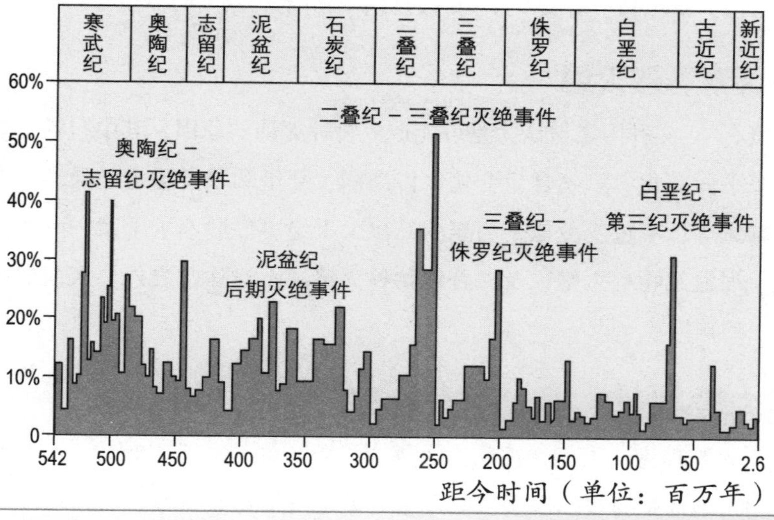

生物集群灭绝是指在相对短暂的地质时段中，多个较大的地理区域中的生物数量和种类急剧下降的事件。在各个地质年代，海洋生物发生了不同比例的灭绝事件。尤其重大的是5次灭绝事件，这些数据采集主要来源于该时期与下一时期的化石记录相比较计算得出。生物在地球上会发生周期性的大灭绝，许多学者认为周期大约是每2600万至3000万年之间，或者大约6200万年。

从地球上消失的物种

灭绝动植物对比表

时期＼生物分类	动物	植物
16世纪以前	古生代、中生代以及新生代灭绝生物，包含恐龙、海口虫属等。	石炭纪、二叠纪和三叠纪等灭绝的大量植物。
16世纪及以后	包括特有种和亚种两大类，在亚洲、欧洲、非洲、北美洲、大洋洲都存在着不同程度的物种灭绝现象，其中包括大量的蛙类、鸟类、鱼类和猛禽等。	在非洲、欧洲、亚洲和大洋洲等地都出现过植物灭绝的现象。

据推测，自地球诞生以来，在所有出现过的生物中已有超过99.9％的物种灭绝。

✷“捡漏”的物种

在第三纪初期，所有的动物几乎都还维持在较小的体型，即使只有猫咪大小的个头就已经可以称霸了。随后生命再次启程，哺乳动物大大增加了自己的个头，其中一部分迅速占领生物链顶端位置。此时的犀牛有今天两层楼那么高，而一种古鸟“泰坦鸟”有着 3 米高的身材，350 千克以上的体重。

✷多因素导致灭绝

大概有 20 多种因素被认为是可能造成物种灭绝的原因，其中包括全球温度变化、海平面变化、氧气含量变化、传染病、彗星和陨星撞击、强烈的飓风以及太阳耀斑等。不过变冷似乎与至少三次大灭绝事件脱不了干系——奥陶纪物种灭绝、泥盆纪物种灭绝以及二叠纪物种灭绝。不过除此之外，人们似乎难以形成统一的认识。

✷研究陷入困境

对于灭绝理论，人们往往认为大规模灭绝事件是非常困难的，如在曼森撞击事件中，地球生命可以慢慢恢复过来。但是发生在 6500 万年前的 KT 事件却让恐龙没有一丝喘息的机会。那确实是一次猛烈的撞击，但仅撞击还不足以毁灭恐龙。撞击之后，整个世界似乎都燃起了大火，随后又连续下了数月的酸雨，其酸性可以烧伤皮肤。不仅关于毁灭，关于幸存的 30%，人们也有许多的不确定。这一切都仰仗于充足的化石，遗憾的是，目前并没有足够数量的化石证明人们的推断。

种群瓶颈

种群瓶颈效应是指由于突然性灾难导致某个种群的数量大量减少的事件。种群瓶颈可能会造成种群灭绝或种群较为有限的遗传多样性，促成遗传漂变。

模拟种群瓶颈

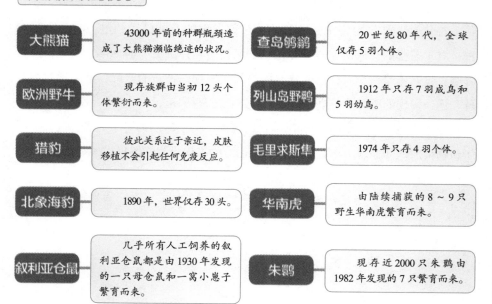

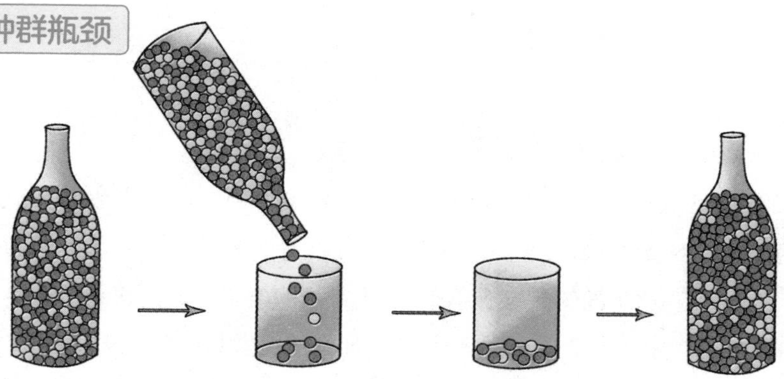

装着两种数量约等小球的瓶子 → 将一部分小球倒入玻璃杯中 → 随机倒出的两种小球比例与原来瓶子中比例不同 → 按比例填充之后的瓶子

瓶子内的不同珠子代表了同一种群中携带不同基因的个体，瓶颈代表了某种剧烈的灾难，将少数弹珠从玻璃瓶中倒出时，由于偶然性的存在，其中一种颜色的弹珠会成为新族群里的优势个体。而由于遗传漂变的作用，可能会减少族群中的遗传多样性。

种族瓶颈的例子

大熊猫：43000 年前的种群瓶颈造成了大熊猫濒临绝迹的状况。

欧洲野牛：现存族群由当初 12 头个体繁衍而来。

猎豹：彼此关系过于亲近，皮肤移植不会引起任何免疫反应。

北象海豹：1890 年，世界仅存 30 头。

叙利亚仓鼠：几乎所有人工饲养的叙利亚仓鼠都是由 1930 年发现的一只母仓鼠和一窝小崽子繁育而来。

查岛鸲鹟：20 世纪 80 年代，全球仅存 5 羽个体。

列山岛野鸭：1912 年只存 7 羽成鸟和 5 羽幼鸟。

毛里求斯隼：1974 年只存 4 羽个体。

华南虎：由陆续捕获的 8 ~ 9 只野生华南虎繁育而来。

朱鹮：现存近 2000 只朱鹮由 1982 年发现的 7 只繁育而来。

爱上地球生命

丰富的生物种类

不用想也知道地球上现存的生物种类极其丰富，但是具体有多少种呢？这个问题，连专业的生物学家也无法给出确切的答案。

✷ 伦敦自然史博物馆的丰富藏品

当你见识到伦敦自然博物馆真正的宝贝的时候，你一定会大吃一惊。在这里存放着大约 7000 万件物品，内容包含了生命的每个范畴，几乎涵盖了地球上的每个角落。这里的储藏室有不止 20 千米长的架子，上面摆满了保存在甲基化酒精中的动物标本。此外，这里也保存着大量的恐龙化石以及闪闪的软体动物。

理查德·福泰表示这里的藏品常使得一些人对它们垂涎三尺，曾经就有一位博物馆的老常客被发现将珍贵的海贝壳藏在自己的义肢里。

✷ 小小的苔藓

19 世纪人们认为苔藓和地衣是同一类，并不作区分。爱默生曾在诗文中将树干上的苔藓比作北极星，其实此处指的本应是地衣（地衣喜欢生长在树木的北侧）。苔藓对于生长地方的条件并不挑剔，因此不具备指示方向的能力。

苔藓是一种繁殖力很强的植物，目前发现的苔藓已经超过 1000 属 23000 种。对于苔藓的深入研究常使得植物学家们需要打翻之前的标准，并进行重新分类。这并不是一个轻松的工作，因为要是发现一种新的苔藓，就要把这种苔藓和已经发现的所有苔藓进行比较，以避免重复描述。

18 世纪采集植物成了一种国际化的风尚，科学家们竭尽全力去满足人们对于新物种的认知需求，这时候，只要有适当的发现，就能够狠捞一笔。

苔藓植物

苔藓植物是非维管植物，包含了苔藓植物门、角苔门和地钱门三个门内的所有物种。

苔藓植物分类

苔藓植物

- **地钱门**：物种种类在6000～8000之间，一般都很小，2～20毫米，因此常被忽略。地钱门分布在世界上几乎所有可能的栖地上，包括沙漠以及极地地区。
- **角苔门**：物种种类在100～200之间，以其角状的孢子体而得名，大多生长在潮湿的地方。
- **苔藓植物门**：物种种类约为10000，高度一般在1～10厘米，有些物种会比较高大。

之前，地钱门和角苔门被归在苔藓植物门之下，现在这两个类群有了自己独立于苔藓植物门的分类。

苔藓植物门生命周期

苔藓植物细胞内只有一套染色体（单倍体），只有在孢子体的阶段拥有完整成对的染色体。苔藓植物门的生命始于单倍体孢子，并长成一个丝状或叶状的原丝体，长出配子托，分化成茎和叶，在茎或枝条的顶端发育出性器官。

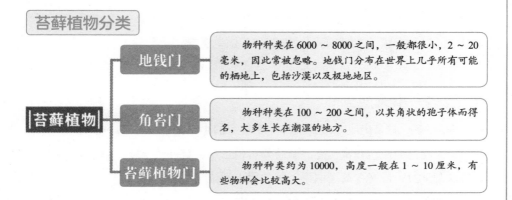

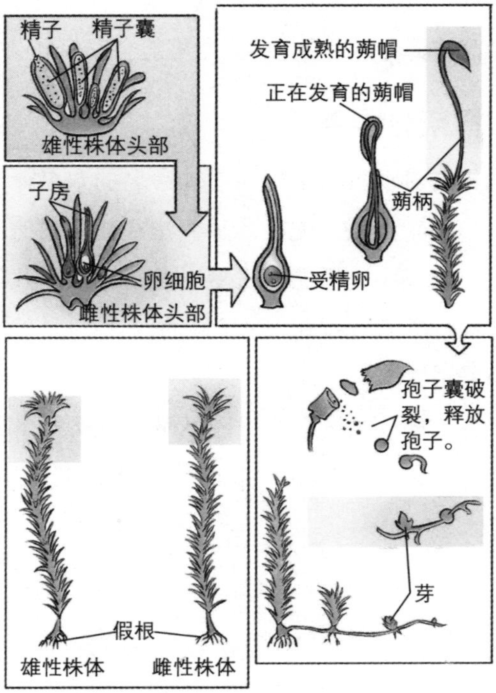

土马鬃（典型的苔藓植物门）的生命周期

25

色色的生物学家

林奈的动植物分类尝试

发现的物种越来越多，但人们对于物种的分类和命名往往处在一种混乱而复杂的状态，同一种植物在不同的地区往往有差别较大的名称描述，世界迫切需要一个可行的分类体系。

☀ 险些一事无成

卡尔·冯·林奈出生在瑞典南部一个贫穷的小家庭中。林奈小时候并不喜欢上学，为此他的父亲非常恼怒，威胁要将他送给补鞋匠当学徒。林奈非常担心，于是发奋学习，最终在荷兰取得了医学博士学位。

林奈最为人所熟知的成就是对于动物和植物物种的编目工作。他热衷于用“性”来描述动植物，如他给蛤蜊的某些部位命名为“外阴”“阴唇”“阴毛”等。他同时也是一个自命不凡的人，他宣称自己的分类体系是科学领域最伟大的成就，花时间来美化自己的肖像，并且自诩为“植物王子”。他要求别人同意对自己的赞誉，否则这些人很可能会发现自己的名字被用来命名某种野草了。

☀ 林奈分类系统

林奈对动植物采用属名加种名的双名命名法，大大减小此前对于动植物命名的复杂程度。此前的分类法往往是按照动植物的特征为标准，如陆生或水生、大或小、漂亮或丑陋以及高贵或平凡等。林奈决定按照生理特征来进行分类，并首先提出界、门、纲、目、科、属、种的物种分类法，至今仍被人们采用。

林奈的分类法存在一些不属实的成分，如其中对于美人鱼、野人的描述，但这些不足往往被他英明的分类法抵消掉了。

林奈和双名法

林奈发明的双名法命名系统以其简单性和广泛性深得人们的喜爱，为微生物命名工作提供了一个科学的方法。这种命名方式适用于植物界、动物界和细菌界。

人物大事记——卡尔·冯·林奈

1707 年，卡尔·冯·林奈出生于瑞典斯莫兰。

1727 年起，在隆德大学和乌普萨拉大学中，系统地学习了博物学及采制生物标本的知识和方法。

1735 年，发表了最重要的著作《自然系统》。

1737 年，出版《植物属志》。

1741 年起，担任植物学教授，研究动植物分类学。

1753 年，出版《植物种志》，创建了双名法，对动植物分类研究的进展有很大的影响。

1778 年，林奈与世长辞。

双名法

双名法由属名和种加词（种小名）构成，以拉丁语法化的名词形成，同样的名称在各种语言体系之中通用，因此翻译较为容易，并且每一个物种都可以准确地由两个单词表示出来。需要指出的是，基于分类上不同的观点，同一种生物也可能有几个不同的学名流通于世。

真核细胞域

动物界

脊索动物门

哺乳动物纲

灵长动物目

人科

人属

智人种

26

岂一个难字了得

烦琐的物种分类工作

为了满足自然科学越来越严肃的需求，粗俗的命名逐渐被舍弃，即使其中一些名称是由自封“植物王子”的林奈所创设的。

各成体系的分类法

一般来说，按照不同的分类标准人们会得出不同的分类结果，可有时即使按照相同的标准也难以得出相同的结果。即使到了今天，动植物的分类体系对于外行人来说，仍然是相当混乱的。

以门为例，有一些是大家公认的，如软体动物门、节肢动物门、脊索动物门等，但除此之外还有一些模糊不清的门，如颌胃门（海洋蠕虫）、刺胞亚门（水母、珊瑚）等门类。许多生物学家认为门的总数应该在 30 个左右，有的则认为在 20 个左右，而爱德华·威尔逊在《生命的多样性》中提出应该分为 89 个门。

对于统一的尝试

为了解决植物重复命名的乱象，国际植物分类学协会不时下发文件，进行统一工作。大多数情况下，他们的工作进行得很顺利，但他们的工作也常会遭到一些花卉爱好者以及植物学家的阻挠，所以有时他们也不得不做出让步。

同样的纷乱也出现在对其他生物的分类描述上，几乎每一方都信誓旦旦地说出自己的观点，并确信其正确性，但他们在描述同一类生物时就是很难形成统一观点。20 世纪 60 年代，澳大利亚国立大学的科林·格罗夫斯开始系统研究 250 多种灵长目动物，在花费了 40 年的时间后，终于将这些研究清楚。如果人们试图对地球上大约 2 万种地衣、5 万种软体、40 万种以上的甲虫做类似的工作，真不敢想象会花费多少时间。

人为分类法与自然分类法

在不同的历史时期，人们对于生物的分类有不同的认识。按照认识层次水平，分类法大致可分为人为分类法和自然分类法两大类，这也反映了人类分类工作的两个阶段。

人为分类法

人为分类法是分类认识的初级层次，分类依据主要有形态结构、功能、习性、生态用途和经济用途等，如陆生与水生、草本与木本等的分类标准。

亚里士多德（公元前 384—前 322）	根据动物有无血液将动物分为有血液动物和无血液动物两大类。
李时珍（1518—1593）	《本草纲目》中将植物分为草部、谷部、菜部、果部和木部共 5 部，将动物也分为虫部、鳞部、介部、禽部和兽部共 5 部，人单属于人部。
卡尔·冯·林奈（1707—1778）	林奈将自然界划分为矿物、植物和动物 3 个界，用了纲、目、属和种 4 个分类等级。根据花蕊中有无雄蕊以及雄蕊数目，将植物界分为一雄蕊纲、二雄蕊纲等 24 个纲。

自然分类法

进化论观点的流布，使得人们意识到生物之间存在着密切的亲缘关系，于是人们开始采用一种新的可以反映出生物亲缘远近以及演化发展关系的分类法——自然分类法。

植物的自然分类法：以植物的形态结构为依据，以植物间的亲缘关系为标准同时参考生理学、生物化学、遗传学和古植物学等学科的相关研究。

动物的自然分类法：以动物的同源性为依据，兼顾包括结构、功能、生物化学、行为、营养、胚胎发育、遗传、细胞和分子组成、进化历史及生态上的相互作用等在内的特征。

27

好好捋一捋生物种类

五界分类法和三域理论

生物分类是指根据生物在形态结构以及生理功能等方面的不同特征，将生物划分不同的种和属。生物分类的基本单位是种。分类等级越高，所包含生物之间的共同点就越少；反之，则越多。

✷ 五界分类法

对许多人来说，按照基因分类是难以接受的。但不得不承认生物学像物理学的发展一样，已经到了一个不能单靠直接观察就能看懂的程度。

随着对微生物研究的深入，传统分类法的弊端逐步显现出来。1969 年，康奈尔大学的一位生态学家 R.H. 魏泰克提出了五界分类法。在这种分类法中，生物被分为五界：动物界、植物界、真菌界、原生生物界和原核生物界。魏泰克的方法是一次很有意义的尝试，但其中关于原生生物界（原指非植物、非动物的任何生物）的含义并没有明确界定。所以在对原生生物界所能涵盖的生物种类这一问题上，不同的生物学家往往有不同的主见。有的用它描述大的单细胞微生物，有的则将这一概念大大扩大，其中涵盖黏性杆菌、变形虫，甚至海藻等。

✷ 沃斯重绘生命树

卡尔 · 沃斯是伊利诺伊大学的一名学者，他潜心于研究细菌的遗传连贯性。在 20 世纪 60 年代，研究一种细菌的遗传连贯性往往需要花费一年时间，而当时已知的细菌就有 500 多种，今天这个数字扩大到了之前的 10 倍以上。

由于从基因角度进行研究，他发现了原生细菌与普通细菌的区别，这种区别并不比我们和一只瓢虫之间的基因差别小。这是一个激动人心的发现，他把这种基本的生命种类定义为“域”——一种高于界的类别。1976 年，沃斯重绘了生命树，其中包含 3 域 23 部。

生物分类系统

分类学讲究将生物划分为不同的种群，系统学则试图寻找生物之间的联系，而现代生物分类系统则尝试兼顾这两方面的研究内容。

生物分界

在现代的生物分类系统中，域（或称总界）是最高的单元。值得一提的是，病毒、类病毒和朊病毒既不是生物也不是非生物，在生物分类系统中找不到位置。

五界分类系统：传统上，人们将生物分为原核生物界、原生生物界、真菌界、植物界和动物界共五界。

四界分类系统：四界分类法中，有菌界（细菌和蓝藻）、原生生物界、植物界和动物界。

三域分类系统：在三域分类系统中，有古菌域、细菌域和真核域。

地球现存生命形式分类表

- **古菌域**：包含嗜盐菌、嗜酸菌以及一些超嗜热菌等。
- **细菌域**：包含放线菌、衣原体、支原体以及立克次体等。
- **真核生物域**
  - 植物界
    - 自养植物和异养植物
    - 孢子植物和种子植物
  - 真菌和后生动物组
    - 动物界
    - 真菌界（包括子囊菌、担子菌、接合菌、壶菌、聚合菌和微孢子虫等）
  - 其余真核生物
    - 原生生物和真核藻类
- **病毒、类病毒以及朊病毒**

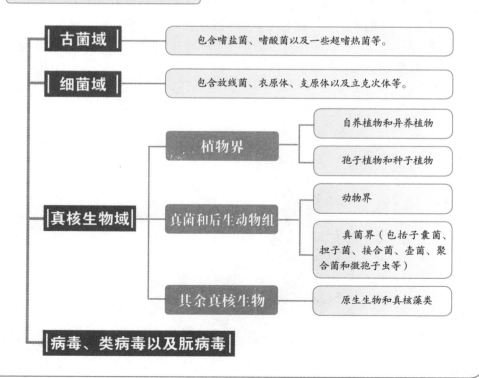

第六章

人类的进化

冰川期开凿出了淡水湖泊，留下了新的沃土，推动了动植物迁移，在过去大约 250 万年里，人类的祖先经历了约 17 个严酷的冰河时代。通过对于化石、冰盖等证据的掌握和了解，人们对于人类的不断演化有了新的认识。

本章关键词

冰河　时期　冰盖　进化论　化石　人类的迁徙　DNA

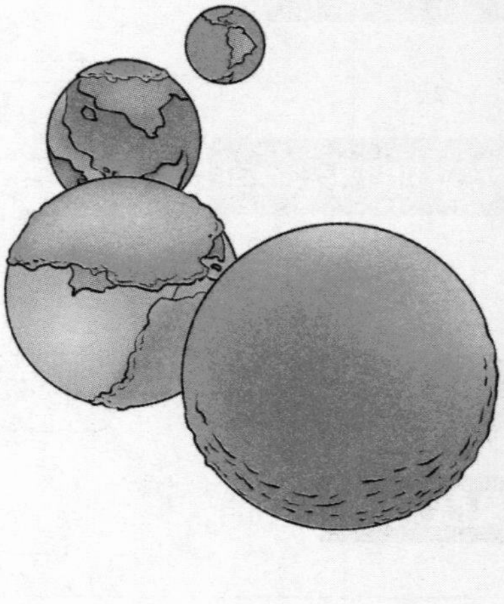

人类，一种没什么特别的动物。

——尤瓦尔·赫拉利

◇ 图版目录 ◇

1

生存之战旷日持久

寒冷的地球

小冰期是相对而言较冷的时期，但是比主要的毁灭大量动植物生命的冰期暖和许多。历史上的小冰河期都导致过地球气温大幅度下降，全球粮食大幅度减产。17 世纪，欧洲和北美洲经历了一个小冰河期，这使得人们在泰晤士河上可以举办各种各样的冰雪活动。

坦博拉火山喷发

1815 年，位于印度尼西亚松巴哇岛的一座名为坦博拉的休眠火山突然爆发，气吞山河、排江倒海。这次喷发带走了 10 万余人的性命，是近 1 万年内最猛烈的一次，能量相当于 6 万颗广岛原子弹。

坦博拉火山喷发 7 个月后，人们才真切地感受到了火山喷发造成的气候影响。大气中弥漫着 150 立方千米的灰尘，这让一切看起来都灰蒙蒙的，日落时分阳光异常暗淡。英国画家 J.M.W. 特纳将这种昏暗记录了下来。1816 年，春天没有如约而至，霜冻持续 6 个月，夏天不再温暖。这一年种子在土里难以发芽、粮食歉收，被称为“19 世纪冻死年”。

缩小的冰川期

冰川期其实离我们的距离远没有恐龙离我们的距离远，甚至可以说，我们现在正处于一个冰川期，只不过程度和范围都不如许多人认为的那么大。大约 2 万年以前，地球表面 30% 被冰雪覆盖，而现在有 10% 的陆地被冰雪覆盖，14% 的地区是永久的冻土带。地球上的淡水有 3/4 被冰雪覆盖，南北两极均有冰盖，这种天气在地球历史上是非常罕见的。

小冰期成因

在中世纪的一段温暖时期之后，全球气温开始普遍下降，从 16 世纪中叶开始，一直持续了 220 年时间。期间植物生长季节变短，粮食减少，全球各地饥荒与瘟疫频发，全球人口成长率减缓。

人口因素

16 — 17 世纪，欧洲人在征服美洲的过程中，消灭了大部分美洲的土著居民。致使大量土地无人耕种，具备竞争力的植物大肆扩张，从空气中吸收了数十亿吨的二氧化碳，减弱了地球的温室效益，从而引发了小冰河期。

天体引力

米兰科维奇循环描述了地球气候整体变动与地球运行轨道之间的关系，地球轨道的变动可以说是冰河期的定标。地球大约在每 26000 年会完成一次完整的绕行进动，椭圆轨道也以缓慢的速率发生变化。

火山活动

小冰期很可能是由四次火山喷发和海冰导致阳光反射的组合效应诱发的。科学家对加拿大巴芬岛冰盖下的植物样本研究之后发现火山喷发引起了海冰面积增加，而增加的海冰意味着更高的阳光反射率，所以长时间地维持了冷却效应。

太阳活动

太阳活动指太阳大气层的活动现象，主要有太阳黑子、光斑、谱斑、耀斑、日珥和日冕瞬变事件等。1450 年至 1550 年，太阳活动频繁，而 1645 年至 1715 年间，太阳活动极少，这与广义的小冰期时间吻合，可能是小冰期的成因之一。

生命的劫数与契机

冰川运动

“首先，人们拒绝承认阿加西斯发现的正确性；然后，否认它的重要性；最后，将功劳归为别人。”亚历山大·冯·洪堡曾这样描述冰川作用研究发现的三个阶段。

失落的研究者们

18世纪，“地质学之父”詹姆斯·赫顿是赞成大规模冰川作用的第一人，可惜他的观点并没有引起重视。1834年，瑞士博物学家让·德·夏庞蒂埃在一次考察中，从伐木工人口中证实了自己的观点，正是格里姆瑟尔冰川推动巨大的花岗岩石产生运动。他的这一观点一开始无人问津，后来得到了瑞士博物学家路易斯·阿加西斯的全力支持。

阿加西斯和植物学家卡尔·西姆帕尔是一对因研究成果归属问题而分道扬镳的朋友。1837年西姆帕尔首先创造出了冰河时代这个词，他提出了许多激进的观点并将之与阿加西斯分享。后来结果表示，他为此后悔不已。

逐渐开朗的研究

阿加西斯在英国四处游说，度过了一段极为艰难的岁月。1846年，阿加西斯在美国作系列演讲，获得了认可，被哈佛大学聘为教授。1852年，阿加西斯在格陵兰进行考察，发现这里几乎都被冰盖覆盖，就像他在理论中设想的一样。

19世纪60年代，詹姆斯·克罗尔发表论文认为地球轨道的变化可能与冰川期的形成紧密相关。他认为，地球轨道会从椭圆变化到接近圆形，然后再变化到椭圆。这种周期性的变化导致了冰川时代的产生和完结。塞尔维亚学者米卢廷·米兰柯维契对克罗尔的研究非常感兴趣，并在20年中的闲暇时间里通过精密的计算对其进行论证。

大冰期

大冰期又称作“冰川期”或“冰河期”，是指极地和山地冰盖大幅扩展，甚至覆盖整个大陆的时期。在相邻的大冰期之间，气候一般比较温暖，称为“大间冰期”。

五次大冰期

新太古代大冰期：24 亿年前到 21 亿年前，大气层中急剧增加的氧气破坏了原始大气的平衡，温室气体甲烷急剧减少。

前寒武纪大冰期：8.5 亿年前到 6.3 亿年前，火山喷发的二氧化碳结束了这个冰封的时期，埃迪卡拉生物群以及寒武纪生命大爆发紧随其后。

早古生代大冰期：4.6 亿年前到 4.3 亿年前，时间跨度较小。

晚古生代大冰期：3.6 亿年前到 2.6 亿年前，陆生植物大量繁育，大气中氧含量增加、二氧化碳含量大幅减少所致。

第四纪大冰期：258 万年前至今，称为当前大冰期或大冰期，南极洲、格陵兰、巴芬岛等处冰盖显示出了当前的气候总特征。

大冰期周期发生

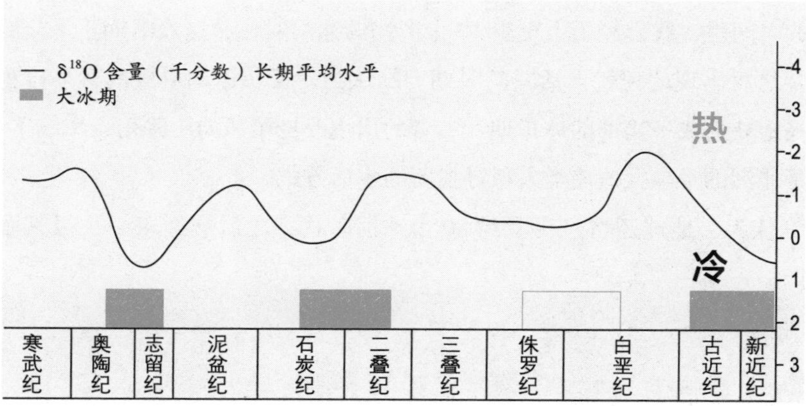

^{18}O 含量的变化与历次大冰期联系紧密，其中空白柱状表示侏罗纪—白垩纪未发生一次大冰期，原因可能是由于当时大陆分布位置比较特殊。

夏季与冰川期

冰川期和地球的摄动有关，米兰柯维契通过计算证明了这一点，可是他并没有想到形成并加剧冰川期的是夏天，而非冬天。

德国气象学家瓦尔德米尔·柯本认为冰川期产生在凉快的夏季，这时地面反射增加，冰雪覆盖，整个地区变得更加寒冷，因而冰雪会越积越多。冰川学家格文·舒尔茨认为，冰盖的产生源于某个天气反常的夏天，积累的雪并不能及时融化，这些雪反射走了热量，加剧了寒冷的效果。而当冰盖一旦形成，它们就会开始移动，也就进入了冰川时代。

大陆块的影响

米兰柯维契的研究并不足以解释冰川期的周期，因为这需要纳入更多的考量内容——大陆的分布，尤其是极地的大陆块。有一种说法认为，假如北美大陆、欧洲大陆以及格陵兰再往北移动500千米，我们的地球将永远处在冰雪覆盖的环境中。这么说来，我们真是赶上了所有的好时候，这其中不仅包括我们正处在冰川期的间隔之间，也包括地球与太阳之间不远不近的距离。

近年来的冰川

我们目前所处的冰川期开始于4000万年前，其中有许多非常难挨的时候，我们生活在还不错的时间段，而我们的祖先则经历了更多的历练。在过去250万年的时间里，我们经历了至少17个严酷的冰河时代，这段时期正是非洲直立人以及之后出现的现代人活跃的时期。据认为，板块运动形成的喜马拉雅山和巴拿马地峡造成了当前的冰川期。二者的出现改变了风向、降雨，影响了洋流，造成了非洲的干旱，迫使类人猿寻找新的生活方式。

据认为，地球还将经历大约50个冰河时代，之后会迎来一个极其漫长的解冻期。

间冰期

大冰期内部分为若干次冰期与间冰期，间冰期就是在冰河时期内部相对较温暖的时期。从目前格陵兰和南北极存在大范围冰盖的现象，可以推断出地球处在第四纪大冰期的一次间冰期中。

我们的间冰期

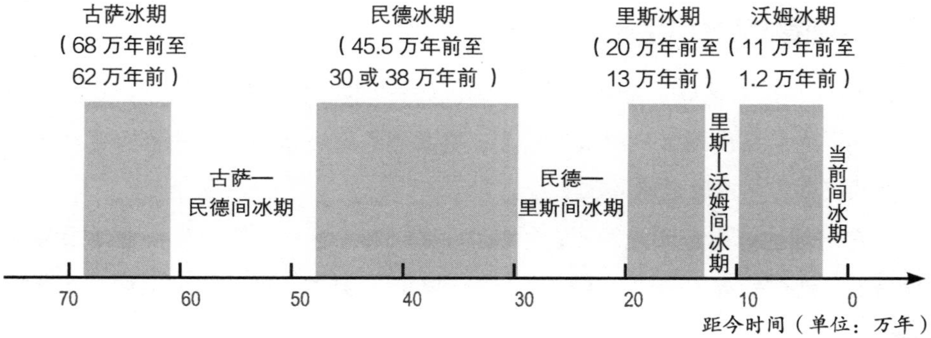

在间冰期内，气候温暖，冻土层向两极收缩，出现较多森林。而通过对在陆地及陆缘海上发现的古生物化石的研究，我们可以确定间冰期的出现以及持续时间。

间冰适宜期

间冰适宜期是指间冰期内气候宜人的时期，一般出现在间冰期中段。此段时期，海平面会上升至最高点。

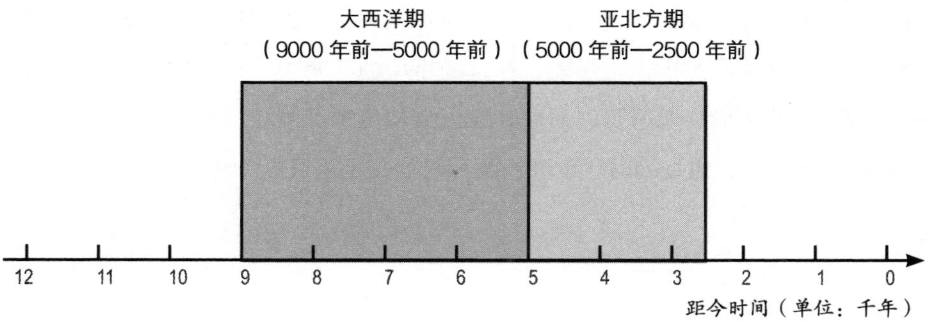

目前地球气候虽然不是在间冰适宜期，但仍然处于同一间冰期内。

3

冰天雪地里的生命

雪球地球的开始和结束

5000万年以前，地球上冰川期发生的规律很不明显。关于冰川运动我们只能做大致推测，因为每一次冰川期总会试图抹掉之前冰川期留下的痕迹。

☀ 不规律的冰川活动

22亿年前，地球上出现了第一次大范围的冰川期，之后是长达10亿年的温暖期。之后又出现了一次范围更大、更激烈的超级冰川，科学家们更愿意将这种状况称为“雪球地球”。

在雪球地球中，阳光的照射量减少了约6%，温室气体减少，地球很难保存热量，地球变成了一片冰天雪地，气温降低了45℃。即使热带也被几十米厚的冰层覆盖，高纬度地区的海洋更是有800米的冰层。

神奇的是藻青菌在这场严寒中存活了下来，并进行光合作用。这一生物的存活有两种解释：一种是一小部分水域并没有冻结，这些地方有热源；另一种是某些冰块可以透过足够的光，满足藻青菌的需要。

☀ 为地球解冻

由于地球的冻结，反射增强，单一的太阳光很难直接再次温暖地球。那地球是如何再次温暖的呢？地球内部滚滚的岩浆解救了寒冷的地球，火山喷发冲破了冰层的防线，融化了地表的积雪，使得地表重又出现活力。雪球地球的结束紧接着就是寒武纪生命大爆发，在这场生命的竞赛中，狂风暴雨成了最严厉的裁判。陆地生命哀鸿遍野，而海底的生命却仿佛沉浸在睡梦之中。我们对这一时期了解甚少，遥远的时代距离使我们只能在星星点点的化石中窥探一二。

关于雪球地球的假说

地质沉积物以及其他地质证据表明，地球在距今 8 亿到 5.5 亿年间一直处于几乎完全冰冻的状态，只有海底有少量的液态水，此后地球迎来了物种的大繁荣。关于地球如何从这样一个冰雪世界变化到一个较温暖世界的原因，科学家们提出了许多假设。

雪球地球时期

从海水里含碳同位素的比例、条状铁层构造带、碳酸盐壳岩石、生命演化四个方面的证据，我们可以知道地球经历过四个雪球地球时期。

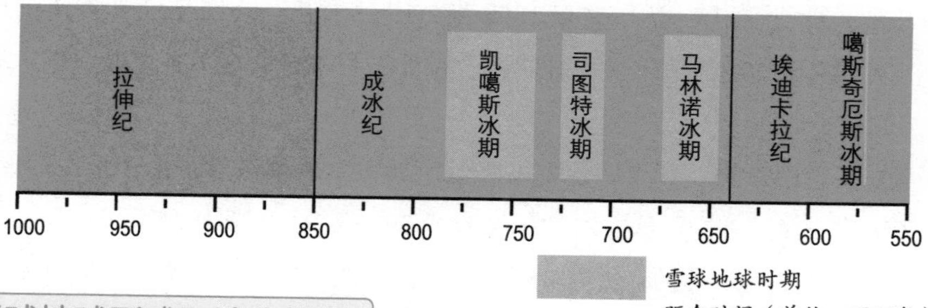

雪球地球形成和消亡假说

冰室效应说：地球上的蓝菌或蓝绿藻释放出氧气破坏了当时地球上主要的温室气体——甲烷，造成了雪球地球。

阳光阻隔说：雪球地球之前，火山喷发向大气层中累计释放了大量的硫颗粒，阳光难以照射到大地，从而使地球温度下降。

泥泞地球说：气温改变使得大气中的氧气散布到了海洋底部，通过海底生物的转化，成为富含溶解有机碳的地质层，形成了二氧化碳气体。这些二氧化碳气体回到大气层，通过温室效应缩减了冰川。

反射学说：中高纬度形成了大量冰川，海平面下降，陆地面积增加，增加了地球的反照率；同时，热带地区硅酸岩风化加强，减少了大气中的 CO_2。在形成“雪球”之后，因为地球的火山作用，不断释放出温室气体，产生温室效应消融了冰雪。

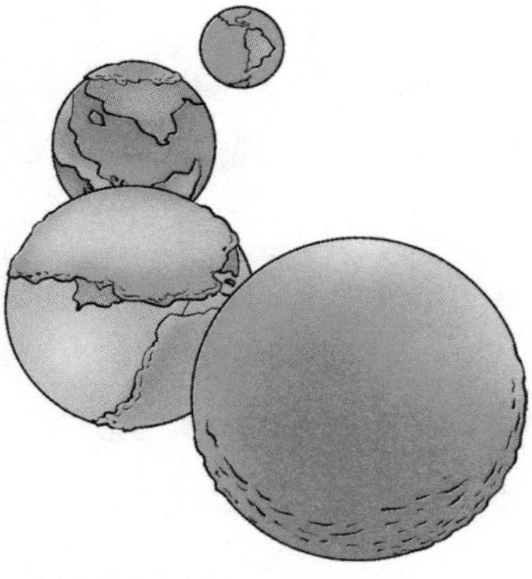
地球气温下降，形成雪球地球

达尔文的环球之旅

“贝格尔”号航行

“你除了打枪、玩狗、捉老鼠，什么事情都不挂在心上。你会给你自己和整个家族丢脸。”达尔文的父亲曾如此评价“不务正业”的达尔文。

古怪的达尔文

查尔斯·罗伯特·达尔文于1809年2月12日出生在英格兰什鲁斯伯里小镇。从小家境优越的达尔文无心学习，在外人看来是一个不务正业，很难有所作为的孩子。

在父亲的一再劝导下，达尔文在爱丁堡大学攻读医学，由于晕血的原因，他又转读法律。枯燥的法律对达尔文来说缺少吸引力，辗转之下，达尔文最终在剑桥大学并不太顺利地获得了神学学位。毕业之后的达尔文偶然间得到了海军探测船“贝格尔”号船长罗伯特·菲茨罗伊去海上航行的邀请，于是22岁的达尔文果断放弃了乡村牧师的职业规划，跟随长他一岁的菲茨罗伊开始了他们的海上探险之旅。

漫长的旅程

1831年至1836年的海上航行让达尔文再次爱上了陆地上的生活。开始的时候，达尔文和菲茨罗伊拥有良好的关系，但他们的关系在后来越来越恶化。菲茨罗伊来自一个著名的抑郁症家族，他的叔叔卡萨尔雷子爵曾用刀子割断了自己的喉管。在他们远洋的过程中即使是最好的日子，他们也过得非常烦闷。

不过总的来说，“贝格尔”号航行是一次非常成功的航行。达尔文在这段时间里采集了大量标本，而这些标本的研究几乎贯穿了他之后的生活。他们还发现了许多十分珍贵的大型古代化石以及一种以菲茨罗伊名字命名的新海豚——菲茨罗伊海豚。达尔文在安第斯山脉考察时，认为那里的珊瑚至少形成于100万年以前。

进化论的形成

在“贝格尔”号（又译作“小猎犬”号）上的5年航行经历为达尔文的研究提供了丰富的研究素材，他成为一名实践经验丰富的地理学家。在查理斯·莱尔均变思想的影响下，达尔文开始对旅行中所见的生物、化石及其分布从物种转变的角度开始研究，最终于1838年得出自然选择理论。

人物大事记——查尔斯·达尔文

1809年，达尔文诞生于英国什罗普郡什鲁斯伯里镇。
1817–1831年，达尔文的求学生涯。
1831–1836年，随“贝格尔”号军舰环球考察。
1837，写作第一本物种演变笔记。
1838年，阅读托马斯·马尔萨斯的著作《人口论》。
1842–1846年，撰写三卷本著作《“贝格尔”号航行期内的地质学》。
1844年，撰写未发表的阐述进化论的论文。
1846–1855年，就藤壶问题进行研究写作。
1858年，伦敦林纳学会宣读达尔文和华莱士的各自关于进化论的论文。
1882年，达尔文逝世。

“贝格尔”号航行

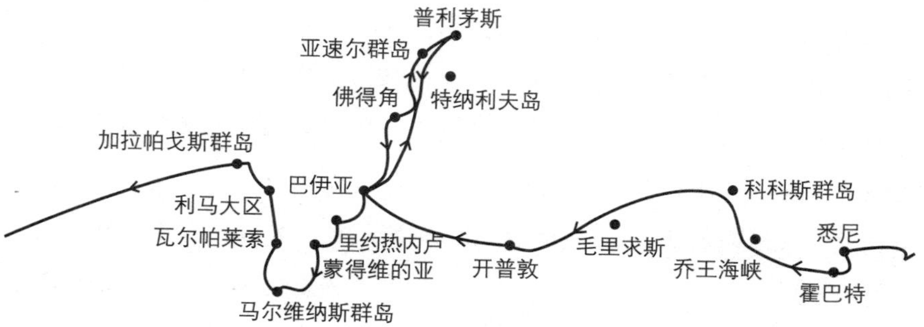

达尔文在贝格尔航行中，仔细记录了大量的地理现象、化石和生物，系统收集了许多新物种的标本。达尔文的勘探记录成为他后期作品的理论基础。他的游记——《“贝格尔”号之旅》，详尽地描述和总结了航行中所见到的风土人情。

英雄所见略同

进化论的提出

进化这一概念在19世纪30年代之前就已经存在了几十年，但直到达尔文读到《人口论》时，这一观念才逐渐在他心中开始形成。

☀ 不得不发表的观点

达尔文注意到所有的生物都是在为了有限的资源而相互争夺，只有那些具有天然优势的生物才会繁荣昌盛，它们在竞争中获胜并将这种优势传递下去。达尔文并没有第一时间将自己的理论公布，而是在1844年将它们锁在了柜子里。1858年，达尔文收到了一份来自博物学家阿尔弗雷德·拉塞尔·华莱士的信件。在信中华莱士表达了自己对达尔文的敬意，并附上了自己一篇《变种与原种永远分离的趋势》的论文草稿。

这篇论文的主旨与达尔文手稿的主旨不谋而合，甚至连某些语句都如出一辙。

☀ 荣誉归属

达尔文在与华莱士的通信中表示，自己早在20年前就研究过这个课题了，关于是否发表仍然处于矛盾状态。达尔文给查尔斯·莱尔和约瑟夫·胡克写信说明了这一问题。莱尔和胡克最终将达尔文和华莱士的观点概要同时发给林奈学会。1858年7月1日，达尔文和华莱士的理论被公之于世。华莱士在许久之后听到这个消息感到很高兴。后来，他将兴趣逐渐转向了降魂术和其他的生命可能性上，放弃了对于进化论的发明权。

在达尔文航海的头一年，帕特里克·马修就在《海军用木和森林栽培》一书的附录中提出了自然选择理论，这对达尔文最先发现进化论的资格构成了大的威胁。但由于这本书实在没有什么知名度，况且理论只出现在附录里。所以人们更习惯于将进化论的发明权归于达尔文。

进化论

进化论是由查尔斯·达尔文提出的用来解释生物发展变异现象的一套理论，这一理论是当今演化学绝大部分思想的主轴，也是当代生物学的核心思想之一。

自然选择

达尔文的进化论以天择说、地择说和性选择为进化理论基石。天择说强调当环境改变发生时，具有适宜性状的个体将繁衍生息，而不合适的则被淘汰；地择说则说明了大陆漂移或其他地理阻隔对于生物性状特征上的影响；性选择强调交配竞争对于进化的重要性。

三种自然选择类型（横轴是性状，纵轴是个体数量，阴影区代表选择后的结果）

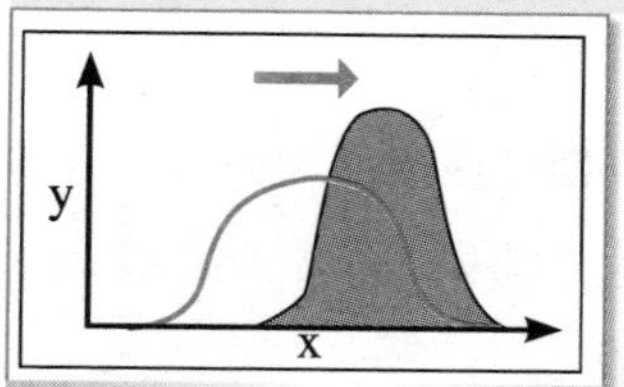

定向选择，如具有较白毛色的北极熊在冰天雪地的环境中更易于生存。

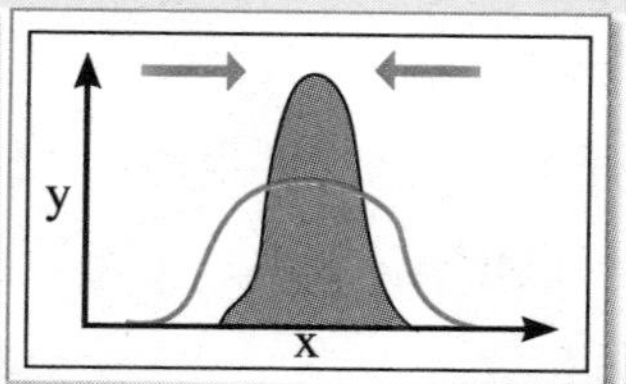

平衡选择，如具有大小适中的鹿角的鹿能获得更多的生存概率。

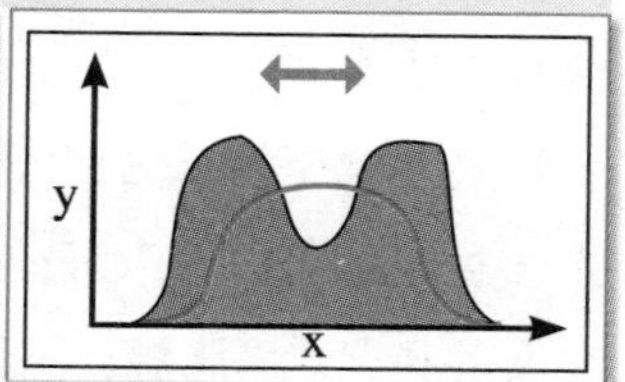

破坏选择，如环境中有黑色和白色的保护色时，灰色的昆虫会因为没有保护色而绝种。

物种起源

《物种起源》是达尔文论述生物演化的重要著作，首次出版于1859年。在这本书中，达尔文使用自己在19世纪30年代环球科学考察中积累的资料，试图证明自然选择是物种演化的主要方式。这本书的主要观点如下：

物种不是一成不变的，会随环境的变动而发生改变。
演化需要长时间的积累，并不是突然性的变化。
同一类生物拥有共同的祖先，人类与猿类有着共同祖先。
生物族群个体间的竞争会使不适应环境的个体被淘汰，适应者生存繁衍。

充满磨难的真理之路

进化论备受攻讦

达尔文终其一生都为进化论的观点感到苦恼，他称自己是“魔鬼的牧师”。他的观点深深伤害到了深爱他的妻子以及更多基督教的虔诚信众。

激进的观点

《物种起源》一经出版，便获得了商业上的成功。达尔文的理论面临一个很棘手的问题就是，化石方面所能提供的证据实在太少。有人质疑达尔文：物种如果是持续进化的，那么化石上应该有不少中间形态，但寒武纪大爆发之前，为什么地球上基本没有生命?

达尔文坚持认为在海洋里有着大量的生物，并且创设性地认为那时的海洋由于过于清澈，难以沉淀形成化石。瑞典古生物学家路易斯·阿加西斯认为达尔文的观点纯属臆想，不可相信。

对进化论的攻击

T.H.赫胥黎是一个突变论者，他不能接受这种逐渐发生的改变，典型观点是认为发育一般的眼睛根本没有意义，也不会继续遗传和演化下去。达尔文在《物种起源》中仍旧坚持自然选择能以渐进的方式产生一种器官，他也同时表示这是一种极其荒唐的理念。于是在之后的每次再版中，他都有意将进化的时间一再拉长，而这种做法也逐渐使他的支持者们纷纷倒戈。

进化论的观点暗示了物种会变得越来越强，但却没有解释新物种是如何诞生的。弗莱明·詹金抓住了这个缺陷。詹金认为某一代的优良特性会在一代一代传递中被加入的更多其他特性冲淡，最后这种特性会完全消失。从这个角度来看，达尔文的进化论是站不住脚的，它只能解释静态事物，而对于动态发展则显得束手无策。

宗教团体对于进化论的看法

19 世纪，政教合一，教会拥有极大的权力。基督教、天主教以及宗教改革产生的众多宗派，都相信人是神按自己的形象创造出来的。进化论的观点显得格格不入，就连达尔文本人也因为担心这一理论可能产生的巨大影响，而将作品延迟发表。

思想冲击

进化论带来了一场颠覆性的革命。进化论认为人类是没有方向的自然选择的偶然产物，今天的一切生物都具有一定的亲缘关系，进化论改写了人类与众不同的地位。

开设课程

一些宗教团体认为进化论与创世论有冲突，在学校不开设进化论的课程。一些地区开设进化论课程时也必须向宗教团体做出妥协，如美国佛罗里达州规定在公立学校教授演化论时，必须只将其作为一种“理论”。

基督徒用讽刺漫画表现对于“人与猿具有共同祖先”这个观念的反对。

神导进化

有些科学家认为进化论只是阐明了神是如何创造生物的，并没有否定创造论。现在，大多数教会认同这一观点。

相互补充

2005 年，1 万多名基督教牧师在美国签名发表公开信，认为学校应该肯定进化论教学，维护科学课程的完整性。科学和宗教是对世界的两种不同形式的真理，二者是相互补充的。

智能设计

这一理论认为，宇宙和生物的某些特性是智能设计的，而不是无方向的自然选择。支持者们认为智能设计假说是和其他科学理论一样重要的理论，但也有人认为这是一种伪科学。

墙里开花墙外香

孟德尔定律的发现

为了防止意外受粉影响研究结果，孟德尔和助手们必须细致地记录每一株豌豆的种子、豆荚、叶子、花和茎秆的差别。

沉默寡言的修道士

格雷戈尔·约翰·孟德尔于1822年出生在欧洲的一个偏僻小镇。许多人认为孟德尔只是一个单纯而不善言谈的修道士，许多发现都来自偶然，然而孟德尔曾在奥尔慕茨哲学研究所和维也纳大学学习过物理学和数学。他用两年时间培育了7种研究所需的纯种豌豆，之后在助手的帮助下反复种植，并对其中3万株进行杂交。

显性与隐性

孟德尔发明了“显性”和“隐性”这两个概念来解释豌豆的不同表现。他发现种子中有两种因子或者说是要素，一个是显性的，最终会在后代身上表现出来；另一个是隐性的，一般不容易表现出来。这两种不同类型的因子相互结合就会产生可以预期的遗传表现形式。1865年，在布尔诺自然史学会2月和3月的月度会议中，孟德尔将自己的研究成果进行演讲，但当时并没有人能够听懂，他的报告出版之后也没有引起人们的关注。

身后的荣誉

孟德尔的研究从遗传机制的角度解释了生物之间的相互联系，与达尔文一起为20世纪全部的生命科学奠定了基础。

孟德尔去世16年后，即1900年，三位欧洲科学家几乎同时发现了孟德尔遗传定律，其中一位想要将发现据为己有，被一位对手捅了出来。事情平息之后，人们将该有的荣誉归还给了那位默默无闻的修道士。

孟德尔与豌豆杂交实验

孟德尔，全名格雷戈尔·约翰·孟德尔，是一位奥地利天主教神职人员，遗传学的奠基人。他于1865年至1866年间发表的孟德尔定律包括显性原则、分离定律以及自由组合定律。

人物大事记——孟德尔

1822年，孟德尔生于奥地利海因岑多夫（今捷克的亨奇采）。

1840年，从特罗保预科学校毕业，进入奥尔米茨哲学院学习。

1843年，因贫辍学，到圣奥斯定隐修院做修士。

1847年，被任命为神父。

1849年，到茨纳伊姆中学教授希腊文和数学。

1851年，进入维也纳大学学习。

1853年，从维也纳大学毕业回修道院。

1854年，被委派到布吕恩技术学校教授物理学和植物学。

1856—1863年，进行豌豆杂交实验。

1884年，逝世于布吕恩（今捷克的布尔诺）。

豌豆杂交实验

ry	RY	rY	Ry	亲代母本 / 亲代父本
rryy	RrYy	rrYy	Rryy	ry
RrYy	RRYY	RrYY	RRYy	RY
rrYy	RrYY	rrYY	RrYy	rY
Rryy	RRYy	RrYy	RRyy	Ry
R	r	Y	y	

用不同的字母记录不同的性状，可以将孟德尔的豌豆杂交实验用上图表示。

从豌豆杂交实验中可以得出以下结论：遗传特征由亲代父本与母本体内的成对因子（基因）决定；成对的因子在杂交过程中会分开，重新进行组合（分离定律）；不同遗传特征的因子独立工作而不互相干扰（自由组合律）。

你祖父母是从猿猴变来的吗

进化论在争议中进步

人们普遍认为人从猿进化的观点是《物种起源》的主要观点，其实达尔文只是在书中顺便提了一下。而这却很快成为人们讨论的一个热点话题。

绅士的较量

1860 年 6 月 30 日，星期六，决战的号角吹响了。这一天在牛津动物学博物馆举行了英国科学促进会，有 1000 余人参加了会议。理查德 · 欧文是一个强烈的反进化论者，在会议前一晚，他教唆主教塞缪尔 · 威尔伯福斯去挑战赫胥黎。

故事的版本通常是，会上，威尔伯福斯转向赫胥黎问他是否敢宣称自己祖父母任何一方由猿进化而来。赫胥黎听后异常气愤，他宣称自己宁愿与猿猴沾亲带故，也不愿在严肃的科学殿堂里与一个利用身份而满口废话的人有瓜葛。一语既出，全场哗然，据说一位名叫布瑞斯特的太太当场因此昏厥。

事后，双方都获得了“胜利”，并且宣称完全击垮了对方。

人类的由来

1871 年，达尔文发表了《人类的由来》一书，明确阐明了人与猿的亲缘关系。这是一部比《物种起源》更能引起争议的著作，因为当时还没有任何化石记录支持这样的观点。只是当这部书问世的时候，人们已经不再像之前那么激动了。

达尔文兴趣广泛，他曾收集鸟粪以研究植物种子的迁徙，对蚯蚓弹钢琴以研究震动对它们的影响，出于个人问题研究近亲结婚与后代发病的关系。达尔文也在地质学、动物学和植物学领域有所建树，这为他赢得了皇家学会授予的科普利奖章。

对于进化论的误解

进化论作为现代进化生物学的一个核心思想，对其他学科有着巨大的影响，其中包括生物人类学、进化心理学等，甚至对人工智能——进化计算有着明显的指示意义。但由于主观或客观的原因，人们也对进化论的观点存在着一些较为常见的误解。

误解一

进步、复杂化与退化：进化是没有方向的，也没有任何预先计划的目标。虽然在进化中存在逐渐变复杂的现象，但依然有许多物种保持着较简单的状态。复杂性增加或减少的概率也是不确定的，这取决于天择的机制，人类并不比其他生物高级。

误解二

物种形成：由于物种形成有时难以直接观察，所以得出结论认为进化是不科学的。由于宏观进化与微观进化的机制相同，所以通过对微观进化的观察，可以印证宏观进化。少量的遗传变异就可以产生相当大的外表变化。

误解三

熵与生命：有些观点认为进化中复杂性的增加违反了热力学第二定律，因此是不正确的。这种观点将生态系统当成了一个闭合系统，事实上，太阳、地球与太空的大系统并不违反热力学第二定律。

误解四

政治影响：许多政治或宗教领袖认为创造论和进化论一样有效，2010 年，美国宗教学院定下指导方针，将智慧设计论作为文学或社会科学的课程。

误解五

宗教因素：进化论在宗教中最大的争议是关于人类进化的部分，这与《圣经》中的观点冲突。一些人以宗教观点解读进化论。如天主教，将进化论与原本信仰相结合，相信神导进化论。

误解六

伦理因素：社会达尔文主义、种族主义以及优生学与生育控制等源于对达尔文主义的误用，而有些进化学者也具有优生学与种族主义等思想。

为人类寻根问祖

人骨化石的发掘与研究

早期的人类学家对于所有的观点几乎都保持着一种固执而又轻率的态度，他们轻易地否定一些真知灼见，然后似乎又不假思索地肯定一些似是而非的结论。

罕见的举动

马里·尤金·弗朗索瓦·托马斯·杜布瓦是一位荷兰医生，1887 年圣诞节前夕，他前往苏门答腊岛寻找地球上最早的人类骨骼化石。此前人们对于人类化石都是在偶然情况下发现的，化石数量屈指可数，难以引起人们的注意。1856 年，在杜塞尔河沿岸采石场发现的尼安德特人骸骨，也被人们轻描淡写，而且一部分人还拒绝承认这是古人类的化石。

就是在这样的背景下，杜布瓦专为人类化石而来。有着解剖学背景的他，在一般人看来似乎并不太适合研究古生物学。而且他选择的地点也不为人看好，幸运的是，他在这里有许多新发现。

发掘人类化石

杜布瓦先后在苏门答腊和爪哇进行发掘工作。1891 年，杜布瓦的挖掘队发现了特里尼尔头盖骨化石。这块化石表明它的主人没有明显的人类特征，但已经有比类人猿更大的大脑。一年后，他们又发现了一根完整的大腿骨，这和现代人的特征非常相似。杜布瓦就此推论：类人猿是直立行走的。

发现的影响

1895 年，杜布瓦回国宣讲自己的理论，却难以得到回应。两年后，他请解剖学家古斯塔夫·施瓦尔布制作头盖骨模型并发表文章。结果施瓦尔布获得了极大的赞誉，并且进行了一系列的巡回演讲。杜布瓦喜恨参半，在之后的 20 年中禁止任何人研究他发现的化石。

人属群体

人类演化中的"人类"指的是"人属"，人属是灵长目人科中的一个属，今天生活在世界上的智人是唯一幸存的物种。然而，有许多学者认为黑猩猩属和人属在生物学分类上应该归为同一属。

人属生存年代对比

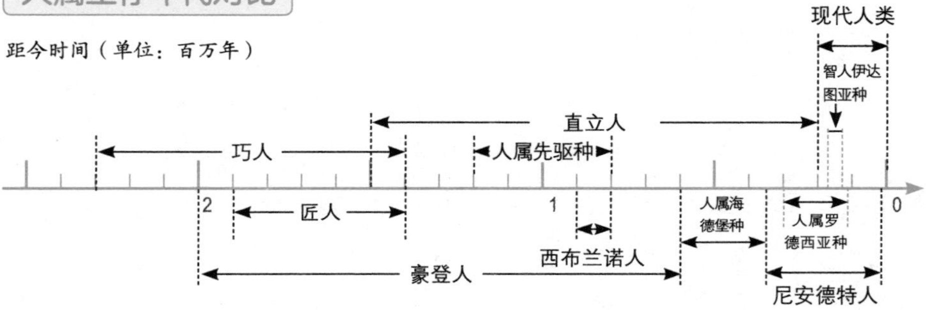

人属物种对照表

物种	生存年代（百万年前）	生存地点	成人身高	成人体重	脑容量（cm^3）	化石记录
人属先驱种	1.2–0.8	西班牙	1.75 米	90 千克	1000	2 处遗址
西布兰诺人	0.9–0.8?	意大利			1000	1 个头盖骨
直立人	1.5–0.2	非洲、欧亚大陆（爪哇、中国、印度、高加索）	1.8 米	60 千克	850（早期）–1100（晚期）	多处遗址
匠人	1.9–1.4	东非、南非	1.9 米		700–850	多处遗址
弗洛瑞斯人	0.10?–0.012	印度尼西亚	1.0 米	25 千克	400	7 具个体
豪登人	>2–0.6	南非	1.0 米			
人属乔治亚种	1.8	格鲁吉亚			600	4 具个体
巧人	2.3–1.4	非洲	1.0–1.5 米	33–55 千克	510–660	多处遗址
人属海德堡种	0.6–0.35	欧洲、非洲、中国	1.8 米	60 千克	1100–1400	多处遗址
尼安德特人	0.35–0.03	欧洲、西亚	1.6 米	55–70 千克	1200–1900	多处遗址
人属罗德西亚种	0.3–0.12	赞比亚			1300	非常少
人属鲁道夫种	1.9	肯尼亚				1 个头骨
智人伊达图亚种	0.16–0.15	埃塞俄比亚			1450	3 个头盖骨
现代人类	0.2– 现代	世界各地	1.4–1.9 米	50–100 千克	1000–1850	目前仍存活

10

一起来一场“集邮”比赛

人类演化理论的发展

不断的化石发现往往意味着需要更清晰的理论来描述和定义化石，然而让人烦躁的是，这些理论却和化石一样零碎。

繁忙的发掘工作

雷蒙德·达特是威特沃特斯兰德大学解剖学负责人，1924年，他收到了一个非常完整的小孩头骨。达特意识到这和杜布瓦发现的直立人不同，是一种和猿更接近的远古猿人。他推测这种远古猿人生活在约200万年以前，将其命名为“非洲南方猿人”，并建议建立“人猿科”这一崭新的科。

1921年，地质学家安特生和古生物学家师丹斯基在北京龙骨山发现了一种新古人类化石——北京人。20世纪30年代，拉尔夫·冯·孔尼华和自己的小组成员在昂栋地区梭罗河上发现了一组早期人类化石——梭罗人。孔尼华用金钱来鼓励当地人发现更多的化石，让他追悔莫及的是，他的这一策略让他失去了一些大块的化石。

更繁忙的理论建构

在1924年，达特公布自己的发现之前，人类已知的古人类只有——海德堡人、罗德西亚人、尼安德特人以及爪哇人四种。随着越来越频繁的新化石面世，各种各样的人种名也纷纷亮相：巨齿傍人、奥瑞纳人、特兰斯瓦尔南方古猿、鲍氏东非人以及几十种其他的类型。到20世纪50年代，人种名已经达100多种。

古生物学家们对这种乱哄哄的景象提出各种新的分类尝试，但总是被争论掩盖。1960年，克拉克·豪威尔提议将人属减少到南方古猿属和人属，进行了许多合并。令人欣慰的是，这种分类法维持了10年的和平，然而之后便又到了一个发现层出不穷的年代。

早期人类对火的使用

学会对火的使用对人类的进化来说是一个重要的转折点，或给予人类光明、温暖、熟食以及安全，对人类智力的发育以及在艰难环境下的生存都具有重要的意义。

古人类使用火的对比表

地区	最早年代	化石证据
东非	142 万年前	有关人类使用火的最早证据，具体发现地有肯尼亚境内的契索旺加、库比佛拉及欧罗结撒依立耶。位于契索旺加的地层中发现了一些红色黏土，可以追溯到 142 万年前，这些泥土表明为了增加其硬度曾被加热到 400℃。
南非	20 万到 70 万年前	最早的有关人类使用火的可靠证据，刻印的骨头中发现有一部分被烧焦。在南非的一个洞穴中发现了一些燃烧后的沉积物，可以追溯到距今 20 万到 70 万年前。
近东	79 万至 69 万年前	在以色列发现的炉灶烧火遗址显示直立人或匠人在距今 79 万至 69 万年前已经掌握了人工生火的方法。
远东	180 万年前	中国山西省内的西侯渡发现的哺乳类动物残骨变色显示曾被燃烧的证据将人类使用火的历史推到了 180 万年前。
周口店	50 万至 150 万年前	中国周口店遗址发现距今 50 万至 150 万年前火的证据：烧过的骨头、石器碎片、炭、灰烬和炉床等。
欧洲	12.5 万年前	欧洲有多个显示直立人使用火的遗址证据，普遍距今 12.5 万年前。

火对古人类的影响

潜在危险减小：火的使用使人类的活动不再限制于白昼，并且可以趋势一些凶猛的动物和咬人的昆虫。

饮食结构改变：火的出现使人类可以将枝茎、成熟叶、根以及块茎纳入优先食谱。

大脑容量增加：食用烹饪过的植物性食物可能会扩大人类脑容量。

食物更好消化：烹饪让肉类更容易食用，同时可以杀死食物中的寄生虫和病菌，减少疾病发生的可能。

11

巧妇难为无米之炊

匮乏的化石证据

即使目前我们已经发掘出了超过5000件人的骨骼化石，但这对于研究人类的进化史来说仍然是远远不够的。

☀ 零星散布的化石

化石零散的分布状况让发掘人员备尝艰辛。直立人在地球上存在了100万年以上的时间，居住范围从欧洲大西洋沿岸延伸到东亚的太平洋沿岸，然而目前发现的直立人化石只有数十人而已，而几乎每具骨骸也都只有几块化石而已。古人类学家从相隔数十万年时间的化石中归纳出人类的历史，绝非易事。

☀ 不完整的记录

年代越是相近的化石在特征方面就越是相似、越难以区分。也就是说，将早期智人和晚期直立人区分开来是一件非常困难的事情，因为他们实在太相像了。这种问题在区分小块的化石时经常出现，如科学家们就很难区分一块骨头到底是一个女性南方古猿鲍氏种的，还是一个男性能人的。

☀ 令人不解的发现

能人化石的男女差异是最令人费解的问题之一。古人类学家们发现，在进化过程中，男性和女性的进化存在着明显的不同——男性和猿的区别越来越明显，越具有人的特征，而女性则朝着相反的方向迈进。

☀ 自我标榜

科学家们对于自我研究价值的标榜也是阻碍认识进步的一个原因，很少有人在发现化石时认为自己的发现没什么大不了的。约翰·里德在《确实的环节》中提到，“发现者们在解释新证据时，总是认为这种发现证实了自己之前的猜想。”

人科群体

人科是分类学中灵长目下一科，这一科包含人类、所有绝种的人类近亲和几乎所有的猩猩。在国际自然保护联盟分类中，除人类以外的所有人科物种的生存均受到不同程度的威胁。

人科现存物种

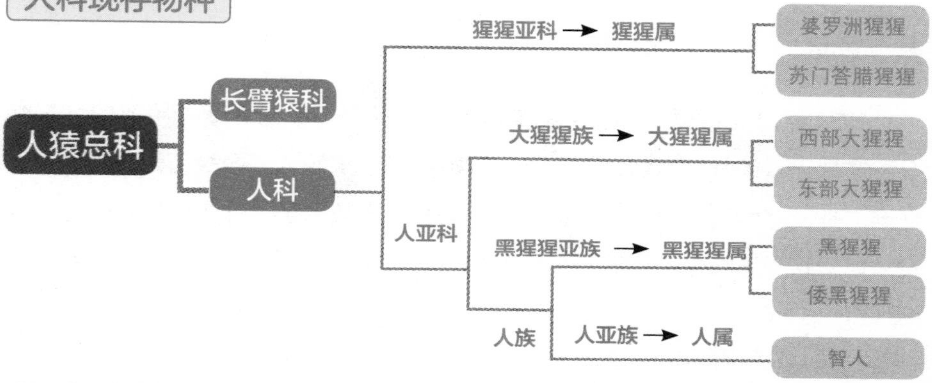

智人是人属中唯一现存的物种，其他已经灭绝的人属物种有的可能是智人的祖先，但有许多可能只是我们祖先的表亲，他们透过物种生成过程离开了我们祖先的演化路线。

人科群体的时空分布

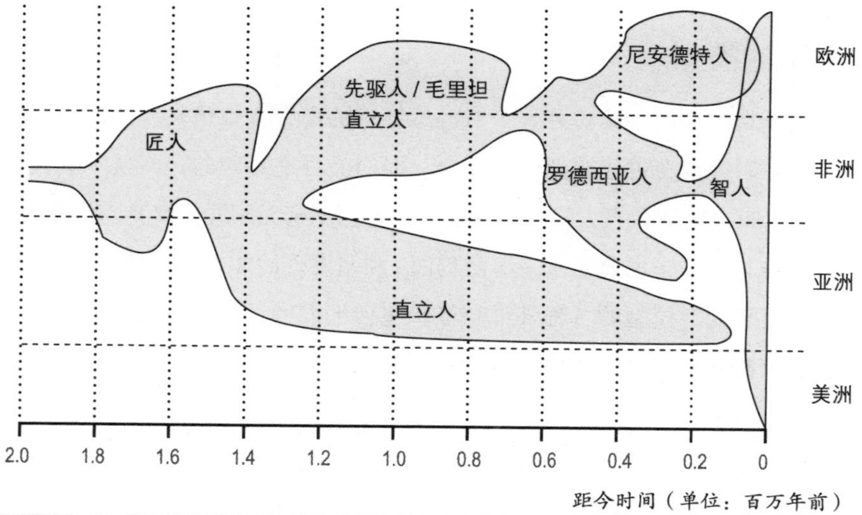

基于化石证据可以对人科群体在历史上的时空分布做出大致的推测，智人夺取了这场生存之战的最终胜利。

12

想象让化石活起来

露西与古猿模型

即使只有一串脚印以及一些零碎的骨头化石，科学家们也能够复原脚印、化石主人的样貌以及当时的处境。

露西

1974年，唐纳德·约翰森在埃塞俄比亚发现了一具318万年前的骨骼化石。这具化石编号为AL288-1，人们给她取名为露西。露西身高约1米，可以行走，是强有力的攀岩选手，在其他方面我们无从考虑。许多出版物认定露西是女性，其实这完全是我们根据露西化石比较矮小猜测而来的。我们对她的猜测远多于了解。

约翰森认为露西化石具有极大的重要性，是我们最早的祖先，连接了猿和人类。新近的发现不支持约翰森的这种结论。2002年，一支法国考察队在乍得的德乍腊沙漠发现了距今700万年的撒海尔人乍得种，这是目前发现的最古老的人科动物化石，这种早期动物能够行走，大大往前延展了人科动物直立行走的时间。

逼真的模型

在美国自然史博物馆陈列着一对惟妙惟肖的南方古猿仿真模型。一个男人与女人肩并肩行走在古代非洲的草原上，他们浑身毛茸茸的，高矮和真人差不多。最让人叫绝的是，男人轻轻搂着女人，他们亲密无间同时又神情忧郁。

你很难相信这个场景是从一串由玛丽·利基发现的印在火山灰长达23米的脚印想象而来的。模型的各种外部特征，包括毛发的长短、密度、色泽，表情以及肤色等都来自想象。而男人搂着女人的灵感来源竟然是因为女性模型容易翻倒。

南方古猿露西

露西是标本 AL 288-1 的通称，归为人族。露西的发现，为古人类学研究提供了大量科学证据。在阿尔迪发掘出来之前露西一直被视为“人类最早的祖先”。

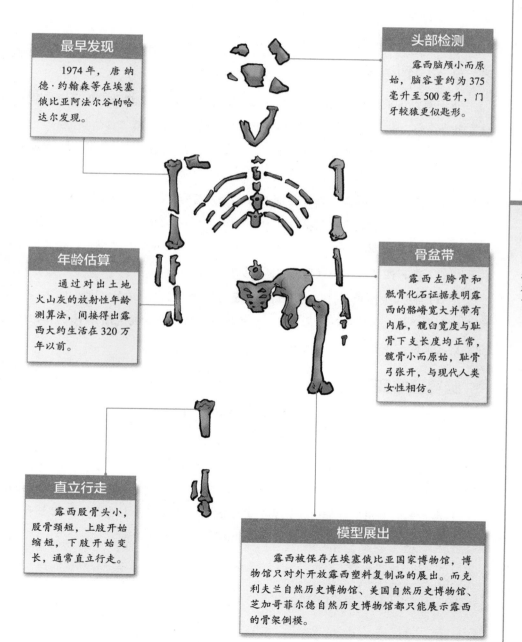

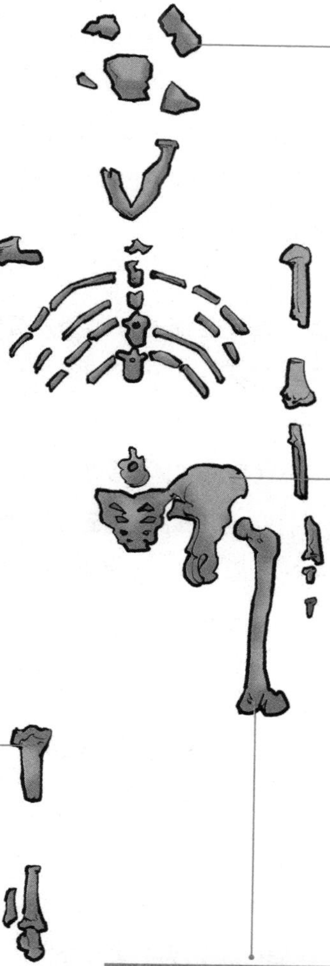

最早发现

1974年，唐纳德·约翰森等在埃塞俄比亚阿法尔谷的哈达尔发现。

头部检测

露西脑颅小而原始，脑容量约为375毫升至500毫升，门牙较猿更似匙形。

年龄估算

通过对出土地火山灰的放射性年龄测算法，间接得出露西大约生活在320万年以前。

骨盆带

露西左髂骨和骶骨化石证据表明露西的骼嵴宽大并带有内唇，髋臼宽度与耻骨下支长度均正常，髋骨小而原始，耻骨弓张开，与现代人类女性相仿。

直立行走

露西股骨头小，股骨颈短，上肢开始缩短，下肢开始变长，通常直立行走。

模型展出

露西被保存在埃塞俄比亚国家博物馆，博物馆只对外开放露西塑料复制品的展出。而克利夫兰自然历史博物馆、美国自然历史博物馆、芝加哥菲尔德自然历史博物馆都只能展示露西的骨架倒模。

13

一路走来

越来越聪明的人类

直立人是那个时代的速龙，虽然他看起来已经和你我的差别不大，但如果你从正面盯着他，他会把你当成猎捕目标。 ——艾伦·沃克

从古猿到智人

非洲南方古猿是露西的一个早期后裔，他们于300万年前至200万年前居住在非洲南部。非洲南方古猿的脑部要比露西的脑部更大。能人，有技能的人，这是人属的开始。他们率先学会使用工具，看上去更像大猩猩，但大脑要比露西的大脑大50%左右。

直立人是一条分界线，在此之前的种属都具有猿的特征，而此后的物种都具有人类的特征。他们大约生活在150万年到20万年之前，是第一个会狩猎、制造复杂工具、宿营以及懂得照顾幼小个体的种属。从外形上来说，直立人更像现代的人类，四肢瘦长，有智力和体力进行迁徙。

尼安德特人生性顽强，在冰川期最严酷的时期生活了几万年，他们的适应能力远远强于绝大多数物种。智人——早期的现代人类，大约生活在10万年以前，目前来说，我们对其了解极少。

脑容量的变化

智力的不断发展是早期人属能够在严峻的生活环境中存活的重要条件。大脑只占人体总质量的2%，却要消耗掉20%的能量，这是一笔不菲的支出，然而却也是值得的。由于直立行走使得早期人属容易看到别的生物，也更容易为捕食者看到，这需要有足够的智力与猛兽进行对抗。

在漫长的时间里，人们一直认为脑容量的增大对应着智力的提升，其实不然，脑容量的相对增大才真正对应着智力的提升。

人属演化大事记

人类演化通常指人属的演化，但将这一问题推广开来，则可以包含早期生命的产生、脊索动物的产生、四足动物的产生、哺乳动物的产生、灵长类动物的产生、人科以及人属的产生。

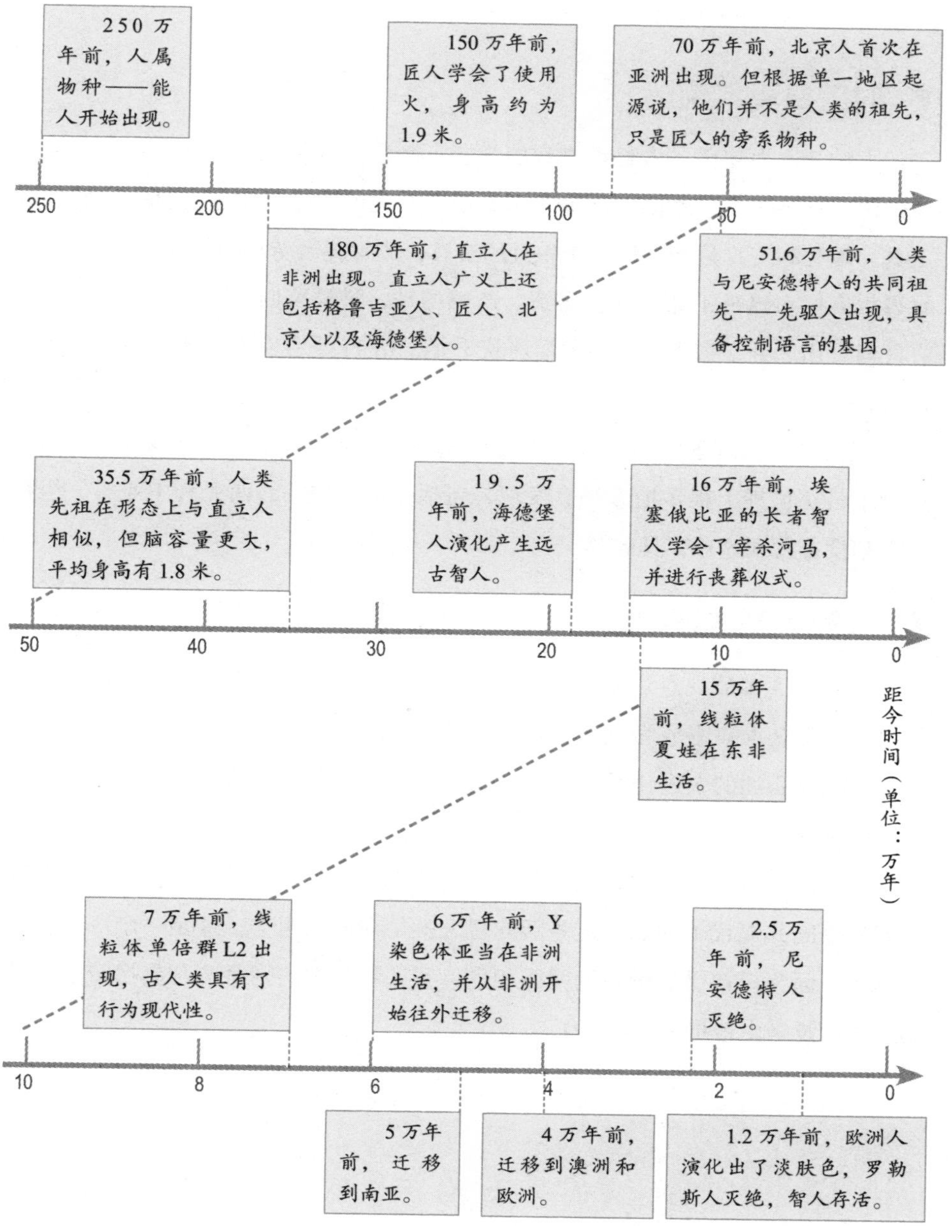

250万年前，人属物种——能人开始出现。
150万年前，匠人学会了使用火，身高约为1.9米。
70万年前，北京人首次在亚洲出现。但根据单一地区起源说，他们并不是人类的祖先，只是匠人的旁系物种。
250
200
150
100
50
0
180万年前，直立人在非洲出现。直立人广义上还包括格鲁吉亚人、匠人、北京人以及海德堡人。
51.6万年前，人类与尼安德特人的共同祖先——先驱人出现，具备控制语言的基因。
35.5万年前，人类先祖在形态上与直立人相似，但脑容量更大，平均身高有1.8米。
19.5万年前，海德堡人演化产生远古智人。
16万年前，埃塞俄比亚的长者智人学会了宰杀河马，并进行丧葬仪式。
50
40
30
20
10
0
15万年前，线粒体夏娃在东非生活。
距今时间（单位：万年）
7万年前，线粒体单倍群L2出现，古人类具有了行为现代性。
6万年前，Y染色体亚当在非洲生活，并从非洲开始往外迁移。
2.5万年前，尼安德特人灭绝。
10
8
6
4
2
0
5万年前，迁移到南亚。
4万年前，迁移到澳洲和欧洲。
1.2万年前，欧洲人演化出了淡肤色，罗勒斯人灭绝，智人存活。

14

永不安分的类人猿

古人类四处迁徙

迁徙是人类和自然界许多动物适应环境的基本策略，史前人类为了适应不断变化的环境也一次次地改变栖息地。

对工具莫名痴迷

大约260万年前，人科动物开始学会了制造阿舍利工具，于是整个种族群起效仿。这种工具已不同于之前在坦桑尼亚发现的那种简单的工具——奥杜威工具，阿舍利工具是当时世界最先进的工具，非常耗费劳动力，而且大量存在，看得出人们对这种工具的喜爱之情。遗憾的是，科学家们并没有发现这种工具有任何可用之处，该工具是一种泪珠状手斧，达11千克左右，难以用它来打击任何其他东西。

事情更难以理解的是，最终进化成我们人类随身携带着这种笨拙的工具。这种工具在世界上很多地方都有发现，包括非洲、欧洲、西亚和中亚等，但在远东却没有发现这种工具的影子。

早期人类的迁徙

现在，大多数观点认为，早期人类迁出非洲经历了两次浪潮。在约200万年以前，直立人在刚成为直立人之后就迅速地离开了非洲，在其他地方定居下来。这些在亚洲的人进化成了爪哇人和北京人；在欧洲生活的，逐渐进化成了尼安德特人。

约10万年以前，一批更先进的智人在非洲平原上出现，他们不断挤占直立人的空间并取代了他们。这些新的智人就是我们的祖先。这是一个令人费解的解释，因为要接受这种理论就得相信，智人将笨拙的阿舍利工具携带了很长的距离后没来由地将它们丢弃了。

使用工具和现代性转型

学者们认为工具的使用使得古人类开始动脑子，是智力形成的一个重要标志，伴随着智力的逐渐发展，语言、复杂的象征思维以及创造力等也相继出现。

工具的使用

距今约 250 万年到 260 万年，目前已知最古老的工具——埃塞俄比亚的“奥杜威石器”。

距今 70 万至 30 万年，匠人（或直立人）用燧石和石英石制作的手斧经历了一个从粗糙到细致的发展过程。

距今 35 万年，勒伐技术可以制造出刮削器、切割器、针、扁针。

距今 5 万年，尼安德特人及克罗马侬人制作出更细致的刀、石辮器等燧石工具，并且他们开始制作骨器。

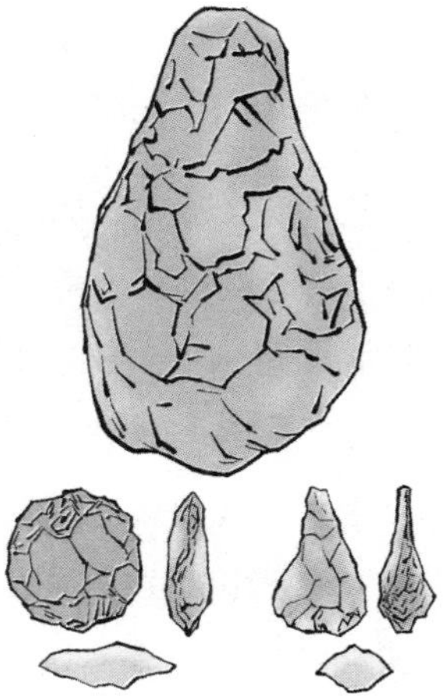

现代性转型

距今 5 万年前，人类行为开始发生现代性转变，称为“欧亚大陆人的大跃进”或“旧石器晚期革命”。

人类已经开始埋葬死者、制作衣服以及制作石洞壁画，并且发展出了复杂的狩猎技巧。鱼钩、纽扣与骨针等器物相继出现。

不过仍有许多学者对于这种变化是一种突变还是渐变存在着不同的认识，争辩还在持续。

15

从哪儿到哪儿

多地区起源论与单一地区起源论

尼安德特人身体强壮、具有优良的适应性以及超过现代人的脑容量，可是他们却在进化之路上被遗弃了。这是为什么呢？不过有一种观点认为，他们依旧活在这个世界上。

多地区起源论

艾伦·桑恩是多地区起源假说的主要支持者之一，这种观点认为人类进化是一个持续的过程，南方古猿进化到能人和海德堡人，之后进化到尼安德特人，现代智人是从一个较古老的人种进化而来，世界上各大地区的人类未曾经过迁移，而是在各自的生活区域产生、进化和繁衍，最后产生出三大人种的结论。迄今为止发现的智人、直立人等一系列化石均可作为这一理论的证据。

这一理论难以解释为什么不同人种在世界不同地方却能够在几乎同时发生快速的进化。此外，该理论受到抨击的一个重要原因在于这种理论助长了种族歧视。

单一地区起源论

1987 年，艾伦·威尔逊和自己的科学家小组通过对 147 人的线粒体 DNA 的研究，发现现代人类在过去 14 万年里出现在非洲。

这一理论又称为夏娃理论，现代世界上各种族人的线粒体 DNA 都是遗传自一个共同的女性祖先，而这个女性被称为夏娃。夏娃理论认为，世界各地的人是在冰期时迁移到世界各地并逐渐繁衍发展的。这一理论对“多地区起源论”来说是一次沉重的打击，但在后续的研究中，人们发现所谓最初始的非洲基因其实是已经混血的非洲—美洲人基因，而且对其中的一些假定也产生了怀疑。

两种不同的人类起源论

伴随着一系列新化石的发现和新技术的应用，多地区起源论和单一地区起源论中任何一方都难以彻底击垮对手。即使一时之间有新证据给对方会心一击，但不久后，对方马上也会予以反击。

多地区起源论

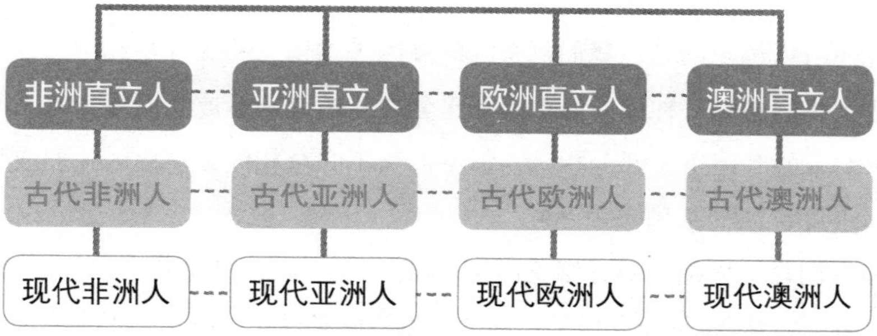

这张图水平线代表示在不同区域世系间的基因流动，强调了地理时间因素与相互交流的重要性。

> 该理论假设认为，人类最初兴起于距今200万年前的更新世初期，在后续的演化中一直维持着一个单一的、连续的物种。这里的人类包括古老的人属形式和现代的人属形式，人类在世界各个不同区域之内的适应以及区域间的基因流动共同作用推动人类演化。

单一地区起源论

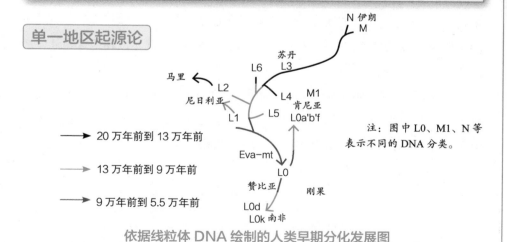

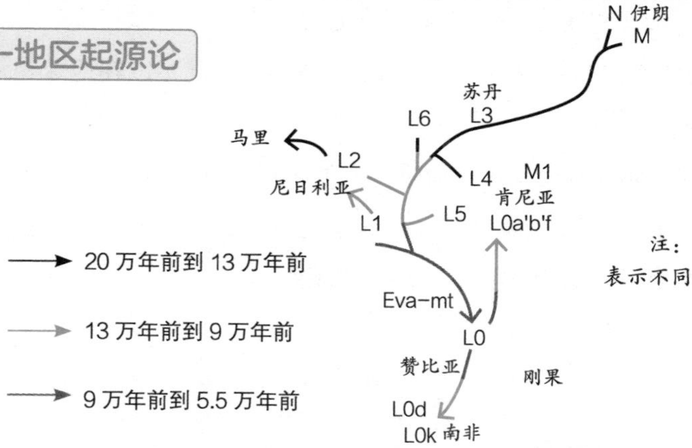

注：图中L0、M1、N等表示不同的DNA分类。

依据线粒体 DNA 绘制的人类早期分化发展图

> 单一地区起源理论是描述现代人类（解剖学意义上）起源与早期迁徙的最深入人心的理论。该理论认为现代智人是在距今20万年前的非洲演变而来，在距今约7万年到5万年间，开始离开非洲，向外迁移，最终取代当时存在于欧洲、亚洲以及其他地区的原始人属物种。

16

我们如此相像

人类拥有庞大而相似的基因

即使素未谋面抑或相差十万八千里，我们也可以说自己是古代某某著名人物的后人。事实上，从基因角度考虑确实如此。

极相似的基因组

让所有人惊奇的是，我们每个人的基因平均都有 99.9% 是相同的，这些基因决定了我们是同一种族。而正是那千分之一的差别造成我们每个人之间的不同。每个人的基因组大部分相同，但整体又不完全相同，这使得我们成为一个物种，而又成为许多不同的个体。

在我们每个人绝大部分细胞内部的细胞核中都有 23 对染色体，其中 23 条来自父亲，另外 23 条来自母亲，这些染色体成对存在。染色体因为容易染色而得此名，它们由一长串小而神奇的脱氧核糖核酸——DNA 构成。

大量的 DNA

人的身体内含有 1 亿亿细胞，而每个细胞中的 DNA 铺展开来之后大约有 2 米长。据统计，人身上的 DNA 长度约达 2000 万千米，而地球与月球之间的平均距离约为 38 万千米。这也就意味着人体内的 DNA 长度足以在地球和月球之间奔走几十个来回。

人体偏爱制造 DNA，没有这种物质，人类简直难以想象。但 DNA 是没有生命的，它是最非电抗性化学惰性分子。这也是为什么人类能够从干涸已久的血迹以及古代尼安德特人骨骼中提取 DNA 的原因。

遗传信息的载体

细胞是生物体的基本结构，在细胞内一般都具有细胞核结构，而细胞核内具有遗传物质，正是这些遗传物质确保了物种的相对稳定和延续。

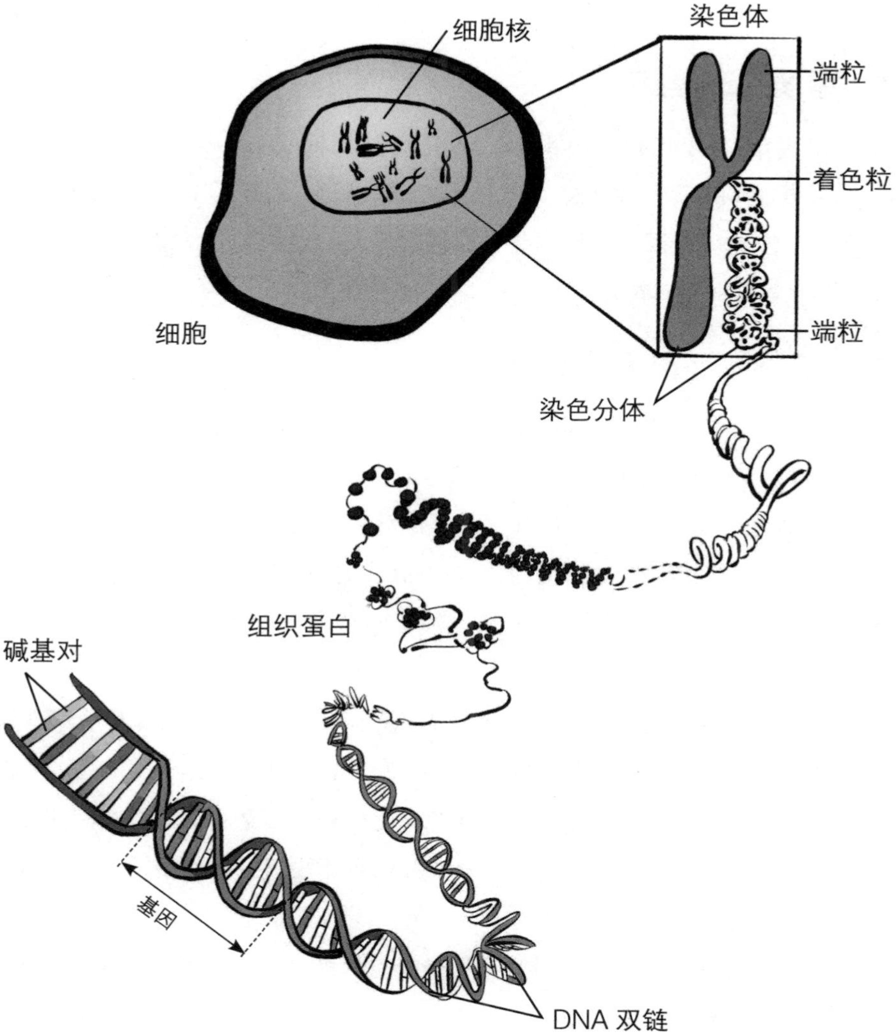

基因是 DNA 上具有遗传效应的片段，而 DNA 与蛋白质盘绕形成了染色体，染色体是细胞核中载有遗传信息（基因）的物质。

17

别有用心的发现过程

DNA 的结构

历史上的伟大发现往往都有着极为瑰丽奇绝的背景故事，DNA 结构的发现就是其中之一。

错误的三螺旋

20 世纪 50 年代初，加州理工学院的刘易斯·鲍林几乎是最有希望发现 DNA 结构的科学家。他长于分子结构方面的研究，是 X 射线晶体学领域的先驱之一，曾先后获得了诺贝尔化学奖与和平奖。遗憾的是，鲍林认为 DNA 的结构是三螺旋而非双螺旋。

“偶然”而重大的发现

DNA 双螺旋结构的发现要归功于四位英国科学家：莫里斯·威尔金森、罗萨琳·富兰克林、弗朗西斯·克里克和詹姆斯·沃森。

故事的一般版本是：1953 年 2 月，沃森和克里克通过威尔金森偶然看到了富兰克林在 1951 年 11 月拍摄的一张 DNA 晶体 X 射线衍射照片。他们采用了富兰克林和威尔金森的判断，并加以补充，确认 DNA 一定是螺旋结构，并分析得出了螺旋参数。

可事实并没有这么简单。因破译 DNA 结构，威尔金森、克里克和沃森共享了 1962 年诺贝尔奖，可世人却几乎将功劳全部归于沃森和克里克。后两者并没有接受过正规生物化学方面的训练，他们和威尔金森在其他方面的观点几乎势同水火。而威尔金森和富兰克林之间的矛盾也成了推动事情发展的另一个动因。

富兰克林作为一位女性科学家很难获得认可。而她也十分不愿将自己的研究成果与他人分享，即使她已经通过 X 射线晶体衍射获得了最佳图像，并确认 DNA 是螺旋形的。沃森和克里克利用了富兰克林与威尔金森之间的矛盾获得了图像，并加紧研究。

脱氧核糖核酸

DNA 是脱氧核糖核酸的英文简称，又称为去氧核糖核酸，是一种存储信息的生物大分子，起着引导生物发育与生命机能运作的作用。有的 DNA 序列可以直接发挥作用，而有些则是通过参与调控遗传信息来发挥作用。

物理和化学性质

大小	脱氧核糖核酸的宽度约 2.2 ~ 2.4 纳米，每一个核苷酸长度约为 0.33 纳米。
结构	脱氧核糖核酸聚合物中可能含有数百万个相连的核苷酸，脱氧核糖核酸由两条互相配对并紧密结合的链构成。核苷酸是由一个核苷和一个或多个磷酸基团构成的。
化学键	磷酸与糖类基团交互排列构成脱氧核糖核酸，磷酸基团上的两个氧原子分别与五碳糖上的 3 号及 5 号碳原子相结合形成磷酸双酯键。

DNA 与 RNA 对比

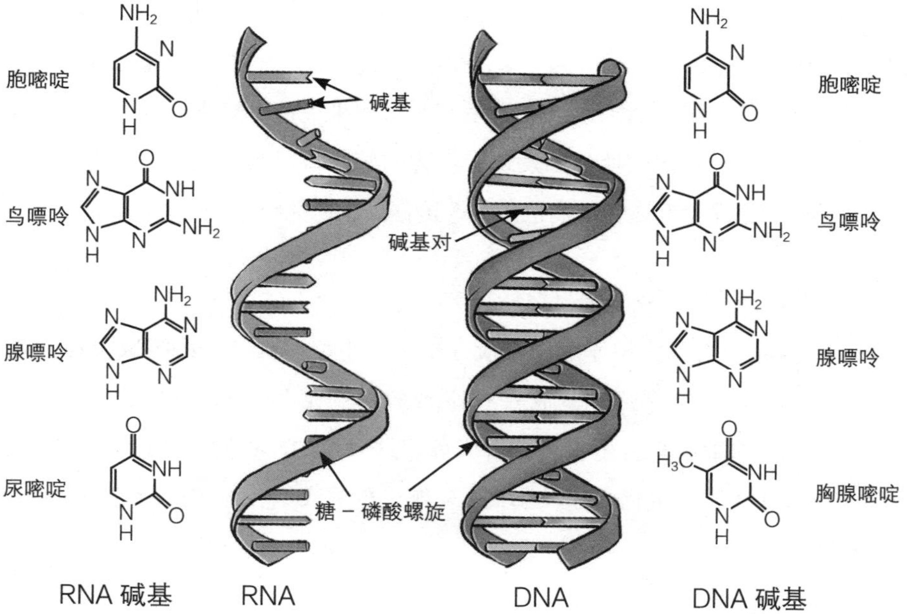

DNA 与 RNA 最主要的差异在于：组成糖分子不同、碱基不同、结构不同以及功能不同。

值得获两次诺贝尔奖的发现

DNA 的作用

DNA 由 4 个被称为核苷酸的基本物质组成，这在人们看来实在太简单了，根本不足以担当起遗传的重任。

☀ DNA 的作用

1868 年，瑞士科学家约翰·弗里德里希·米歇尔发现了 DNA，他给它取名为核素，并指出这种物质是隐藏在遗传背后的原动力。这种观点太超前，以至于在之后半个多世纪的时间里，人们依旧认为这种物质在遗传中只扮演着一个微不足道的角色。

☀ 白眼果蝇

1888 年，染色体因为容易染上颜色而被发现。人们意识到这可能与传递某种特性具有关系。托马斯·亨特·摩尔根于 1904 年开始研究染色体，他花了 6 年时间，用尽各种办法来使果蝇发生变异以供自己研究，然而都以失败告终。最后在他绝望的时候，他发现了一只白眼果蝇，而普通果蝇都是红眼的。这一发现打破了他的研究僵局，他和助手们对这种果蝇进行培育，并在其后代中跟踪这一特性。这一研究使他们发现了生物的某些特征与染色体之间存在着相互关系，在一定程度上证明了染色体在遗传作用中的关键作用。

☀ 参与遗传过程

1944 年，加拿大科学家奥斯瓦尔德·埃弗雷和自己的小组成员在经过 15 年的努力之后，终于成功地将一株不致病的细菌和不同性质的 DNA 进行培养，使得这株细菌具有了永久的传染性。这表示 DNA 肯定是遗传过程中非常活跃的信息载体。生化学家埃尔文·查伽夫郑重表示，这次发现值得获两次诺贝尔奖。

脱氧核糖核酸的技术应用

遗传工程

重组DNA技术，可以使人类制造出新的脱氧核糖核酸，以质粒或病毒作为载体，对生物个体进行改造，满足人类实验等的需求。

生物信息学

生物信息学发展产生的储存并搜索脱氧核糖核酸序列的技术，对字串搜索算法、机器学习以及数据库理论都产生过积极影响。

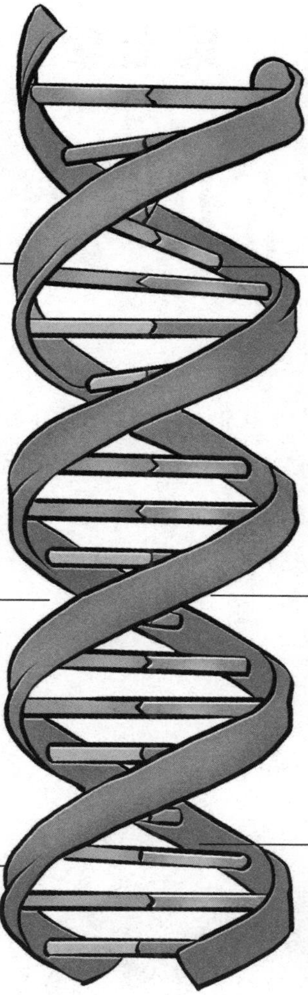

法医鉴识

利用在犯罪现场发现的含有脱氧核糖核酸的物质，可以辨识可能的加害人，是一种可靠的罪犯辨识技术。此外，利用脱氧核糖核酸特征测定也可以辨识重大灾害中的罹难者。

电脑技术

包括平行问题、模拟抽象机器、布尔可满足性问题以及旅行推销员问题等都曾利用脱氧核糖核酸运算作过分析。此外，脱氧核糖核酸的作用方式，对于一次性密码的研究也有相当大的启示意义。

历史学与人类学

通过比较在化石中发现的脱氧核糖核酸序列，可以了解生物体的演化历史，广泛应用于生态遗传学、人类学等。

纳米科技

脱氧核糖核酸可以用于某些纳米尺度的建构技术，如导引半导体晶体的生长、制成一些特殊结构以及一些可活动的元件（纳米开关等）。

第七章

我们的世界

事实情况是，我们对于地球的了解还很少，然而就已经在破坏地球的路上越走越远了。不断灭绝的物种是地球给人类大肆破坏环境敲响的警钟。我们并不是一个合格的地球的接管者，拥有太多的权利，但却缺乏善加利用的才能。

本章关键词

水资源　海洋　物种灭绝　保护地球

我和你，心连心，同住地球村。

——2008 年奥运会开幕式主题曲

◇ 图版目录 ◇

生命之源

地球上的水

地球表面有60%都是被至少1.6千米深的海洋所占据，我们居住的星球应该叫作水球。

——莫利普·鲍尔

水的性质

在常温常压下，水是无色无味的透明液体，被称为人类生命的源泉。

水是一种非常奇特的物质，大多数液体在变成固态时体积都会变小，而水在变成固态时体积却反常地变大，因此冰块会浮在水面之上。进而保持冰层底下水的温度，不致全成冰块。

水分子之间的黏性使得水分子可以紧密地结合在一起，这种相互之间的吸引力比空气对水分子的吸引力强得多。所以水表面具有张力，昆虫可以停在上面。

咸水与淡水

水的重要性不言而喻，在我们身体中，液体和固体之比约为2：1。水于我们来说再重要不过了，然而地球上的绝大部分水我们是不能饮用的——咸水。

我们的身体不能缺少盐，因为它维持了我们体内细胞的渗透压。海水中往往会含有过量的盐分，过量的盐会破坏这种平衡，造成我们体内细胞脱水，脱水会造成疾病发作、昏迷以及大脑损伤。并且血细胞会将盐分输送到肾脏，使生命垂危。这就是即使再渴，也不能喝海水的原因。

地球上有13亿立方千米的水，但97%的水都在海里，存在于湖泊、河流河水库中的淡水只占地球水总量的0.036%。地球上90%的冰在南极洲，共有2500万立方千米。要是这些冰全部融化的话，能使海平面升高60米。

水——生命之源

水在人体中占有相当大的比重，在胎儿时约为 90%，青壮年时约占 70%，老年时占 60% ～ 50%，随着人的不断成长，人体内水的比例不断下降，在生命晚期降至最低。水与人的生命息息相关，在日常生活中，合理摄取水分以及节约有限的淡水资源都应该得到充分的关注。

有限的淡水资源

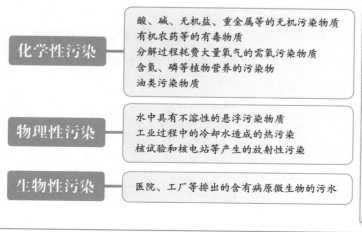

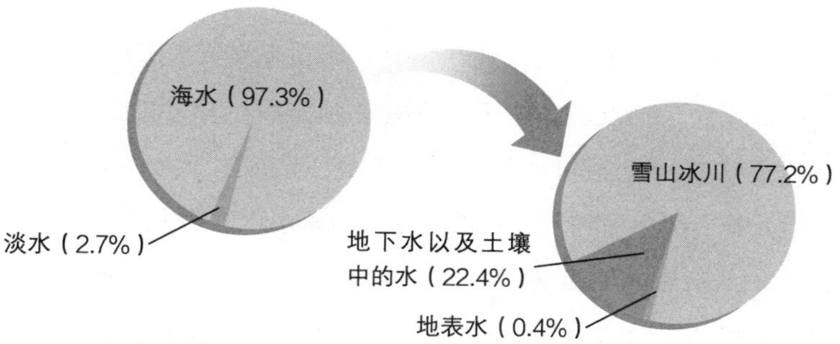

全球水资源构成饼图　　淡水资源构成饼图

> 中国水资源总量 28000 亿立方米，人均 2300 立方米，是世界人均拥有量的 1/4，是 13 个贫水国之一。在中国有 300 多个城市缺水，2.32 亿人年均用水量严重不足。

水污染的种类

水污染是指由于有害化学物质等造成水的使用价值降低或丧失的情况，具体情形包含超常比例的酸、碱、氧化剂、重金属以及有机毒物等。

化学性污染
- 酸、碱、无机盐、重金属等的无机污染物质
- 有机农药等的有毒物质
- 分解过程耗费大量氧气的需氧污染物质
- 含氮、磷等植物营养的污染物
- 油类污染物质

物理性污染
- 水中具有不溶性的悬浮污染物质
- 工业过程中的冷却水造成的热污染
- 核试验和核电站等产生的放射性污染

生物性污染
- 医院、工厂等排出的含有病原微生物的污水

> 保护水资源的措施主要有：保护饮用水源取水口、加大城市污水和工业废水的治理力度、加强公民的环保意识、利用废水资源、净化家用水、强化水资源意识、少量创建填埋场、采用数字化污水处理技术、禁止工厂直接向自然环境中排放工业污水。

令人吃惊的新发现

海洋探索

海平面是我们常用的一个词语，但海面事实上并不是平的。由于潮水、海风、科里奥利效应等因素的影响，不同海洋的水位往往差异很大。

爱德华·福布斯

在很长一段时期，人们对于海洋的认识只停留在观察每次潮退之后留在沙滩上的东西这样的层次。19世纪30年代，爱德华·福布斯在对大西洋和地中海的海床勘察之后得出结论：海洋600米以下没有生命。依据在于海洋中600米的深度，没有光，因此难有绿色植物，并且那个深度的海水压力很大。

1860年，人们从海底3000米深处拖出了横穿大西洋的电缆。令他们吃惊的是，这条电缆上面结满了珊瑚、牡蛎等小生物。

联合考察队

1872年，不列颠博物馆联合皇家学会以及英国政府成立了一个联合考察队，这是人类对海洋进行的第一次有组织的调查。他们乘坐一艘名为“挑战者”号的退役战舰用3年时间游遍了世界。他们行驶了约7万海里，收集了4700种新的海洋生物，又用19年时间完成了资料的编辑过程，并且为世界开辟了一个新的学科——海洋学。

通过考察，他们还发现大西洋的中部可能有山脉，令有些科考人员激动不已，认为他们发现了传说中沉入海底的亚特兰蒂斯（最早描述见柏拉图的《对话录》，传说中的城市，由一系列浮于海上的同心圆连接而成，一层层由低到高排列向中心。中心部分是大本营，直径接近2.5千米）。

海洋小百科

海洋占据了地球表面的绝大部分，地球上有 4 个大洋，组成海洋的中心部分称作洋，边缘部分称作海，海与洋彼此沟通组成统一的水体。

有关海洋的数字

海洋

4

地球上有四大洋：太平洋、大西洋、印度洋、北冰洋。

3.6 亿

地球上海洋的总面积约有 3.6 亿平方千米。

3795

海洋的平均水深约为 3795 米。

3.5%

世界各大海洋中的含盐量平均约为 3.5%，如果将海洋中的盐全部铺在陆地上，可以平均铺撒厚度约为 152 米。

34

海浪波峰至槽底的高度一般不超过 3 米，暴风雨中会变高，目前最高的纪录是 1933 年出现在太平洋上的 34 米高的巨浪。

5%

目前人类已探知的海底只有 5%，其余都是未知的。

重要的海洋

海洋与气候

海洋决定了地球上气候的发展变化趋势，海流平衡了地球上不同海域的受热，水汽的交换对气候的变化和发展都有着极大的影响。

海洋与生态

海洋中生活着种类和数量繁多的动植物，绿藻是大气层中氧气的主要生产者之一。人类对海洋的认识有限，可以肯定，海洋中有相当多还未被发现的新物种。

海洋与资源

从史前开始，人类就开始从海洋中捕鱼，对海洋进行探索。虽然今天我们可以使用潜水球、潜水艇、人造卫星等新设备对海洋进行探索，但是我们对于海洋仍旧知之甚少。对于海底世界的探索毫无疑问可以提高人类的认识水平，解释许多现今世界上的未解之谜。

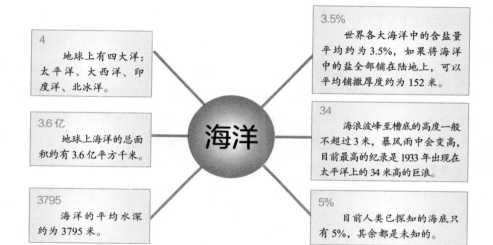

深入海洋

业余人员的记录

由于世界上的学术机构都不大重视海洋，于是关于海洋的一些伟大发现倒是由一些非专业人员完成的。

毕比和巴顿

查尔斯·威廉·毕比和奥蒂斯·巴顿有着良好的伙伴关系，他们是现代深海探索的开拓者。他们两人都出生在富裕的家庭，并在哥伦比亚大学度过了大学时光，也同样都渴望冒险。巴顿设计并出资1.2万美元建造了第一个探海球，但是他们合作的成就多半归功于毕比。从1930年开始，他们便不断开始下潜作业，直到4年后，他们的下潜记录已经提高到了900米。这是一个由他们创造并且不断突破的世界纪录。同年他们发现了一条“6米多长，很粗”的大蛇。

1934年之后，毕比将兴趣转向了别的冒险工作，但巴顿一直坚持不懈。巴顿写过很多水下冒险的故事，并且出演过《深海巨怪》。又一个4年之后，巴顿在加利福尼亚州附近的太平洋中将下潜纪录提高了50%——1370米。

皮卡尔父子

唐·沃尔和雅克·皮卡德发明了一种名叫“的里雅斯特”号探海艇的新型探测器，这种装置可以独立运作。1954年，在新装备第一次入海时，下潜纪录就被刷新到了4000米。由于设备造价昂贵，后来他们与美国海军合作，建造更加坚固的探海艇，并用4小时成功下潜到了差不多11034米的深度（马里亚纳海沟，目前已知最深的海沟）。他们在海底停留了20分钟后返回水面，这是人类达到的最深记录。

海洋分层

在海洋学中，海洋按照距离海平面的不同深度以及该区域不同的生物现象被分为真光层、中层带、半深海带、深海带与超深渊带。超深渊带、深海带和半深海带都属于深海区域。

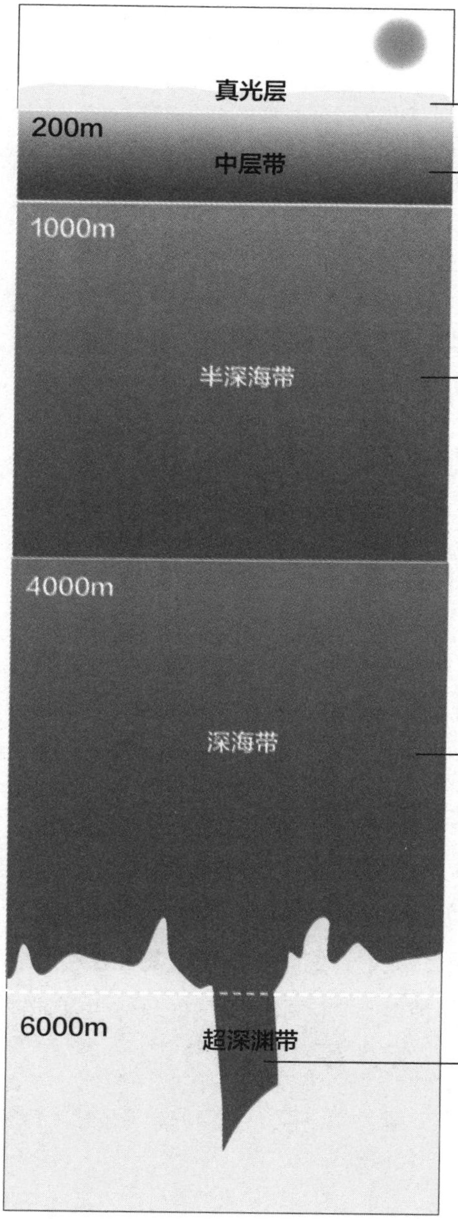

真光层又名透光带、表层洋带或透光层，大约从海平面下 100 ～ 200 米之间，光度可供浮游植物进行光合作用，水温季节变动明显，是各类生物密度最高的水层。

海洋中层带又名中层浮游区或黄昏区，海平面下 200 ～ 1000 米，处于透光层与黑暗的半深海带之间，顶部温度超过 20℃，底部仅有 4℃，水流极为缓慢。这里光线不足以进行光合作用，生物以垂直移动方式运动，一般有旗鱼、鱿鱼、鳗鱼、墨鱼等半深海生物。

半深海带又称午夜区，海平面下 1000 ～ 4000 米，平均温度大约为 4℃。动物密度较低，阳光难以到达这一区域。由于这里缺乏光线，生物大都视力退化，或是演化出了“照明设备”。这里的鱼类新陈代谢缓慢，没有天敌。

深海带，海平面下 4000 ～ 6000 米，这一区域有数量庞大的底栖动物群，基本处于海底的底部。这里一片黑暗，深不见底，终年寒冷，食物匮乏。

超深渊带是海洋中最深的一个地带，海平面 6000 米以下区域，最深可达到 10911 米。这里非常有限的物种依靠海洋雪或深海热泉产生的化学能维持生命，常见生物有海蜇、蝰鱼、管虫与海参。

我们还很无知

知之甚少的海底世界

寻找海底比目鱼是一件漫长而且相当耗费资金的事。并且重要的是，更多人觉得“的里雅斯特”号并没有取得多少成就。

不受重视的海底探索

皮卡尔父子的探海艇在深入海底之后，由于没有照相设备，没有拍下影像资料。当他们想要再次潜海进行探索时，这项计划已经被迫下马。海军中将海曼·G.里科弗坚决反对这项计划，因为此时美国已经在全力以赴进行探索月球，人们已经对海底计划失去了兴趣。

水下工作人员得知这样的消息后集体抗议，海军部门不得已答应提供一笔资金用来设计和建造另一架潜水器——“阿尔文”号。

“阿尔文”号潜水器及其发现

“阿尔文”号潜水器的命名是为了纪念一位海洋学家阿尔林·C.文因。“阿尔文”号潜水器处于一个尴尬的境地，没有一家大公司愿意制造这架机器。最终“阿尔文”号在一家早餐食品机器加工厂诞生。

直到20世纪50年代，科学家们的最佳海图也是依靠零星勘测来的资料以及想象力绘制而成。我们可以清楚地指出月球上环形山的名字，但我们对海底却知之甚少。

兢兢业业的海洋学家们以有限的资源取得了几项重要成就：1977年，“阿尔文”号潜水器发现大批生物活跃在加拉帕戈斯群岛的深海喷气口周围。海洋学家们认为，这种生命体系的基础是化学合成。它们不需要阳光、氧气以及其他通常与生命相关的东西。并且在此之前，人们一直认为复杂生物无法生活在54摄氏度以上的水里，而在海底发现的一种名为“阿尔文虫”的软体虫却能同时生活在高于这个温度和极冷的水里。

海洋的底部——海床

海床也称作海底或洋底，是指海洋板块构成的地壳表面，对于陆地形态的演变以及地质变迁有着重要的影响。

海床构造

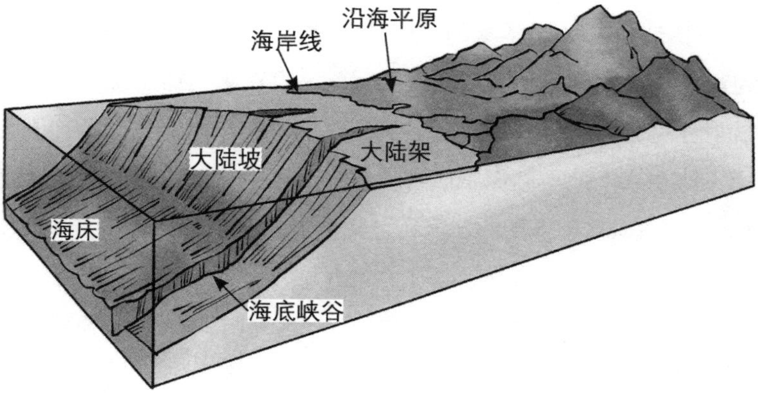

大陆架是大陆向海洋的延伸，通常被认为是陆地的一部分，水深一般都在200米以内。在国际法上，大陆架指沿海国家的领海以外，其陆地领土自然延伸扩展到大陆边缘的海底区域的海床和底土。

底栖生物

底栖生物是指在海底或海床附近的生命，有时也指生活在湖底或河底的生物。底栖生物的生活方式有固着型、底埋型、爬动型、钻蚀型和游动型等，典型的底栖生物有海星、蚌类、海参、海葵等。

无知无畏的人类
我们正在破坏海洋

海洋虽然浩瀚，但我们却可以轻而易举地让海洋不堪重负。

✵ 倾倒放射性垃圾

1957—1958年，海洋学家们骄傲地宣称，我们可以利用海洋深处来堆放放射性垃圾。而在此前的10多年间，美国就一直在距离加州海岸约50千米处开始倾倒放射性垃圾。这些放射性垃圾只是简单地装在桶里，并没有任何防护措施。美国大概在50个地点倾倒了放射性垃圾，其中在法拉龙群岛海域就倾倒了大概5万桶。同时做这种事情的国家还包括俄罗斯、新西兰、日本以及几乎欧洲所有的国家。

好在，20世纪90年代后世界上开始禁止这种倾倒行为。毫无疑问，放射性垃圾会对海洋环境产生影响，由放射性元素导致的物种变异也是情理之中的事，只是事实会不会像许多怪兽灾难片中演绎的那样就未可知了。

✵ 海洋中有限的丰盈

并不是所有的海洋都是生机勃勃、资源丰富。据估计，世界上只有不到1/10的海洋天生丰盈富饶。澳大利亚拥有3.2万千米的海岸线，但它在捕鱼国家中排名不到50位，是一个海鲜纯进口国家。

20世纪70年代，渔民开始以每年4万吨的速度捕捞似鳟连鳍鲑。有的连鳍鲑可以活到150年，它们有的一生只产一次卵，禁不起捕捞。现在这种捕捞已经受到严格限制，据估计，几十年后可以恢复到正常的种群数量。

过度捕捞的一个很好例证是拖网渔船以及高科技捕鱼产品的使用，拖网渔船的网可以装下十几架大型客机。北海的大片海床之上，每年要被拖网渔船洗劫7次。而在捕获物中，有大约1/4是不该捕捞的鱼。

保护海洋环境——世界海洋日

人类活动使海洋世界付出了惨重的代价，每个人和团体都有权利和义务保护地球海洋环境。联合国在第 63 届联合国大会上通过了将每年的 6 月 8 日确定为“世界海洋日”的提案。

危机中的海洋生物

过度捕捞：全球超过 90% 的海洋鱼类资源已被过度捕捞或正处在被过度捕捞的边缘。

屡禁不止：商业捕鲸被禁止后的 28 年以来，仍然有 47555 头鲸鱼遭捕杀，鲨鱼每年捕捞量达 7300 万头。

大量猎杀：2004 年至 2006 年在加拿大有近 100 万头海豹被猎杀。

误伤无辜：每年大约有 10 万只信天翁因误入渔网而丧生。

生态危机：由于人类向海洋中倾倒含有放射性、难降解等的垃圾，直接威胁到了海洋生态的平衡。

世界海洋日历年主题

- 2009：我们的海洋：我们的责任
- 2010：我们的海洋：机遇与挑战
- 2011：我们的海洋：绿化未来
- 2012：海洋与可持续发展
- 2013：团结一致，我们就有能力保护海洋
- 2014：众志成城，保护海洋
- 2015：健康的海洋，健康的地球
- 2016：关注海洋健康，守护蔚蓝星球

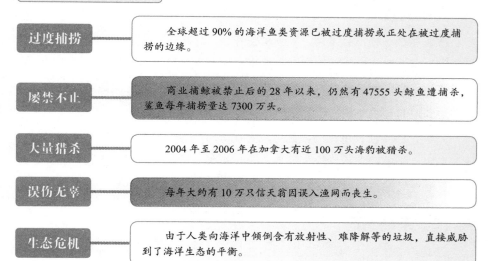

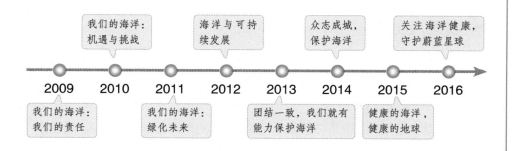

人类活动的影响

第六次物种大灭绝

在地质史上，生物经历过5次自然大灭绝。现在物种灭绝速度比自然灭绝速度快了1000倍，地球正在进入第六次大灭绝时期。

蠢萌的渡渡鸟

渡渡鸟是一种不会飞翔、呆头呆脑并且缺乏快速奔跑能力的鸟。它们与世无争、自由自在地生活在海滩上。据说，要是你想找出附近所有的渡渡鸟，你只需抓住一只，然后让它不停地鸣叫，其他鸟按捺不住内心的好奇，都会摇摇摆摆地到跟前看看发生了什么事。

17世纪80年代，可怜的渡渡鸟成为在海滩游客们衷爱的玩物和猎捕目标。渡渡鸟对人类的残忍行为缺少准备，于是不久之后都灭绝了。而在1775年，最后一只渡渡鸟标本也因为发霉，被扔到了火里。

卡罗来纳鹦鹉

这是一种曾被认为是北美最引人注目、最漂亮的鸟类。这种鸟被农场主认为是害鸟，而恰巧它们又是一群极易被伤害的鸟类。它们总是成群结队，并且富于同情心。如果听到枪声，它们会一哄而散，但又会马上飞回来查看自己受伤的同伴。20世纪20年代，这种鸟活着的也就只有为数不多的关在笼子里的几只。1918年，最后一只卡罗来纳鹦鹉也离开了这个世界。

贫乏而温顺

人类的活动总是伴随着物种灭绝事件。在2万年前到1万年前之间，现代人到达美洲大陆之后，这里有30种大型动物就一下子消失了。目前，全世界只有4种体重达到或超过1吨的大型陆地动物：大象、犀牛、河马和长颈鹿。经过数千万年的选择，地球上的生命呈现出一番前所未有的贫乏和温顺。

那些离我们远去的生命

据世界《红皮书》统计，20 世纪，哺乳动物有 110 个种和亚种灭绝，鸟类有 139 种和亚种灭绝，最近的物种红色名录中已经有 15589 个物种受到灭绝威胁。

近代灭绝的物种

渡渡鸟，1681
史德拉海牛，1768
恐鸟，1800
南非拟斑马，1883
西非狮，1865
阿特拉斯棕熊，1870
南极狼，1875
缅因州海鼬，1880
牙买加仓鼠，1880
中国白臀叶猴，1882
斑驴，1883
澳洲小兔獾，1890
昆士兰毛鼻袋熊，1900
圣诞岛虎头鼠，1900
澳米氏弹鼠，1901
澳洲白足林鼠，1902
南加利福尼亚猫狐，1903
纹兔袋鼠，1906
西袋狸，1910
东袋狸，1940
北美白狼，1911
卡罗来纳鹦鹉，1914

1700
1800
1900

1914，北美旅鸽
1915，基奈山狼
1917，佛罗里达黑狼
1918，马里恩象龟
1920，堪察加棕熊
1920，新墨西哥狼
1922，中国犀牛
1926，澳豚足袋狸
1927，澳花袋鼠
1930，澳巨兔袋狸
1930，新南威尔士白袋鼠
1933，澳洲塔斯马尼亚狼
1936，澳洲袋狼
1937，巴厘虎
1940，巴基斯坦沙猫
1944，大海雀
1948，亚洲猎豹
1950，喀斯喀特棕狼
1964，墨西哥灰熊
1970，得克萨斯红狼
1972，中国台湾云豹
1980，西亚虎
1980，爪哇虎
1987，危地马拉鹏鹛

时间轴不按比例

失去的记录

地球正处在第六次物种大灭绝时期，这次灭绝事件的一个主导因素是人类无限制的扩张欲望，生态环境系统受到破坏，人类能否成功在这次灭绝时期中安然度过，仍未可知。

7

我们是一家子

保护地球，从当下做起

我们不知道自己做了什么事，偷猎者的枪声在荒漠中隐约响起；我们亦不知道未来要去向哪里，因为雾霾总是容易把阳光遮蔽。但我们知道地球只有一个，并且我们也是唯一可以左右她命运的物种。

占领地球?

正常细胞在人体内部如果不按照指令工作和凋亡，并且大量繁殖侵害其他健康细胞，我们把这种情况叫作癌症，并且称癌细胞为迷路的细胞。现在人类之于整个生态系统与癌细胞之于人类来说又有何异，人类不断挤占地球上其他生物的生存空间，将它们不断逼上灭绝之路。

还记得那个伸展双臂表示时间长短的类比吗？人类在世界上的历史也不过是一锉刀就可抹去的，然而人类却是对地球环境变化以及其他物种产生影响最大的一种生物。细菌在我们的一再“培育”下诞生出了超级细菌，臭氧层因为我们发明的氯氟烃而出现空洞，二氧化碳等温室气体的大量排放使得全球变暖……

关于人类的未来，这很难说，因为这取决于太多因素。但对于癌细胞来说，它们的结局并没有太多悬念。

最优秀的人

如果要选一种生物来照料宇宙中的生命，从目前来看，人类绝不是最佳人选。但人类拥有成为候选人的最佳资质，我们懂得享受自己的存在，并且可以欣赏其他生物。我们在不太长的时间里达到了最优越的位置，可以从事各种需要高智力的活动，并且足够好运可以在生命的长河中活到现在。

一个地球，一次难以回头的实验。希望我们能有好运相伴，做出正确的选择，并且践行下去。

地球由我们守护

在智人迄今为止短短20万年的时间里，不得不说，我们非常幸运地走到了这里，成为地球上最强大的智慧物种。然而这在生命的历程中，仍然只是一个起始阶段，要确保我们的生命之路绵延不穷，单靠一连串的好运气是远远不够的。

我们作为社会个体，自己的行为影响着他人，影响着自己的生存环境；我们作为一种生命形式，人类的行为影响着更多的生命形式。

图书在版编目（CIP）数据

图解万物简史 / 《图解经典》编辑部编著. -- 北京 : 现代出版社，2016.12

ISBN 978-7-5143-5619-9

Ⅰ. ①图… Ⅱ. ①图… Ⅲ. ①自然科学－普及读物 Ⅳ. ①N49

中国版本图书馆CIP数据核字(2016)第288217号

编　　著：《图解经典》编辑部
责任编辑：张桂玲
监　　制：黄利　万夏
营销支持：曹莉丽
出版发行：现代出版社
地　　址：北京市安定门外安华里504号
邮政编码：100011
电　　话：010-64267325　64245264（传真）
电子邮箱：xiandai@cnpitc.com.cn
印　　刷：天津中印联印务有限公司
开　　本：710毫米×1000毫米　1/16
印　　张：20
版　　次：2017年1月第1版　2021年2月第9次印刷
书　　号：ISBN 978-7-5143-5619-9
定　　价：49.90元
